シリーズ 戦争と社会 4

# 言説・表象の磁場

シリーズ
戦争と社会 | 4

# 言説・表象の磁場

編集委員
蘭 信三・石原 俊
一ノ瀬俊也・佐藤文香
西村 明・野上 元・福間良明

執筆
福間良明・佐藤卓己・佐藤彰宣
福家崇洋・根津朝彦・櫻澤 誠
玄武岩・森下 達・山本昭宏

岩 波 書 店

# 『シリーズ　戦争と社会』刊行にあたって

## パンデミック・戦争・社会

冷戦終結から三〇年ほどが経過した二〇二〇年代は、新型コロナウイルス感染症（COVID-19）の感染拡大で幕を開けた。グローバルな人の移動が日常化していただけに、感染症は急速に世界各地に広がった。日本国内でも最初の感染確認から間もなく、大都市圏を中心に感染拡大が深刻化し、「人流」を抑制するべく、「緊急事態宣言」が何度も出された。飲食店への営業自粛要請も繰り返され、医療崩壊というべき局面も何度か訪れた。これらをめぐる動きを眺めてみると、かつての戦時下の社会のひずみを想起させるものがある。

感染拡大を抑えるために「リモートワーク」が推奨されたが、それは万人に適用可能なものではなかった。「在宅勤務」は物流や宅配、医療や介護、保育といった社会のインフラを担う人々の存在があってこそ、成り立つものだったが、これらの人々は「リモート」とは縁遠かった。非正規雇用者も「社外アクセス権限がない」などの理由で在宅業務が拒まれることがあった。こうした不均衡に、往時の空襲被害を重ねてみることもできるだろう。

一九四五年三月の東京大空襲では、中小・零細企業と木造家屋が密集した下町地区の被害が明らかに甚大だった。結果的には、さほど豊かではない人々が多く暮らす地域に、被害が集中したことになる。その後、地方への疎開がいっそう進んだこともあり、空襲規模のわりには死者数は抑えられた。だが、地方に縁故がなく、都市部にとどまらざるを得なかった多くの人々は、四・五月の大規模空襲にさらされた。考えてみれば、「外出自粛」とは自宅への「疎開」にほかならない。空襲にせよ感染拡大にせよ、一見、あらゆる人々を平等に襲うように見えながら、「疎開先」で被害を最小限に食い止めうる人とそうでない人との格差は歴然としていた。

戦争と新型コロナの類比は、これにとどまるものではない。休業支援金・給付金の制度は設けられたものの、それが必要な人々に行き渡るには多くの時間を要し、受給前に廃業する事業者も少なからず見られた。これは、空襲で犠牲となった民間人への補償が戦後いまだに実現していない状況を彷彿とさせる。また、マスクや消毒液をはじめとする必要物資の供給不安から買い占めや転売も生じ、それらの増産に向けた政府対応には混乱が見られた。そこに、戦時期の物資配給の破綻や横流しの横行を思い起こすことは容易い。

ワクチンの流通や医療体制の整備においても、行政のセクショナリズムや非効率が多く指摘され、入院もできないまま亡くなる人々が続出した。これらは、戦時期の物資配給、ひいては戦争指導者間の意思決定の機能不全を思わせる。パンデミックによる出入国管理も、戦後の送還事業における厳しい国境管理と重ね合わせることができよう。

二〇二〇年四月の初の緊急事態宣言発出後、「営業自粛」「外出自粛」に従わない商店や人々へのバッシングは、ネット上のみならず現実社会でも見られ、罹患者への責任追及もたびたびなされた。その後、事態が長期化するとともに、人々の間にはいわゆる「自粛疲れ」が広がり、「自粛破り」も常態化した。これらは、あたかも隣組やムラ社会での相互監視のような「正義」の暴走と寛容性の欠如、そして戦争長期化にともなう戦意の低下、闇取引の横行といった戦時社会のありさまに似ている。

さらに言えば、日本を含む先進国とそれ以外の国々とでは、ワクチン接種の進行の度合いは大きく異なっていた。先進国の状況の改善は開発途上国を放置することで成り立っていたわけだが、こうした論点が取り上げられることは少なかった。この自国中心主義もまた、戦争をめぐる「加害」の議論の低調さに重ねてみることができるだろう。

だが、こうした過去から現在に至る不平等や非効率、機能不全をもたらした日本の社会構造それ自体については、どれほど検討されてきただろうか。コロナ禍での不平等や給付金支給・医療体制整備の遅滞といった個々の問題点はメディアでも多く指摘されたが、それらを招いた社会とその来歴については、議論が十全に掘り下げられるには至っていない。

これと同様のことが、「戦争の語り」にも色濃く見られる。戦後七五年を過ぎてもなお、「記憶の継承」が叫ばれることは多い。体験者への聞き取りは、新聞やテレビでもたびたび行われ、戦時下にも今と変わらぬ「日常」があったのだと驚きをもって語られる。戦争大作映画においても、「現代の若者」が体験者に深く共感するさまが美しく描かれる。だが、軍隊内部や占領地、ひいては社会の隅々に至るまで、それこそ「日常」的に遍在していた暴力の実態とそれを生み出した権力構造、好戦と厭戦の両面を含む人々の意識などについては、十分に議論が尽くされているとは言い難い。「日常」や「継承」への欲望のみが多く語られ、ときにそこに感動が見出される一方で、その背後にあるはずの史的背景や暴力を生み出した組織病理は見過ごされてきた。新型コロナと社会をめぐる議論が深化しない状況を、戦争の暴力を生んだ社会構造を掘り下げてこなかったことの延長上に考えてみることができるのではないか。

本シリーズは、以上の問題意識をもって、戦争と社会の関係性が戦時から戦後、現代に至るまで、どのように変容したのかを、社会学、歴史学、文化人類学、民俗学、思想史研究、文学研究、メディア研究、ジェンダー研究など、多様な観点から読み解き、総合的に捉え返そうとするものである。

## 『岩波講座 アジア・太平洋戦争』とその後

本シリーズに先立ち、「戦争」を多角的に読み解いた叢書として、『岩波講座 アジア・太平洋戦争』(全八巻、二〇〇五—〇六年)があげられる。この叢書が刊行されたのは、「戦後六〇年」にあたる時期であった。折しも、第三次小泉純一郎内閣から第一次安倍晋三内閣への移行期にあり、靖国問題が東アジア諸国との軋轢を生んでいた。小林よしのり「新・ゴーマニズム宣言SPECIAL 戦争論」シリーズや「自由主義史観研究会」「新しい歴史教科書をつくる会」など、アジア諸国への加害責任を否認する動きも目立っていた。

こうした背景のもとで刊行された『岩波講座 アジア・太平洋戦争』は、対米英戦としてのみ連想されがちな「太平洋戦争」のフレームではなく、東アジア地域を視野に収めながら、従来の「戦争をめぐる知」のありようを塗り替えようとするものであった。あえて単純化すれば、歴史的事実関係をめぐる実証の追究と、社会問題としての記憶や歴史認識のありようを問う問題意識とが融合を果たし、現地住民への「加害」の問題を焦点化するとともに、その背後にある植民地主義やジェンダー、エスニシティをめぐるポリティクスの析出が試みられていた。扱う時代の面でも、日中戦争や満州事変、さらにはその前史にさかのぼるのと同時に、「戦後」へと続くさまざまな暴力の波及をも読み解いている。

こうしたアプローチは、「戦争研究」の学際性をも導いた。従来であれば、「戦争」の研究をリードしてきたのは、明らかに歴史学であった。だが、『岩波講座 アジア・太平洋戦争』では、歴史学が依然として中心的な位置を占めているものの、社会学、メディア研究、文学研究、思想史研究、大衆文化研究、ジェンダー研究など、多様なディシプリンが取り入れられている。その学際性・越境性は、一九九〇年代以降に本格的に紹介されたカルチュラル・スタディーズやポスト・コロニアル研究のインパクトを抜きに考えられないだろう。

その影響もあり、以後、「戦後七〇年」までの一〇年間では、多様な切り口の戦争研究が生み出された。社会史家のみならず社会学者も、当事者の語り難い記憶の掘り起こしを多く手掛けるようになり、戦争映画や戦争文学、戦争マンガについての研究も蓄積を増した。また、学際的に進められるようになった戦争研究に対して「帝国」という視点からの問い直しが定着し、「地域」や「国境」といった空間の自明性を批判的に問う視座ももたらされた。

だが、こうした戦争研究の広がりの一方で、いわゆる軍事史・軍事組織史に力点を置いた研究と、戦争・軍事にかかわる社会経済史・政治史・文化史に力点を置いた研究との「分業」体制、やや強い言葉で言えば「分断」は、いまだ解消されたとはいえない。戦争と社会の相互作用、戦争と社会の関係性そのものを、正面から理論的・実証的に問い直す作業は、総じて課題として残されたままだった。本シリーズは、この研究上の空白地帯に挑もうとするものである。

## 「戦争と社会」をめぐる問い

言うまでもなく、アジア・太平洋戦争は日本社会そして東アジア・西太平洋諸社会のあり方を、根底から変容させるものであった。総力戦の遂行は、各地域における政治体制、経済体制、労働、福祉、教育、宗教、マス・コミュニケーションのありようを大きく変えた。また戦時中の大量動員・疎開・強制移住や、日本の敗戦後の占領下で起こった大規模な復員・引揚げ・送還・抑留、そして新たな境界の顕現は、旧日本帝国の広範な領域において、人々の大規模な移動や故郷喪失・離散をもたらした。そうしたプロセスは、政治的な解放と暴力、社会的な包摂と排除、文化的な混交と軋轢を、さまざまなかたちで生み出し、各地の政治構造・産業構造・社会構造・階層構造の不可逆的な変化を導いた。

戦後社会への余波も見落とすことはできない。現在の日本国内だけに限っても、旧軍の施設や跡地は、そのまま自衛隊や在日米軍の基地として使われる一方、周辺地域社会における戦後の道路整備や商工業、観光のあり方を少なからず規定し、ひいては地域のコミュニティやアイデンティティの変容を生み出した。大量の復員・引揚げは、都市部での食糧不足も相俟(あいま)って、農村部の人口過剰をもたらした。それはのちに、農村部からの大量の低賃金労働者の都市流入を生み出す「戦後復興」「経済成長」の呼び水となった。そのことは、戦争による「平準化」を経てもなお戦後に残った「格差」の構造とも無縁ではない。

戦争が日本社会を変容させた一方、逆に社会のあり方が戦争のあり方を決定づける側面も、戦前から戦後を通じて存在した。農村部の疲弊や貧困は、しばしば、社会的上昇の手段として軍隊を選び取らせる傾向を生んだ。軍内部の陰惨な暴力の背景には、一般社会における貧富の格差や教育格差をめぐる羨望と憎悪があった。官庁間・部局間のセクショナリズムは、資源の適切な配分や政策情報の共有を妨げ、戦争遂行の非効率を招いた。中国大陸における高級軍人たちの独走や虚偽の戦果報告などは、その最たるものであったが、その背後には近代日本が営々として作り上げた、いわゆる学歴社会の存在があった。地方中産階級出身者の多かった軍人たちは、最初は学力で、のちには属する組織の利益のみを優先することで、出世競争に勝ち抜こうとしたのである。

そして、日本本土を除く旧日本帝国の多くの地域においては、「戦後」社会はよりいっそう「冷戦」体制の軍事的影響下に置かれたといわねばならない。日本帝国の敗戦と崩壊が、旧帝国勢力圏各地に米英中ソを中心とする占領秩序をもたらしたからである。他方、日本本土において「冷戦」(cold war)意識ではなく「戦後」(post-war)意識が広まったのは、日本本土が――同じ敗戦国のドイツと異なって――米国の後援のもと、新たな「戦争」たる冷戦の軍事的前線を、朝鮮半島・台湾といった旧植民地(外地)、そして沖縄などの島々に担わせてしまった結果だった。「総力戦と社会」のみならず、こうした「冷戦体制と社会」の関係性についても、歴史的・空間的差違をふまえた慎重な見極めが必要である。本シリーズは、以上のような広義の戦争と社会の相互作用についての理解を、なおいっそう前進させようとするものである。

### 「暴力を生み出す社会」の内在的な読解

戦争をめぐる議論においては、従来、総じて誰かの責任を追及し、暴力を批判する動きが際立っていた。むろん、これらは避けて通るべきでなく、議論の蓄積が今後ますます求められるものではある。だが、それと同時に、紛争を解決する手段としての暴力を自明視し、ある種の「正しさ」すらも付与した社会的背景を問う必要があるのではないだろうか。

「加害」をなした当事者や、その背後にある組織にとって、その暴力は「罪」であったどころか、しばしば「正当性」を帯びていた。端的な例として、日中戦争では「東洋平和」、対米英戦争では「大東亜共栄圏」というスローガンが設定され、国民動員に用いられた。「解放」後の韓国や台湾においては「反共」、中国大陸や北朝鮮においては「反帝国主義」という大義名分が、大衆のある部分を動員し、別の部分を標的とする、大量虐殺や内戦を導いた。そこにナショナリズムやコロニアリズム、東西冷戦のポリティクスを見出し、指弾することも可能ではあるが、本シリーズはむしろ、指導者から庶民に至る暴力の担い手たちの思考や社会的背景に内在的に迫ることをめざす。いかなる社会がいかなる戦争(のあり方)を生み出していたのか。そして、戦争そのものが、社会のあり方をどう変容させたのか。戦争の記憶は「戦後」社会のあり方や人々の認識をどう規定してきたのか。「戦後六〇年」「戦後七〇年」の次の課題として、こうした問いにも目を向けるべきではないだろうか。

そのような問い直しは、国際情勢の激変や新型コロナといった昨今の「新しい状況」が必要とさせたものでもあり、〈現在〉および〈未来〉を問うことに直結する。「戦後六〇年」から現在に至るまでの時代は、ある意味では「新しい戦争」の時代であった。「大量破壊兵器」の存在を前提に引き起こされたイラク戦争は、イスラム原理主義の台頭とテロリズムの頻発を招いた。このことは、従来想定されていた「国家間の戦争」から、「テロリズム対国家(連合)の戦争」が主流になりつつあることを指し示す。それは、かつての総力戦の戦争形態とは、明らかに異なっている。

軍事・軍隊のあり方も、大きく変質している。核兵器の脅威が厳として存在する一方で、ネット技術の進展に伴い、戦闘や偵察に無人機やドローンが用いられるようになった。将来的にはロボットが地上の戦闘に投入される日がくるかもしれない。そしてサイバー攻撃のように狭い意味での武力とは異質な力の行使が、軍事の重要な一角を占めている。情報統制の手法も洗練され、生々しい戦場の様子は人々の目に届きにくくなった。これらの「スマート」な戦争を可能にする新技術は、徴兵制による大量動員と目に見えやすい破壊力に依存していた往時の戦争・軍事とは根本的に異なるものである。その一方で、冷戦という名のイデオロギー対立が終了し、国民との太い結びつきを失った現代の軍隊は、「人道支援・災害救助」（ＨＡ／ＤＲ）のような非軍事的な任務も引き受けることで、自らの存在意義を説明しようとしているかのようである。さらに、国家が軍隊のさまざまな任務を民間軍事会社にアウトソーシングするケースも増加している。

こうした軍事上・国際政治上の変化の中で、われわれは戦争や軍隊と社会との新たな関係を、どのように構想するべきだろうか。それを考えるためには、総力戦の時代からベトナム戦争を含む冷戦期を経て、新型コロナとの「闘い」を経験した今日に至るまで、「戦争と社会」の相互作用がどのように変質したのかを問い直すことが不可欠である。

以上を念頭に置きながら、本シリーズでは、おもに日本を中心とした総力戦期以降の「戦争と社会」の関係性を多角的に読み解いていく。諸論考を契機に、戦争と社会の相互作用を学際的に捉え返し、ひいては現代社会を問い直す営みが広がることを願っている。

二〇二一年一〇月三〇日

〈編集委員〉

蘭　信三・石原　俊・一ノ瀬俊也・佐藤文香・西村　明・野上　元・福間良明

# 目　次

# 総説

# 「体験」「記憶」を生み出す磁場
## ――戦後と冷戦後の位相

福間良明

靖国問題や慰安婦問題など、先の戦争をめぐる認識は、いまなお、国内外で論争を引き起こしている。その意味で、いまなお「戦後」は終わっていない。とはいえ、戦後の初期や冷戦期、そして冷戦終結以降では、その語られ方は異なっている。これを念頭に置きながら、シリーズ第4巻「言説・表象の磁場」では、戦争と社会の接点としての言説・表象のありようを考える。

戦争の体験・記憶は、戦後の思想やメディアのなかでさまざまに語られてきた。これらの言説や表象が論じられる際、ともすれば、「いかなる認識が正しいのか(誤っているのか)」に焦点が当てられる。だが、それぞれの時代において、いかなる「正しさ」や「関心」が、なぜ選び取られたのか。そこに、どのような社会変容が重なっていたのか。こうした問いに向き合うことは、「戦争の記憶の戦後史」を考えるうえで不可欠であろう。

戦争をめぐる往時の認識を現在の観点から問いただすのは、ある意味ではたやすい。しかし、ある「正しさ」や「関心」が選び取られる背後には、しばしば何らかの社会背景が関わっている。それを問わずにすますのであれば、往時のポリティクスを生み出したメカニズムを把握することはできないだろうし、さらに言えば、現在のポリティクスの磁場を理解することもできない。

また、今日の議論がいかなる視座を欠落させているのか。それはなぜなのか。往時の言説とその社会背景を見渡すことで、これらを考察することも可能なはずである。以下では、こうした観点を念頭に本巻所収の論考を見渡しながら、戦後における「記憶」の語られ方の変容を歴史社会学的に考えてみたい。

## 一　「戦争批判」と「戦記への関心」

### 1　「反戦」への共感

敗戦後の日本では、戦争批判や軍部批判が多く語られるようになった。「理性的で反戦志向の学徒兵」対「悪逆な職業軍人」という二項対立の物語を前面に掲げた映画『きけ、わだつみの声』(一九五〇年)が、製作・配給を手掛けた東横映画(現・東映)の経営危機を救うほどの興行収入を記録し、その原作遺稿集(『きけわだつみのこえ』一九四九年)が年間ベストセラー第四位を記録する大ヒットとなったことは、そのことを物語る。東京裁判などを通じて旧日本軍の蛮行がそれなりに知られるようになったこともあったが、それに加えて、肉親を戦場や空襲等で喪い、生活基盤を破壊された多くの国民の怨嗟の念も大きかった。

こうした動向は、GHQの言論統制とも密接に結びついていた。一九四五年九月、GHQはプレス・コードを公表し、日本の「民主化」をはかるために、占領軍批判や軍国賛美を抑え込む方針を明らかにした。当初は事前検閲が行われ、掲載不許可や削除処分がなされた一方、伏字が用いられることはなかった。それは、民主主義や言論の自由を唱道する占領軍(アメリカ)が検閲を行っていることを見えにくくするものであった。さらに、手紙の開封や電話の盗聴までも行われるなど、GHQの情報統制は組織化されていた。[1]一九四八年には事後検閲に移行し、一九四九年一〇月には検閲自体が撤廃されたが、それによってプレス・コードが廃されたわけではなく、メディアの自主検閲は広く見られた。

「反戦」や「軍部批判」への共感は、こうしたなかで社会的に広がりを見せた。さらに言えば、それは占領下に限るものでもなかった。一九五二年四月にサンフランシスコ講和条約が発効し、GHQ占領が終結すると、東京裁判批判や占領批判、旧軍懐古の言説が噴出し、戦記ものも多く刊行された。『出版ニュース』(一九五二年六月下旬号)でも、「アメリカ批判、軍事裁判批判、占領批判の書、続々刊行さる」「反米気分に便乗して固陋化・国粋化の傾向」との指摘がなされていた。しかし、こうした動きへの懸念も少なくはなかった。特攻隊員の心情を描いた映画『雲ながるる果てに』(一九五三年)やその原作遺稿集(白鷗遺族会編『雲ながるる果てに』日本出版協同、一九五二年)に対する批判が見られたのも、そのゆえであった。折しも冷戦激化や朝鮮戦争の勃発、第五福竜丸事件を契機に、徴兵制復活反対署名運動(一九五二―五四年)や原水爆禁止運動が盛り上がりを見せていた。こうしたなか、「反戦」や「軍部批判」は戦後輿論の基調となった(2)。

## 2 「民主主義」と「戦争協力」

だが、そのような動きは、戦時における人々の戦争協力やそこにおける高揚感の存在を見えにくくした。南京陥落(一九三七年一二月)や対米英戦開戦(一九四一年一二月)の際には、多くの国民が歓喜した。新聞はその報道や号外のみならず、戦時博覧会などのメディアイベントを挙行し、人々の高揚感を掻き立てた。『キング』のような大衆雑誌も戦場グラビアや「支那事変忠勇談・感激談」といった読物を通して、戦争遂行に対する主体的な参加感覚を読者たちに生み出した。さらに言えば、日中戦争勃発から太平洋戦争初期の時期(一九三八―四二年)は「出版バブル」の時代であり、講談社も岩波書店も空前の好景気を迎えていた。戦争と出版、ジャーナリズムは不即不離の関係にあった。

それは大正デモクラシーの延長上にあるものでもあった。一九二五年に普通選挙法が公布され、成年男子のみではあるが、納税額の多寡に関わりなく、一般国民の政治参加が実現した。かつてであれば、公共圏には「財産と教養」という入場券がなければ参入できなかったが、普通選挙の実現により、「財産」も「教養」もない人々が参入できるようになった。そこでの主体的な参加感覚は、戦時期の戦争協力と地続きであった。戦時ファシズムは、民主主義の対極にあるのではなく、むしろそのひとつの帰結として導かれたものであった。

こうした大衆民主主義においては、何を決めたのかよりも決定プロセスに参加したと感じることが重要となる。それを後押ししたのは、ラジオであった。普通選挙法公布と時を同じくして、ラジオという「ニューメディア」が広がりを見せたが、ラジオは発話内容だけではなく肉声（印象）をも伝達するため、新聞などの活字メディアよりもはるかに情緒的に機能する。佐藤卓己『ファシスト的公共性』（二〇一八年）で指摘されているように、「ラジオ放送は事実性より信憑性を伝達するメディアであり、それは共感による合意を求めるファシスト的公共性にとって最適なメディア環境を整えた」のである③。

しかし、メディアや国民の主体的な戦争への参加については、さほど着目されない状況が戦後長く続いた。従来のジャーナリズム史研究では、「昭和前期のメディアは内務省や陸軍の言論弾圧による被害者とされ、戦時下の横浜事件のような国家権力のフレームアップにスポットが当てられ」る傾向が目立っていた。それは「戦争協力への責任を追及されたくないという戦後の国民感情」のあらわれでもあった（佐藤卓己「第1章　国民参加のファシスト的公共性」）。

## 3　戦史・軍事への好奇

その一方で、戦史や戦記、兵器に関する関心も断続的に見られた。前述のように、GHQ占領終結直後には、それまでの反動もあって戦記ものが多く刊行された。また、一九六〇年代前半には週刊『少年マガジン』などを舞台に戦記マンガが盛り上がりを見せ、六〇年代後半には戦中派世代によって編まれた体験記・手記集がしばしばベストセラーになった(4)。

ただ、それらは必ずしも「反戦」「平和」の価値規範と矛盾するものではなかった。占領終結前後の時期に多くの戦記ものを刊行した日本出版協同の社長・福林正之は「軍備を論ずるに戦争や軍事上の知識なくして賛成も反対もあり得ない」と述べていた。それは、「観念論としての平和主義」とは距離を取りつつ、「戦争の実態」を直視しながら「戦争批判」を構想しようとする契機も有していた(佐藤彰宣「第2章　ミリタリーカルチャーの出版史」)。これらはときに、戦記を著した旧幕僚クラスの自己弁護と表裏一体ではあったが、少なくとも作戦遂行や意思決定の過誤を考えようとする営みがいくらかなりとも垣間見られたことは見落とすべきではないだろう。

また、これらの戦記ものは、旧軍関係者や戦争体験者のみならず、若い世代に戦争への関心を掻き立てることにもつながった。ことに一九六〇年代以降の戦記ブームでは、そうした傾向が少なからず見られた。それをひとつのきっかけとして、戦時体制の社会・政治・軍事をめぐる歴史学・社会学を手掛けるようになった研究者も少なくはない(5)。アニメーション映画作家の宮崎駿も、高校生のころに軍艦雑誌を手にしていた。そこでは、「体験者と非体験者が交わるなかで、軍事兵器のメカニズムに魅了されながら、単なる好奇心に終わらせずに、それと葛藤しながら政治や戦争のあり方との関係性を模索する態度が生み出され」ていたのである(第2章)。

同時に、そこには戦史をめぐる教養主義的な態度も見られた。『丸』をはじめとした戦記雑誌の盛り上がりを背景に、一九六〇年代の青少年にはしばしば戦史に関する知識の厚さに自負を抱くむきが見られた。それは、学校で教わる「歴史」の知識にとどまらないものを、自ら戦争体験記や軍事史の論説を通して吸収しようとするものであった。当時の『丸』に掲載された論説も、旧軍賛美につながるようなものばかりではなく、末端の兵士や下級将校としての体験記録のほか、安田武や橋川文三といった戦中派知識人の戦争体験論もしばしば見られた。これらを通して、戦後の淵源である戦時期を捉え返そうとする「ミリタリー教養主義」が、一九六〇年代の青少年層のあいだで一定の広が

りを見せていた。(6)

## 二　戦争体験の断絶

### 1　世代間闘争

とはいえ、一九六〇年代にもなると、戦争体験をめぐる世代間の軋轢が明らかになった。最も多く戦場に動員された戦中派世代は、軍隊内部の暴力や上官の不毛で恣意的な命令にさらされた経験を有していただけに、戦後の彼らはしばしば、戦争や軍への憤りを吐露していた。だが、他方で、「十五年にわたる「戦争体制」そのものに加担し協力した自覚、反省」やそこからくる「疲労感と共犯意識」「気恥しさ」「ためらい」といった感情をも抱きがちだった。(7)それもあって、戦争体験をわかりやすく、あるいは戦後の政治状況に結びつけて戦争体験を論じることには、しばしば激しい怒りを示した。彼らには、言葉にし難い体験への固執が際立っていた。ことに、大学在学中に戦場に駆り出された安田武は、六〇年安保闘争やベトナム反戦運動に戦争体験を流用するかのような議論を激しく批判した。(8)

そうした姿勢は、若い世代の反発を招いた。戦場体験を持たない戦後派世代（終戦時点で一〇代半ば未満）や戦後に出生した戦無派世代からすれば、戦中派の語りは体験を振りかざし、議論を抑圧するもののように映った。また、若い世代はしばしば安保闘争や大学紛争、その他反戦運動（佐世保闘争、ベトナム反戦運動など）にコミットしていただけに、「戦争体験の語り難さ」にこだわる戦中派の姿勢は彼らの行動を否認しようとしているかのように思えた（福間良明「第4章　「戦中派」とその時代」）。

そこには「戦争体験の断絶」ともいうべき状況が浮かび上がっていた。一九六九年五月二〇日のわだつみ像破壊事件は、それを象徴するものであった。この事件翌日の『朝日新聞』の社説では、次のように記されている。

少なからぬ学生たちが、大人たちを問罪する。いやなら何故、戦場から逃亡しなかったのか。どうして銃を捨てなかったのか。そうしなかったところをみると、みんなファシストだったに違いない――彼等の論理は飛躍する。(9)

その意味で、戦争体験の継承の困難は、何も昨今に始まったものではない。すでに戦後二〇年の時点から社会問題とみなされていた。

ただ、そこに今日との違いがあるとすれば、それが「風化」ではなく「断絶」であったことだろう。近年も「戦争体験(記憶)の風化」はしばしば指摘されるが、そこでは体験世代と下の世代とのぶつかり合いは想定されていない。むしろ、時間の経過とともに「自然」に記憶が薄れゆくことが含意されている。それに対して、六〇年代後半の時期に目立っていたのは、戦争体験への向き合い方をめぐる、まさに世代間の闘争であった。「語り難さ」に固執するのか、それとも反戦運動への接続を重視するのか。それをめぐる激しい議論の応酬が、日本戦没学生記念会の会合で頻繁に繰り返された。そこでは、安田武ら戦中派と若い世代とが、相互に苛立ちを露わにしていた。

## 2　「被害者意識」批判

そうしたなかで焦点化されるようになったのが、「被害者意識」や「加害」の問題だった。一九六〇年代後半以降、戦争体験に固執する戦中派に対して、彼らの「被害者意識」や「加害責任」を詰問する動きが目立つようになった。ことに戦後派・戦無派といった若い世代からの指摘が多く見られた。

たしかに、若い世代は、体験を有する戦中派に対して、議論の劣位に置かれがちだった。だが、裏を返せば、体験がないということは「加害」に手に染めたことがないということでもあった。戦中派は少なくとも、戦地や占領地で現地住民にさまざまな暴力をふるった日本軍の一員だった。その戦中派の「加害」を問いただし、「被害者意識」を批判することは、体験者(戦中派)と非体験者(戦後派・戦無派)のヒエラルヒーを反転させることでもあった(第4章)。

もっとも、「被害者意識」批判や「加害」が大きな論点となっていった背景は、世代間対立にとどまるものではない。むしろ、ベトナム反戦運動の高揚が大きく影響していた。米軍による北部ベトナム爆撃(北爆)以降、ベトナム戦争は激しさを増したが、その模様は日本国内でも新聞のみならずテレビで多く報道された。茶の間では、日常的に「戦場」が映し出されていたのである。そのことは、米軍機B29が日本各地に焼夷弾を落とした二十数年前の空襲を思い起こさせた。

その一方で、日本政府はベトナム攻撃の手を緩めないアメリカへの支持を表明しており、また、沖縄や佐世保はベトナム戦線に派兵される米軍の実質的な後方基地と化していた。それは、戦争末期の日本国民が被った「被害」のおぞましさとともに、日本がそれに加担している状況を浮かび上がらせた。こうしたなかで、戦後日本の「加害」のみならず、戦時期日本の「加害」もが問われるようになった。大阪空襲を体験し、またベ平連(「ベトナムに平和を！市民運動」)を主導した小田実(一九三二年生まれ)が「「難死」の思想」(一九六五年)、「平和の倫理と論理」(一九六六年)を著し、「日本人はただ被害者であったのではなかった。あきらかに加害者としてもあった。〔中略〕被害者であることによって加害者になっていた」という問題提起を行ったことは、「加害」をめぐる議論が生み出される社会背景を如実に物語っていた[10]。

戦中派世代のなかでも、自らの体験をふまえながら「加害」に向き合おうとする動きも見られた。北海道新聞社で論説委員を務めたジャーナリスト・小林金三もその一人である。北海道の炭鉱町に生まれ育った小林は、学費が無料の建国大学に一九四一年に入学した。建国大学は一九三八年に開学した満洲国立の高等教育機関であり、小林は三期生にあたる。建国大学は日本人、朝鮮人、中国人、モンゴル人、白系ロシア人の「五族」が学ぶ場であったが、小林がそこで目にしたのは「五族協和」とはほど遠い実状であった。中国人学生らが「反満抗日分子」として次々に検挙されるなど、彼らに対する当局の圧迫は露骨だった。

小林は一九四三年に学徒出陣で奉天省遼寧市の連隊に配属されたが、そこでも現地住民に居丈高に振る舞う日本軍兵士の姿を目の当たりにし、同時に、小林自身も「日本帝国主義の尖兵」のひとりである現実をつきつけられた。こうした体験に根差した悔恨が、戦後の小林の新聞人としての活動につながった。日韓基本条約問題やベトナム戦争をめぐる批判的な報道には、「アジアへの加害」に対する問題意識が色濃くあらわれていた（根津朝彦「第5章　小林金三と「満洲国」建国大学」）。

## 3　責任追及と「男」への偏重

その点では、渡辺清にも重なるものがあった。農村部に育ち、高等小学校卒業後、海軍に志願して入隊した渡辺は、レイテ沖海戦で沈んだ戦艦武蔵に乗艦するなど、激しい戦闘を経験していた。下士官らによる制裁という名のおぞましい暴力にも耐えてきたが、それを支えたのは天皇に対する崇敬の念であった。だが、復員後まもなく、天皇とマッカーサーが並んで写った新聞写真を目にした渡辺は、怒りに震えた。凄惨な戦場体験やそのなかで死んでいった戦友たちのことを思えば、責任をとることなく、「敵」と握手を交わす天皇の行為は、元兵士らに対する裏切りでしかなかった。渡辺はその思いを、こう綴っている。

おれはいまからでも飛んでいって宮城を焼きはらってやりたい。あの壕の松に天皇をさかさにぶらさげて、おれたちが艦内でやられたように、樫の棍棒で滅茶苦茶に殴ってやりたい。いや、それでも足りない。できることなら、天皇をかつての海戦の場所に引っぱっていって、海底に引きずりおろして、そこに横たわっているはずの戦友の無残な死骸をその眼にみせてやりたい。これがアナタの命令ではじめた戦争の帰結です。こうして何十万ものアナタの兵士がアナタのためだと信じて死んでいったのです。――そう言って、あのてかてかの七三の長髪をつかんで海底の岩床に頭をごんごんつきあててやりたい……。[11]

とはいえ、渡辺は天皇を問責するだけでなく、天皇を信じた自らの責任をも問いただした。また、渡辺は海軍で艦隊勤務だったので中国大陸や南方戦線で現地住民に暴力を振るったことはなかったが、「おれが直接人を殺さずにすんだのは、たまたまその場に居合わせなかったというだけのことではないのか」「艦にのっていたおかげで、直接手をくださずにすんだが、それも今になってみると、気やすめにすぎない」との自問も重ねていた。[12]「加害」への問いは、直接手を下した者だけではなく、自らにも向けられたものであった。そこには、当事者の糾弾というよりは、人々の「加害」への関与を生み出した社会の構造そのものを問い直そうとする意図が垣間見られた。

こうした思いを起点に、渡辺はわだつみ会(日本戦没学生記念会)事務局長としての活動を通して、一九七〇年代以降、「天皇の戦争責任」の問題を積極的に焦点化した。それは、天皇のみならず、そのために率先して戦争に加担した国民の責任をも問おうとするものであった。[13]

戦後日本における「加害」の議論の低調さはしばしば指摘されるが、それは「加害」が論じられてこなかったことを意味するものではない。戦後思想やジャーナリズムにおいて、自らの戦争体験と絡めながら「戦争責任」「加害責任」ひいては「戦後責任」に焦点が当てられることも、しばしば見られた。こうした議論の可能性と困難を直視しながら、あるべき立論をどう構想するか。「戦争と社会」を考えるうえでは、こうした視角も求められよう。

ただ、この種の議論が、総じて「男」の戦争体験に根差していたことは否めない。銃後の女性の戦争体験にフォーカスが当てられることは少なく、あくまで男性兵士の戦場体験・軍隊経験ばかりが論じられがちだった。また、責任追及の議論を突き詰める渡辺の議論にも、ある種の「男臭さ」を嗅ぎ取るむきもあった。加納実紀代は一九八二年の座談会のなかで、渡辺清の議論を評価しつつも「ああいう〔天皇と〕刺しちがえるとか、道義的責任の追及のしかたというのは、非常に男性的、それも武士道的な感じがするわけで、そういうのは、天皇の側に取りこまれやすい精神構造ではないかという感じがあるのです」と語っていた⑭。

戦争体験を問うことが「男」のそれを念頭に置きがちだっただけでなく、体験や責任を論じる姿勢そのものも「武士道」的な男性性を帯びがちであった。加納は同じ座談会のなかで、「なにか、ごちゃごちゃした日常を背負ってったもんだして生きている庶民の感覚とズレるわけですね。女の感覚としてもちがいます」とも語っていたが、こうした違和感が、加納らによる銃後女性の戦争体験の調査につながった。その成果は、『銃後史ノート』（女たちの現在を問う会、一九七七―一九九六年、全一八号）の編纂や加納の著書『女たちの「銃後」』（一九八七年）などにまとめられ、「銃後の女性史」という研究分野が切り拓かれることとなった。そこでも、「女性たちが被った戦争被害」と「銃後を支えた女性の戦争協力」の絡み合い、すなわち「被害」と「加害」の錯綜が描き出されていた⑮。

とはいえ、銃後女性の体験への関心が前景化するようになったのは、男性を前提にした議論のそれに比べると、一〇年以上も後のことであったことは否めない。そのタイムラグには、戦争体験論をめぐる男性優位性も、ほのかに浮かび上がっていた。

## 4　「沖縄」をめぐって

日本本土で「戦争体験の断絶」が見られた一九六〇年代末には、沖縄でも議論の変容が見られた。

サンフランシスコ講和条約発効後、独立を果たした日本本土とは異なり、沖縄は引き続き米軍政府の統治下に置かれていた。必然的に、戦争体験をめぐる言説は、そうした社会状況に少なからず規定されがちだった。沖縄では、長らく米軍による土地の収奪に苦しみ、その怒りは島ぐるみ闘争(一九五六年)で沸点に達した。その後、いくらかの改善は見られたものの、米兵の凶悪犯罪や基地公害がなくなることはなく、一九六〇年以降、祖国復帰運動が高揚するようになった。だが、そのことは総じて、旧日本軍の沖縄への暴力を不問に付す傾向を生んだ。摩文仁や米須には、都道府県の慰霊碑が林立するようになったが、そこに合祀されたのは沖縄戦のみならず、南方戦線を含む戦没者であり、彼らに対する「顕彰」が色濃く見られた。だが、六〇年代後半以降、沖縄返還が現実味を帯びるようになった一方、広大な米軍基地が残される方向性が明らかになると、本土に対する幻滅と憤りが沖縄社会に充満するようになった。こうしたなか、日本軍兵士による住民への暴力や集団自決の強要など、沖縄に対する「加害」が論じられるようになった。自治体による沖縄戦体験記録の編纂が急速に進んだのも、これ以降のことである[16]。

ただ、沖縄が受けた被害の実相に加えて、沖縄の側の「加害」への着目も進むようになった。戦時期に皇民化教育を担った教師のありようは、復帰運動を主導した教職員たちの姿と重ね合わせながら、批判的に検討されるようになった。朝鮮人軍夫への暴力や住民自らの「スパイ」摘発への協力も明らかにされるようになった。その意味で、異なる磁場が背景にありながらも、本土での戦争体験論と同じく、「被害」と「加害」が入り組んだ記憶の再考が進んでいた。

とはいえ、こうした議論の多様性が持続されたとも言い難い。「軍隊の論理」(日本軍による加害)と「住民の論理」(沖縄住民の被害)の入り組んだ状況への問い直しが、復帰(運動)批判とも絡まりながら進められた一方で、その後、歴史教科書問題(一九八二年、二〇〇七年)や戦後五〇年問題、米軍基地移設などが大きな争点となるなか、この二つの「論理」は交じり合わなくなり、二項対立的な構図があらわになった。この種の「多様な論点の広がり」が封殺されたプロセスからも目を背けるべきではない(櫻澤誠「第6章 沖縄戦記と戦後への問い」)。

## 5 「顕彰」と戦後民主主義

靖国神社にまつわる議論も、かつては戦後民主主義の価値規範に接続するなど、相応の多様性を有していた。GHQによる神道指令（一九四五年一二月）のもと、陸海軍の管轄を離れ、一宗教法人となった靖国神社は、戦時期に比べればうら寂しく、財政的にも困窮していたが、そうしたなか、遺族がひっそりと訪れ、賽銭箱に戦没した肉親への手紙を投入することがしばしば見られた。そこでは靖国神社は、あくまで死者と遺族の「私的」な対話を媒介する場であり、その死を公的（国家的）な見地から「顕彰」するものではなかった。その後も『社報靖国』において、「こんな盛んな行事を行ひながら、神前には、あんな惨禍がもう来ませんやうにと祈り続けなければならない矛盾は、悲しいものだ」「もう再び之〔合祀通知〕を必要としないやうな世の中になつてもらひたい」と、再軍備への懸念が語られることもあった[17]。

また、靖国神社国家護持を求めた日本遺族会にしても、当初は本来の目的はあくまで戦没者慰霊にあり、靖国国家護持はその手段のひとつに過ぎなかった。そもそも、設立当初の日本遺族会（前身の日本遺族厚生連盟は一九四七年に発足）は、遺族の「福祉」「保護」「善導」をめざすものであり、レッド・パージの対象になった共産主義への警戒感は滲むものの、戦後民主主義や平和主義の価値観から近い位置にあった。

だが、一九六〇年代に入り、日本遺族会や靖国神社が自民党議員を巻き込みながら国家護持運動を推し進めるようになるなか、議論のありようは変化していった。ひところは、日本国憲法でも明記されている政教分離原則の枠内での「国家護持」を模索する動きも見られたが、その後はともすれば、政教分離との調和を顧みず、むしろ戦後民主主義に対峙するかのような議論も前景化するようになった（福家崇洋「第3章　日本遺族会と靖国神社国家護持運動」）。

国家護持法案は一九六九年から七三年にかけて、五度にわたって国会に上程されたものの、最終的には成立することはなく、その後は政府要人の「公式参拝」路線に切り替えられていった。それも、A級戦犯合祀問題もあって、東アジア諸国の反発をたびたび招いた。こうしたなか、小林金三や渡辺清らに見られた戦場体験者や戦没者の情念にこだわりながら「加害」の問題を見据える動きは後景にかすむようになり、「顕彰」と「加害責任」の二項対立が際立つようになった。

## 三　冷戦終結後の言説変容

### 1　冷戦の終結と「記憶の戦争」の激化

こうした議論の構図は、一九九〇年代初頭に冷戦が終結するなかで、新たな変化を見せるようになった。冷戦体制下では、資本主義陣営の一体化や安定性を優先するアメリカの意向もあり、東アジアの親米開発独裁政権は、日本からの経済協力と引き換えに、戦争責任追及や個人賠償請求を抑制していた。しかし、東西冷戦が終結し、時を同じくして民主化が進展するなか、日本の加害責任や植民地責任を問う声が、アジア地域の人々のあいだで際立つようになった。一九九一年に旧日本軍の元軍人・軍属や元「従軍慰安婦」が日本政府を提訴したのは、このような動向を象徴するものであった。かつてであれば、これらの動きは、本国政府によって抑え込まれていたが、冷戦終結はその軛を解き放った。

戦後補償運動は明らかに日本の責任を問いただそうとするものではあったが、その根底にある論理は一様ではなかった。たとえば、関釜裁判（釜山朝鮮人従軍慰安婦・女子勤労挺身隊公式謝罪等請求訴訟、一九九二年）では、日本国籍の確認を求め「不条理」を訴える姿勢がつよく打ち出されていた。それは、帝国日本の植民地支配をひとまず「合法」とみなしながら、戦時動員された植民地出身被害者をさまざまな援護施策から排除する「国籍条項」に異を唱えるものであった。それに対して、日本の植民地支配の不法性を指摘し、その加害行為の事実認定や責任追及に軸足を置く動きも見られた。「人道に対する罪」に対して国際法による救済を求めたアジア太平洋戦争韓国人犠牲者補償請求訴訟(一九九一年)は、その一例であった。玄武岩は前者の動きを「リベラル戦後責任」、後者を「ラディカル戦後責任」と位置づけ、さらに、「現実主義」(救済重視)と「理想主義」(謝罪重視)のいずれに比重を置くのかを勘案しながら、一九九〇年代以降の戦後補償論の類型を整理している(玄武岩「第7章　被害と加害を再編する結節点としての「戦後五〇年」」)。

これらの補償請求運動では、日本の法律家や市民団体の支援も見られた。日本の裁判所への提訴が実現するうえでも、彼らの尽力は小さくなかった。それは裏を返せば、日本国内でも「加害」をめぐる議論が盛り上がりつつあったことを物語っていた。米倉律によれば、一九九〇年代のテレビ・ドキュメンタリーはそれ以前に比べてはるかに多く「加害」の問題を扱っていた。雑誌や書籍のように読者を選ぶメディアだけではなく、テレビという幅広いオーディエンスを包括するメディアにおいても、「加害」は論じられるべき課題と見なされていたのである[18]。

## 2　記憶のグローバル化

もっとも、加害責任や植民地責任が焦点化されたのは、日本に限るものではなかった。時を同じくして、第二次大戦期のユダヤ人迫害をめぐるフランス(ヴィシー政府)の責任も問われるようになった[19]。インドやアフリカにおけるイギリスの植民地統治とその暴力や、インドネシア独立を阻止しようとしたオランダの軍事行動も、一九九〇年代半ば以降、批判にさらされた。ケニア独立闘争(マウマウ)への拷問・虐殺をめぐって、イギリス政府を相手取って起こされた訴訟(二〇〇六年)は、その例である。冷戦終結に伴う社会変容は、「加害」「植民地主義」への問責を抑え込んできた国際秩序の衰退を導いた。そこでは、敗戦国ばかりではなく、戦勝国の責任も問われようとしていたのである[20]。

こうした状況下において、かつての植民地宗主国には、その責任を認めないか、一定程度認めたとしても、その範囲を限定的なものに押しとどめようとする傾向が目立っていた。イギリスは、先のマウマウへの拷問に関する極秘文書の存在が二〇一一年に明らかになったことから、その個別事案については補償金の支払いを受け入れたが、キプロス、マレーシア、イエメン等からの同様の訴訟については「今回の措置（元マウマウ兵士への補償）は、ほかの植民地訴訟の前例にはならない」「五〇年前に海外で起こったことに関しては十分な証拠は得られないため、満足のいく判決が得られるはずがない。である以上、現政府にも国民にも、過去の植民地統治下の行為について法的責任を拒み続ける権利がある」という姿勢を崩さなかった㉑。

総じて加害責任に向き合ってきたと評価される（西）ドイツについても、同様の傾向が見られた。「過去に目を閉ざす者は結局のところ現在にも盲目になる」と述べたヴァイツゼッカー大統領演説（一九八五年）は日本国内でも広く知られているが、罪を犯したのはナチスであり、戦後のドイツ国家やドイツ国民に法的責任はないというのが、ヴァイツゼッカーの立場であり、またそれは多くのドイツ国民に共有された認識だった。強制労働を強いられた人々の被害に対する「記憶・責任・未来」基金についても、あくまで人道的補償という立場に基づくものであり、ドイツ政府が国家としての法的責任を認め、国家賠償を行うものではなかった㉒。

## 3 「自虐」批判

責任を少なく見積もる、あるいは否認しようとさえする動きは、「戦後五〇年」の日本でも際立っていた。村山富市内閣は、植民地責任や加害責任を盛り込んだ「戦後五〇年」決議の国会採択をめざしたが、それに反発する自民党保守派などの抵抗にあい、文言の修正を余儀なくされた。それでも全会一致での採択は実現せず、かえって日本社会における歴史認識の不一致を印象づけた。日本の戦争責任を否認するばかりか、むしろ戦争遂行や植民地支配を半ば肯定するような閣僚・有力政治家の発言も相次いだ。

時を同じくして、「自由主義史観」の動きが台頭した。当時、東京大学教授であった藤岡信勝は、戦後教育における歴史認識は日本の過去を一方的に断罪する「自虐史観」であり、それはアメリカ占領軍が押しつけた歴史観やソ連を中心とする共産主義勢力の歴史観に基づくものであると批判した。それに対して藤岡は、日本国民の自由な主体性に基づく歴史観を提唱し、「自由主義史観」と称した。そこで藤岡は、元「従軍慰安婦」の証言がでっちあげであると主張し、この問題を歴史教科書に記載することに激しく反発した。南京事件の被害者数も極端に少なく見積もっていた。

この訴えに賛同した文化人たちは、一九九六年に「新しい歴史教科書をつくる会」を結成し、日本人が誇りを持てるような「国家の正史」を確立すべきであると訴えた。小林よしのりのマンガ『戦争論』(一九九八年)やそれに続く一連の作品は、若い世代の間に「自由主義史観」を流布させる役割を担った。「記憶の戦争」は、マンガのような大衆メディア文化にまで広がりを見せ、青少年の読者たちをもその渦中に取り込むこととなった。

小泉純一郎政権下の靖国参拝問題は、「記憶」の対立をさらに根深いものにした。小泉首相は、二〇〇一年から〇六年にかけて六度にわたって靖国参拝を行った。そのうち、二〇〇六年の参拝は「終戦記念日」の八月一五日であった。「従軍慰安婦」問題とともに、この靖国問題は議論の激しい対立を招いた。「戦後六〇年」においても、「加害」と「顕彰」の二項対立は際立っていた。また、これらの問題をめぐって批判を展開した中国・韓国への悪感情も高まり、ときにヘイト・スピーチ的な要素を帯びた「嫌韓」「嫌中」言説も目立つようになった。

この時期、経済的な疲弊に喘いでいた日本は、かつてのような「経済大国」の自負を失いつつあった。バブル崩壊の余波から容易に抜け出すことができず、リーマンショックがこれに拍車をかけた。低経済成長が慢性化し、一時的な景気好転が見られても、非正規雇用が増大し、国民生活にゆとりや安定が失われていた。それに対して、中国や韓国の経済的・政治的地位は向上しつつあった。少なくとも冷戦期に比べれば、日本との経済格差はあきらかに縮小していた。「加害」の歴史を否認し、「嫌中」「嫌韓」言説が目立ちつつあった状況は、日本社会がナショナルな自信の喪失に陥っていたことの裏返しでもあった。

そうしたなか、「戦争」をテーマにしたテレビ・ドキュメンタリーで「加害」の問題が扱われることは、急速に少なくなっていった[23]。「戦後五〇年」の一九九〇年代半ばには「加害」にもしばしば焦点が当てられていたが、それも一時的な現象にとどまり、二〇〇〇年代以降はこのような傾向は薄れていった。

ただ、そこではインターネットの影響も見落とすことはできないだろう。Ｗｉｎｄｏｗｓ95および後継ＯＳの普及もあって、二〇〇〇年代以降、日本では急速にインターネット利用が広がりを見せた。それにより、ブログ等での一般ネットユーザーの「情報発信」は容易になったが、同時に論争的なテーマをめぐる誹謗中傷が広く可視化されるようになった。かつてであれば、それらは近い者との会話か、せいぜい流通範囲が限られたミニコミに閉じていたが、それがインターネットに置き換えられることで、これらは誰の目にもふれ得るものとなり、「炎上」が頻繁に繰り返されるようになった。

このようななかで、テレビ・メディアが一定の「自粛」を考えるようになったことは、想像に難くない。「炎上」を引き起こすのはごく一部のネットユーザーではあるが、そこで紡がれる「ネット世論」を刺激しないような「配慮」が生み出されていた。手に取る読者を限定する雑誌・書籍とは異なり、テレビは新聞とともに幅広いオーディエンスを想定せざるを得ない包括性を帯びたメディアである。それだけに、「ネット世論」の標的にもされやすい。その意味で、インターネットが可能にした双方向で多様なコミュニケーションは、逆説的に、テレビのようなマス・メディアの議論の幅を狭める機能を有していた。テレビ・ドキュメンタリーにおいて「加害」の論点が後景化した背景には、このようなメディア変容があった。

インターネットの広がりは、歴史修正主義的な動きに対して、新たな変化をもたらした。小林よしのり『戦争論』

は、「リベラル」への批判が繰り広げられつつも、小林自身への自己懐疑も散りばめられており、そのことが読者の作者(小林)に対する信頼を生み出していた。いわば、そこには作者と読者の共同体が存在していた。しかし、二〇〇〇年代半ば以降の『マンガ嫌韓流』やネット空間における議論では、「特権的な作者」の存在は後景に退き、「ネタ」を消費し、共有する消費者共同体的な側面が色濃くなっていた。第8章「ネット時代の「歴史認識」」(森下達)は、ネットの普及を背景にした「戦後五〇年」から「戦後六〇年」への変化について「旧来的な作者は往々にして自らの問題意識にこだわるが、〔ネット掲示板の〕消費者は必ずしもそうではない。ネタを共有し、消費することに重きを置く彼らは、自分自身への問い直しに向かうこともない」「メンバーがみな似た感性を有しており、さらに自らは匿名でいられるという安心感から、そこでは敵性対象への侮蔑や攻撃的言辞が横行し、主張の極端化すら容易に生じてしまう」と指摘している。

## 4　「フクシマ」以後

二〇一一年三月の東日本大震災とそれに伴う福島原発事故は、戦争や軍事をめぐる新たな言説変容を生み出した。原発事故はそれまで不問に付されてきた原発事業のリスクを可視化させ、原発の存在の是非が社会的な争点となった。だが、裏を返せば、この状況は原発を否定する動きだけではなく、その存続を積極的に訴える議論の根強さをも浮かび上らせた。多くの人々に避難を強い、生活基盤を破壊し、汚染水の制御もままならない状況がありながらも、原発維持を訴える議論の背景には、「潜在的核保有」の問題があった。原発事業に必要な高水準の原子力技術を有することは、核兵器を作ろうと思えば一定期間のうちに作れることを意味し、したがってそれは「潜在的核抑止」につながる。こうした議論が大手新聞社や政治家によって公に語られたことは、核エネルギーの民事利用が軍事利用と不可分であること、ひいては、「被爆国」であった日本は、同時に「潜在的核保有国」であることをも浮き彫りにした。

原発事故がもたらしたものは、それだけではない。低線量被ばくは目に見えにくく、確率的不確実性を伴うだけに、「リスクを感じるかどうか」「それへの対処法」は個人の問題とされ、恐怖や不安を社会的に解消しようとする合意形成は進んでいない。むしろ、その不安の声に対する揶揄や蔑視がネット上では多く見られた。電力会社からの補償・慰謝料についても、道一本を隔ててもらえるケースともらえないケースが生じ、地域コミュニティの亀裂が深刻化する例もある。そこでは、幾多の「分断」が生み出されていた。

その一方で、災害対応にあたる自衛隊や米軍、被災者を見舞う天皇に対する「感謝」の語りも多くあふれた。言うなれば、象徴天皇制と軍事を媒介にした「統合」への期待感が、そこには見られた。だが、その種の「感謝」は見据えるべき問題から目をそむけることにもつながっていた。「感謝」のカタルシスに浸ることは、開発をめぐる中央と地方の不均衡、そのゆえに生じた原発立地自治体と電力会社との癒着、そして、リスクへの対処を不問に付してきた戦後政治のひずみを見えにくくする。それは、「英霊」への「感謝」が、軍・政治の組織病理や「加害」の問題を不可視化してきたことにも重なるものである。第9章「原発災害後のメディア言説における「軍事的なもの」」(山本昭宏)は「低線量被ばくのリスクの個人化」と「軍事的な言説・イメージに基づく統合」とが同時並行する二〇一〇年代以降の言説構造を解き明かしている。

## 5　「言説・表象の磁場」への問い

すでに戦後も七五年以上が経過した。七五年前と言えば、サンフランシスコ講和条約が発効した一九五二年に西南戦争(一八七七年)を、第二次石油ショック(一九七九年)のころに日露戦争(一九〇四―〇五年)を振り返るようなものである。それほどの過去であるにもかかわらず、戦争の記憶は現在の問題でもあり続けている。毎年八月には、いまなお新聞・テレビ・雑誌で「戦争」特集が多く組まれている。靖国神社などをめぐる論争もたびたび過熱し、「加害」と

「被害」というよりは、「加害」と「顕彰」の二項対立が際立っている。

戦争をめぐる出版物やドキュメンタリーは毎年多く生み出されてはいるが、それによって立場を越えた相互理解が生み出されることはない。「戦争責任」への関心がつよい者は、「顕彰」を謳う書物にふれることは少ないだろうし、その逆もまた同様であろう。メディアで「戦争」が多く扱われる状況は、自分の興味関心に近いものを一方的に吸収する動きを加速させ、異なる立論にふれる機会をかえって遠ざけているようにも見える。インターネット、とくにSNSの普及はこうした動きに拍車をかけ、歴史認識をめぐる「分断」や「憎悪」は頻繁に生み出されている。

だが、「戦争体験（記憶）」をめぐる言説変容を俯瞰してみるならば、またそれとは異なる様相を見ることができる。ファシズムとデモクラシーの近接性、「反戦」と「好戦（戦記・軍事への関心）」との接合、「被害」の問題関心と「加害」のそれとの絡み合い――昨今の「戦争の語り」とは異なるものを、そこに汲み取ることができよう。同時に、これらの立論がその時々の社会状況との関わりのなかで構築され、あるいは消失していったことも、また浮かび上がる。「戦争の語り」やそれをめぐる「正しさ」は、GHQ占領や世代間対立、ベトナム戦争、冷戦終結、インターネットの広がりなど、社会を取り巻く環境の変化と密接に結びつきながら、さまざまに紡がれ、変化していった。

こうした「語り」の社会的磁場を読み解き、また、今日では想起されない立論を捉え返すことは、昨今の「戦争の語り」における制約や忘却を可視化させるのではないだろうか。本巻は、「言説・表象の磁場」の戦後史を問うことを通じて、現在の「戦争の語り」のポリティクスを逆照射しようとするものである。

（1）　山本武利『GHQの検閲・諜報・宣伝工作』岩波現代全書、二〇一三年。同『検閲官――発見されたGHQ名簿』新潮新書、二〇二一年。

(2) 福間良明『殉国と反逆――「特攻」の語りの戦後史』青弓社、二〇〇七年。
(3) 佐藤卓己『ファシスト的公共性』岩波書店、二〇一八年、五一頁。
(4) 福間良明『「戦争体験」の戦後史――世代・教養・イデオロギー』中公新書、二〇〇九年。
(5) 吉田裕『日本人の戦争観』岩波現代文庫、二〇〇五年、二七一頁。中久郎編『戦後日本のなかの「戦争」』世界思想社、二〇〇四年。
(6) 佐藤彰宣『〈趣味〉としての戦争』創元社、二〇二一年。
(7) 安田武『人間の再建――戦中派・その罪責と矜持』筑摩書房、一九六九年、七〇、六二頁。
(8) 前掲『「戦争体験」の戦後史』。
(9) 「社説　戦没学生に声あらば……」『朝日新聞』一九六九年五月二一日。
(10) 小田実『「難死」の思想』岩波現代文庫、二〇〇八年、三〇六頁。
(11) 渡辺清『砕かれた神』岩波現代文庫、二〇〇四年、五八頁。
(12) 同前、二七〇頁。
(13) 前掲『「戦争体験」の戦後史』。
(14) 座談会「わだつみ会の活動を考える」『わだつみのこえ』第七七号、一九八二年、六四頁。
(15) その後、一九九〇年代以降、上野千鶴子『ナショナリズムとジェンダー』青土社、一九九八年などの研究によって、女性運動における主体的な戦争協力や「従軍慰安婦」言説の問い直しが進み、ジェンダーの観点から国民国家が捉え返されるようになる。
(16) 福間良明『焦土の記憶』新曜社、二〇一一年。
(17) 『社報靖国』一九五二年七月一日、一九五三年八月一日。
(18) 米倉律『「八月ジャーナリズム」と戦後日本』花伝社、二〇二一年。
(19) 吉田徹『アフター・リベラル』講談社現代新書、二〇二〇年。
(20) 前川一郎「植民地主義忘却の世界史」同編『教養としての歴史問題』東洋経済新報社、二〇二〇年。
(21) 同前、一〇一頁。
(22) 同前、八八頁。
(23) 前掲『「八月ジャーナリズム」と戦後日本』。

# 第Ⅰ部

# 拮抗する「反戦」と「好戦」

# 第1章　国民参加のファシスト的公共性
## ——戦時デモクラシーのメディア史

佐藤卓己

## はじめに

二〇二〇年から日本でも大流行した新型コロナウイルス感染症は、外出自粛や飲食規制が日常性と公共性の関係に変革を迫る「非常時」意識を現出させている。そこに第一次世界大戦中に発生したスペイン風邪のパンデミック（一九一八—二一年）から始まる戦間期、特に「暗い時代」と呼ばれた一九三〇年代の歴史を想起した人々も少なくない。たとえば、「ウィズ・コロナ」でマスク着用を呼びかける「新しい生活様式」（厚生労働省）の起源を日中戦争下の「新生活体制」運動に探る大塚英志『「暮し」のファシズム』（二〇二一年）である。同書では戦後は生活雑誌『暮しの手帖』（一九四八年—）を創刊した花森安治の国策宣伝が扱われている。花森は戦時下に大政翼賛会宣伝部で「ぜいたくは敵だ！」「進め、一億火の玉だ！」などの傑作コピーを選定した。しかし、こうした「男文字」の標語より、効果において重視すべきは同じ花森が『婦人の生活』（一九四〇年）で展開した「女文字」の参加＝動員の呼びかけである[1]。参加（自発）と動員（強制）をイコールでつなぐことに違和感を覚える人もいるだろう。だが、私たちはいま自粛を要請する「空気」の中で生活しているのではないのか。

# 一　ファシスト的公共性論の成立

## 1　方法としてのファシズム

「日常に権力が入り込み、「自発性」を担保とした参加と動員が目の前で進行している」現状をにらみながら、成田龍一も書評論文「佐藤卓己『ファシスト的公共性』、あるいは歴史意識の現在について」(二〇二一年)をものしている。成田の概念整理は著者の私よりも明快で、全文を引用したいところだが、ここでは「「戦後的」解釈‐枠組みをことごとく批判する」神話崩しの営みが「ベルリンの壁」崩壊に始まるという指摘をまずは引いておきたい。

〔著者・佐藤卓己は〕一九八九年のベルリンの壁の崩壊に始まる「東欧革命」を、「批判的理性による市民運動の勝利」ではなく、「街頭公共性」から説明する。すなわち著者は、これを「市民運動」の台頭とし、「市民的公共性」と把握するハーバーマスらへの違和感を唱え、「テレビ的なもの」が人びとを動かしたことを強調する。東欧革命を(ロバート・ダーントンを援用し)マイケル・ジャクソンのコンサートなど、「フォークロックに酔う大衆」の存在から論ずる。これは、一九四五年の経験に原点を置く歴史研究(＝「戦後歴史学」)に対し、一九八九年の経験をテコとした「現代歴史学」の問題意識となっていよう。(2)

確かに『ファシスト的公共性』(二〇一八年)は私にとってドイツ留学(一九八七—八九年)以来の決算書である。さらに成田は、メディア論と総力戦体制論(山之内靖)をバネとしてドイツ史から日本史に挑んだ比較現代史論でもあることも指摘している。

本書では、第二部として「日本の総力戦体制」も扱われるが、日本においても「民主政治＝参加政治の一形態」としてファシズムがみられ、「大正デモクラシーにおける世論形成への大衆参加」に「連続」していたとされている。「宣伝」「公共性」「国民化」によって、「戦争国家」が「福祉国家」を必要としたことをいい、歴史を「現代化」の観点から描き直す（強調は引用者）[3]。

もっとも「世論形成への大衆参加」、それを煽るメディア仕掛けの政治を「ポピュリズム」と呼ぶのであれば、それは大正期以前から始まっていた。筒井清忠『戦前日本のポピュリズム』（二〇一八年）によれば、ポピュリズム（大衆の人気に基づく政治）が日露戦争以後から始まっていた事実は長らく無視されてきた。なぜ誰も「戦前からポピュリズムはあった」と明言しなかったのか。それはみんなが「被害者」になれる戦後民主主義の歴史観、すなわち、議会もメディアも国民も、国家あるいは軍部の言論弾圧に抵抗できず無理やり戦争に引きずり込まれた「言論暗黒時代」という神話が存在したためである。

だが、本当に議会は軍部によって沈黙を強いられていたのか。果たしてメディアは検閲によって戦争プロパガンダを強制されていたのか。また国民は「大本営発表」にただ騙されていただけなのか。こうした問いに対して、私が学生だった一九八〇年代以前なら「イエス」と答える研究書が主流だった。しかし、二〇二〇年代のいま、「ノー」と明確に答える歴史家は多い。たとえば、筒井清忠は日中戦争で参謀本部が主導した和平工作が失敗し、「爾後国民政府を対手とせず」の近衛声明が出された背景をポピュリズムからこう説明している。

〔近衛文麿内閣が〕議会・世論を考えたからこそ和平工作は潰え、強硬な声明が出され、戦争は拡大していったのだった。逆に言うと、議会と世論が弱ければ和平工作は成功していたかもしれないというのが実相なのであった（強調は引用者）[4]。

むろん「議会・世論を考えた」のは民主主義の当為であり、「議会と世論が弱ければ」という言葉を剣呑に感じる人はいるだろう。そうした人は拙著『ファシスト的公共性』のタイトルにも抵抗を感じるはずだ。しかし、「ファシスト」という形容詞の歴史的負荷を承知の上で、私は現代の公共性をより深く理解すべく「方法としてのファシズム」を採った。

なるほど、議会制民主主義における「言論の自由」を普遍的価値とすれば、ファシズム体制におけるメディア環境は特殊かつ例外的である。だが、ファシズムを戦後民主主義の反措定とする限り、否定すべきファシズムの歴史を私たちは客観的に分析することはできない。そのことが私たちの現状をも客観的に分析できなくしている要因ではないのだろうか。

そもそも「言論の不自由」は特殊かつ例外的なのだろうか。メディアの本質は自由と民主主義の規範をいったんは離れてこそ、理解可能となるのではないのか。たとえば、資本主義の本質が恐慌という例外状況によって明らかにされてきたように、公共性（輿論／世論を生み出す社会関係）の可能性はファシズムという極限においてこそ十分な思考実験ができるのではないのか。それこそ敢えてファシスト的公共性という議論を展開した所以である。

## 2　街頭公共性とナチズム

公共性といえば、ブルジョア的公共性 bürgerliche Öffentlichkeit の理念型を提示したユルゲン・ハーバーマス『公共性の構造転換』（一九六二年）が我が国でも有名である[5]。同書は、理性的討議によって生まれる輿論 public opinion

が成立する社会関係（空間）、すなわちブルジョア的公共性（圏）の衰退を描く理念史である。だが不思議なことに、ナチズムが登場する戦間期の公共性（圏）の記述が同書にはまったく存在しない。ハーバーマスは一七世紀末のコーヒーハウスで生まれたブルジョア的公共性が一九世紀後半に解体期に入るプロセスまでは詳述するが、第一次世界大戦からナチズム、スターリニズム、ニューディールの戦間期を完全に黙殺して、第二次世界大戦後の西ドイツ福祉国家におけるメディアで制御された「合意の製造」システムへと議論を進めている。しかし、こうした議論の欠落部分、すなわち総力戦とファシズムの経験にこそ、現代における公共性問題の核心があるのではないか。そもそも、福祉国家もファシズムと同様に第一次世界大戦が提起した総力戦システムの産物である。自身もヒトラーユーゲントだったハーバーマスが敢えて回避した問題、つまり「ファシストの公共性」という欠落部分を埋める作業こそ、博士論文『大衆宣伝の神話――マルクスからヒトラーへのメディア史』（一九九二年）[6]以来、私の主要研究テーマだった。

『大衆宣伝の神話』執筆中に私はアイケ・ヘニッヒ「ファシスト的公共性とファシズム理論」（一九七五年）[7]に出会った。ヘニッヒはマルクス主義のファシズム理論である「代理人テーゼ」――一九三五年コミンテルン第七回大会で採択された「金融資本の最も反動的、排外的、帝国主義的要素による公然たるテロ独裁」のデミトロフ定義が典型――の超克をめざしていた。当時のファシズム論は、ナチズムを資本主義体制の危機対応として経済的に基底還元するか、「民主主義VSファシズム」という単純な二項対立図式で理解しようとしていた。しかし、ナチズムは大衆が自ら望んで参加した運動であり、大衆の歓呼のうちに第三帝国が存続した事実こそ直視すべきだとヘニッヒは主張した。しかし、この問題提起は公共性論としては十分な展開がないまま長らく忘れられていた。この概念の再生を試みたのが拙稿「ファシスト的公共性――公共性の非自由主義モデル」（一九九六年）である。

一九世紀の民主主義は、「財産と教養」を入場条件とした市民的公共圏の中で営まれると考えられていた。一方、二〇世紀は普通選挙権の平等に基礎を置く大衆民主主義の時代である。そこからファシズムが生まれた事実は強調されねばならない。理性的対話による合意という市民的公共性を建て前とする議会制民主主義のみが民主主義ではない。ヒトラー支持者には彼らなりの民主主義があったのである。ナチ党の街頭行進や集会、ラジオや国民投票は、大衆に政治的公共圏への参加の感覚を与えた。この感覚こそがそのときどきの民主主義理解であった。何を決めたかよりも決定プロセスに参加したと感じる度合いがこの民主主義にとっては決定的に重要であった。ワイマール体制(利益集団型民主主義)に対して国民革命(参加型民主主義)が提示されたのである。ヒトラーは大衆に「黙れ」といったのではなく「叫べ」といったのである。民主的参加の活性化は集団アイデンティティに依存しており、「民族共同体」とも親和的である。つまり民主主義は強制的同一化 Gleichschaltung とも結託できたし、その結果として大衆社会の平準化が達成された。こうした政治参加の儀礼と空間を「ファシスト的公共性」と呼ぶとしよう。民主主義の題目はファシズムの歯止めとならないばかりか、非国民(外国人)に不寛容なファシスト的公共性にも適合する。(8)

こうした概念の再構築が一九九〇年代、つまり「ベルリンの壁」崩壊後に可能になった研究史上の背景については、原田昌博『政治的暴力の共和国』(二〇二一年)がわかりやすく解説している。原田は同書でナチ突撃隊や共産党の前線兵士同盟など独自のシンボルを掲げた準軍事(パラミリタリー)組織の街頭宣伝が共和国における「公的生活の軍隊化」を進行させ、この街頭公共性から第三帝国が立ち現れたプロセスを丹念に掘り起こしている。

佐藤の研究が発表された一九九〇年代には、ナチズム研究において「ナチ党＝国民政党テーゼ」が受容されつつあった。ナチ党が労働者から中間層を経て上層階級に至るまで広範な階層からの支持を集めていた構図を提示した「ナチ党＝国民政党テーゼ」と「ファシスト的公共性」論の登場は、ナチズム研究が新たな段階へ入ったことを示す画期をなすものであった(9)。

つまり、ヘニッヒが問題提起した一九七〇年代までのナチズム研究ではナチ党支持者を大衆社会化で没落する新旧中間層とみなす「中間層テーゼ」が主流であり、それはブルジョア的価値規範の衰退を描くハーバーマスの公共性論とも親和的であった。そのためナチズムを支持した労働者大衆の自立性や主体性は十分に考慮されていなかった。原田は私の再定義をこう評価している。

> これに対して、「ファシスト的公共性」論は、デモ行進や集会の舞台としての街頭を通じた世論形成に注目して公共性を実体的・可視的なものと捉えており、多様な公共性の形態の中で、市民的公共性（圏）とは異なるやり方で世論を形成しうる対抗公共性（圏）を前提としている。国民諸階層からのナチズムへの支持を説明するモデルとしての「ファシスト的公共性」論の特徴は「受け身の存在」あるいは「操作・動員の対象」ではなく、**主体的にナチズムとヒトラーを支持した人びと**を照射する点にある（強調は引用者）(10)。

「主体的にナチズムとヒトラーを支持した人びとを照射する」とは、ドイツ国民の責任を真正面から問うことを意味する。そこにはドイツ国民を情報操作の「被害者」とみなして免罪するプロパガンダ論を拒絶した亡命ユダヤ人歴史家ジョージ・L・モッセの視点が反映されている。モッセは『大衆の国民化』（一九七五年）でナチ宣伝の大衆民主主義的な系譜を詳述している。大衆が自ら進んで政治に参加する可能性を視覚的に提示する政治様式をモッセは「新しい政治」と呼ぶが、それは公共の利益を目指す人民の「一般意志」に基づく民主政治の確立を主張した哲学者ルソー、さらにフランス革命の人民主権に端を発している。[11] その延長線上にあるナチズム運動も国民的合意（コンセンサス）を目指した大衆運動であり、プロパガンダに操作（マニュピレーション）されていたわけではなかった。実際、第三帝国においてドイツ国民の大半は一九三九年に戦争が始まるまで自ら不自由だと感じることは少なく、ナチズムの参加民主主義を信じていた。ドイツ系アメリカ人記者ミルトン・マイヤーが戦後、ドイツの地方都市に一年以上住み込んで元ナチ党員と対話した記録、『彼らは自由だと思っていた』（一九五五年）から引用しておこう。

外部からの攻撃や内部からの転覆によってではなく、ナチズムは歓呼の声に迎えられて登場してきたのである。ナチズムこそ、大半のドイツ人の望んだものであったし、現実と幻想が結合した圧力のもとで、彼らが望むようになっていったのがナチズムであった。彼らはナチズムを望み、ナチズムを手に入れ、ナチズムを好んだのである。[12]

この文章の「ナチズム」を「軍国主義」に、「ドイツ人」を「日本人」に入れ替えても通用するのではないか。私のメディア史研究はここからスタートした。以下では、ファシスト的公共性論に関連した日本メディア史の新潮流を概観しておきたい。

## 二　言論弾圧史観から言論統制史観へ

### 1　『キング』の時代――国民大衆雑誌の公共性

メディア史は一九九〇年代初頭の冷戦終結以降に成立した歴史研究領域である。ソビエト全体主義体制が存在していた時代のジャーナリズム史は、おおむねブルジョア的公共性（輿論を生み出す市民の理性的討議）への憧れと垂直型権力モデル（国家による上からのジャーナリズム弾圧）への恐怖を前提に記述されていた。しかし、一九八九年の「ベルリンの壁」崩壊に象徴される「東欧革命」は街頭公共圏で生成された大衆的世論による国家体制の転覆であった。こうした水平型権力モデル（メディアと受け手の間の同調圧力）の噴出が全世界にテレビ中継された結果、これまでのように垂直型権力モデルだけを念頭においたジャーナリズム史とは異なる新しい批判的なメディア史が求められた。

日本のジャーナリズム史を牽引してきた有山輝雄も、モッセ『大衆の国民化』を参照した「戦時体制と国民化」（二〇〇一年）において、「軍国主義の言論報道統制による上からの民衆の操作という歴史観」をこう批判している。そうした歴史観で抑圧の被害者として免罪されたマスメディアや民衆にとって、旧来のジャーナリズム史ははなはだ都合の良い自己正当化となっている、と。

　メディアの側の積極的な対応なしに、新体制下での新聞・出版・映画等のメディア再編成はありえなかったであろうし、また民衆の能動的な参加なしには戦時体制そのものの維持も難しかったのではなかろうか。メディアにとっても、民衆にとっても一九三〇年代・四〇年代の体制は一つの自己表現の場であったはずである。(13)

実際、それまでのジャーナリズム史では昭和前期のメディアは内務省や陸軍の言論弾圧による被害者とされ、戦時下の横浜事件のような国家権力のフレームアップにスポットが当てられてきた。そうした「言論暗黒時代」のジャーナリズム史は、プロパガンダの弾丸効果論、つまり送り手から受け手への一方通行的なマスコミュニケーション・モデルに重ねられ広く受容された。メディアの受け手たる国民も「大本営発表に騙された」というジャーナリズム史においては言論弾圧の「二次被害者」となり、戦時体制への主体的参加の責任を自ら直視することはなかった。逆に言えば、戦争協力への責任を追及されたくないという戦後の国民感情が、メディアと国民を被害者とする言論弾圧史観を持続させてきたと言えなくもない。その意味では、メディアと国民の主体的責任をも問う言論統制史観が受け入れられるには、冷戦終結だけでなく、パーソナルメディアの普及などメディア環境の変化も必要だったのだろう。

そうしたマスメディア時代の黄昏どきに私は日本のメディア史研究を始め、『『キング』の時代』(二〇〇二年)をまとめた。大日本雄弁会講談社(現・講談社)が発行した『キング』(一九二四—五七年)は、日本初の「一〇〇万部雑誌」として文字通りマスメディア時代の幕開けを象徴する国民大衆雑誌である。それまで軍国主義に翼賛した「低俗な戦犯雑誌」として批判的に言及されてきた『キング』だが、それを国民統合の「超雑誌（ウルトラマガジン）」として、メディア論的には「ラジオ的・トーキー的雑誌」として分析を試みた。そのためには規範的なジャーナリズム史の二元論、つまり「動員・統制は悪、抵抗・逸脱は善」の図式はまず退ける必要があった。

知識人の目から見れば愚かしいだけの「物語」を、大衆が貪り読んだことも事実である。そのような「物語」に救済を求める大衆の弱さをあげつらう気に私はなれない。同時に、大衆の渇望した「物語」を供給した作家やメディアの弱さを弾劾することにも慎重でありたい。国民国家批判をつきつめれば「一億総難民化のススメ」に行き着くが、幸福な難民はおそらく一部の強者にすぎない。弱さの糾弾は、強者のみを正当化する政治に至る。それこそが、ファシズムとは言えまいか。敵か友かの踏絵を迫るファシズムの語り口でしかファシズム批判ができないわけではあるまい。特にマスメディアに関する限り「動員・統制は悪で、抵抗・逸脱は善」という二元論の思考は、問題の本質から目を背けることにならないだろうか。情報化社会の考古学のためには、学童に善悪を説くが如き啓蒙を超えて、善悪の彼岸に挑む気概をもつべきではあるまいか[14]。

この文章を丸ごと引用した上で、講談社社史『物語 講談社の100年』(二〇一〇年)は拙著『『キング』の時代』を高く評価し、その革新性をこう要約している。

国民大衆雑誌『キング』は、階級や男女や年齢などの差を「国民」という次元で統合する役割を担ってきた。戦前戦時には、大衆を「国民」として総動員した昭和ファシズムの有力な一翼を担い、戦後も引き続き、執筆者もその思想も戦前戦時と変わることなく民主国家建設の推進者として大衆をリードした。ファシズムによる総動員は、大衆が自主的に政治参加するという側面を伴っていたから、ファシズムもまた大衆参加の民主政治の一形態といえる。その観点から〝『キング』の時代〟を俯瞰すると、昭和ファシズムは大正デモクラシーの大衆参加に連続していたし、さらに戦後民主主義の大衆参加にも連続していた。このように〝『キング』の時代〟という枠組み設定によって、大正デモクラシー――昭和ファシズム――戦後民主主義に貫流する連続性を跡づけることができる、というのである。[15]

## 2　『言論統制――情報官・鈴木庫三と教育の国防国家』

もちろん、『『キング』の時代』は講談社の戦争協力を免責するために書かれたものではない。私は講談社や岩波書店をふくむ戦時下の出版社に戦争協力を強要した首魁とされ、「日本思想界の独裁者」(清沢洌)、「日本の小型ヒムラー」(美作太郎)と呼ばれた鈴木庫三少佐に関する研究を続けた。それが『言論統制』(二〇〇四年)である。[16]

鈴木庫三(一八九四―一九六四年)は極貧生活から苦学して陸軍将校となり、夜学で日本大学文学部を首席卒業し、研究室助手、大学院生を経て東京帝国大学の陸軍派遣学生として教育学を修めた異色の「教育将校」である。鈴木が目指した国防国家とは、貧しい家に生まれても能力に応じて活躍ができる平準化社会だった。そのため宮本百合子や壺井栄などプロレタリア作家と親しく交流する一方、ブルジョア的なインテリ作家には敵意を隠すことはなかった。鈴木が属した陸軍・講談社・東大教育学派を中心とする「社会教育」陣営は、海軍・岩波書店・京都学派を中心とする「エリート教育」陣営との間で激しい「国内思想戦」を展開していた。その結果、鈴木は日米開戦後の一九四二年四月には情報局から満洲の部隊に左遷された。それまでの鈴木情報官時代（一九三八年八月―一九四二年四月）は「出版バブルの時代」であり、講談社も岩波書店も空前の好景気に沸いていた。それなのに、なぜ鈴木は言論弾圧者として悪名を残したのか。

歴史の法廷における「加害者側」からの反対尋問としても読まれた『言論統制』が、弾圧史観から統制史観への一転機となったことは確かだろう。これまで被害者の立場で「悪名高き陸軍将校・鈴木庫三」を告発してきた講談社社史の書き換えが象徴的である。『物語　講談社の１００年』（二〇一〇年）の第一九話「戦時体制下での出版活動」は、これまでの社史記述を大きく軌道修正している。

こうして三年九カ月余の鈴木庫三時代の全体を見なおし、大ざっぱに得失を差し引いてみると、鈴木と講談社の関係はこれまでの社史（『五〇年史』など）や『野間省一伝』が描くほど刺々しいものではなかったはずだという指摘（佐藤『言論統制』）にも一理がある。(17)

さらに、岩波書店との関係でも拙著『物語　岩波書店百年史2』（二〇一三年）の第五章「国内思想戦と言論統制」の第三節「情報官・鈴木庫三からの電話」で詳しく再検証した。岩波書店の社史で鈴木の名前が登場するのは、「一九四一年四月一九日　情報局の干渉」である。

情報局第二課鈴木庫三少佐（当時は中佐）から電話があり、安倍能成『時代と文化』を例にとって、岩波書店の出版傾向を罵詈した上、出頭を強制された。このころの出版についての取締は、ほとんど情報局が掌握し、その要職は軍人によって占められていた(18)。

戦後に岩波茂雄が「回顧三十年」で述べたところでは、電話で「君のところに安倍能成という者の本〔『時代と文化』〕が出ているそうだ。僕は読んだことはないが、それは内容がいけないということだから発行発売をやめろ。やめなければ紙はやらないぞ」（強調は引用者）と威(おど)されたとの報告を受けたらしい。この証言についても岩波書店蔵の「岩波茂雄年譜」から史料批判を行い、私は次のようにまとめた。

鈴木中佐が岩波書店に「個人の資格で」電話したとき、自分もまた岩波書店の著者だと思っていたはずである。鈴木が執筆した大項目「陸軍教育」を収めた『教育学辞典』（岩波書店、一九三六―三九年）が二年前に刊行されていた。鈴木が岩波書店への電話で「僕は読んだことはないが」と言ったとすれば、おそらく情報局の会議で阿部仁三嘱託が批判したのだろう(19)。

ここでは東京帝国大学教育学研究室で鈴木の後輩だった阿部嘱託の名前を挙げたが、阿部もおそらく「投書階級」の告発文によって『時代と文化』の「内容がいけない」と知ったのではないか。金子龍司『昭和戦時期の娯楽と検閲』（二〇二一年）を踏まえれば、そう推測するのが妥当だろう。ちなみに金子は、「無知で威圧的といった従来の検閲官イメージに大きな修正を迫った」『言論統制』を新しい検閲研究の「嚆矢」と評している。

このように二〇〇〇年代以降の一連の検閲研究は、検閲する側とされる側の交渉過程を重視することで検閲官たちが教養をもち、文化芸術に対する理解を自任していたことや、製作者側とのコミュニケーションを通じて取締りに及んでいた事実を明らかにした⑳。

その結果、芸術至上主義者あるいは教養主義者だった検閲官が「映画や演劇に理解がなかったから大衆娯楽を弾圧したのではなく、理解があったからこそ〔質を向上させようとして〕大衆娯楽を弾圧した」状況が明らかになった㉑。そうしたインテリ検閲官に厳しい取締りを求めたのは、日本放送協会が当時「投書階級」と呼んだオーディエンスから殺到する告発文だった。こうした投書による流行歌やジャズの統制を金子は「「民意」による検閲」と名付けている。この場合、検閲官は「個人的な好悪の感情が強く、冷静さ、客観性を欠くものが少なくなかった」投書と制作者の間で板挟みとなりつつ、大衆世論から芸術や教養を守る防波堤にもなっていた㉒。映画やレコードなど娯楽メディア統制の分析から、金子は戦時下の検閲が世論を尊重したという意味では投書による「民主的」言論空間にあったこと、さらには戦時期の映画作品に芸術性を求めた統制側の意図が戦後になって達成された可能性にも言及している㉓。

「投書による「民主的」言論空間」は、ロバート・ジェラテリー『ヒトラーを支持したドイツ国民』(二〇〇一年)も第三帝国において確認している。ゲシュタポの秘密報告書なども分析した上で、ジェラテリーはドイツ国民がナチ体制に受け身だったとする通説を否定している。その際、密告の投書がナチ体制に能動的に参加した証拠とされている。

警察またはナチ党に情報を提供することは、第三帝国では市民参加のもっとも重要な貢献のひとつだった。〔中略〕政権が普通の市民の協力を得るのに苦労しなかった点は第三帝国の特徴のひとつであって、イタリア・ファシズムと異なっている。人びとは反ユダヤ主義と、外国人労働者にたいする人種差別主義の実施に協力した。

普通犯罪にかんしても、彼らは密告に躊躇しなかったにちがいない㉔。

国民の政治への参加感覚を民主主義の指標とするのであれば、投書は高度に主体的な政治参加の行為である。投書も世論とみなすのであれば、それに支えられたファシズムの世論形成は高度に民主的である。

「統制側の意図」に関連して、鈴木中佐からの電話に話を戻すと、岩波書店社史には二日後の四月二二日に「『日本武学体系』について情報局から命令的態度をもって出版を強要さる――用紙の割当はなかった」とある。ここには鈴木の名前は登場しないが、岩波書店の長田幹雄が遺したメモには鈴木中佐から森静夫が受けた電話のやり取りが記録されている。

> 今斯(こ)ういふものは岩波としてやっておく方がよいと思ふ。後まで残るものだし岩波の為にも、岩波の実績に於てやる事がよろしい。岩波でやってもいいからぜひやって貰いたい。岩波でやった方がよいでせう。是非やりなさい（強調は引用者）㉕

これを長田は「半命令的」と解し、社史は「強要」と書いている。だが、果たしてそうだろうか。『日本武学体系』の編者は津田左右吉を師と仰ぐ佐藤堅司であり、津田と岩波書店が共同被告の「津田左右吉裁判」予審が三週間前の三月二七日に終わっていた。この時期の鈴木日記がないので、鈴木がこのタイミングで佐藤堅司の企画を斡旋した真意は検証できない。だが、亡くなるまで鈴木は戦前版『岩波講座哲学』を愛蔵していた。「岩波の為にも」の言葉に偽りはなかったのかもしれない。

## 三　「陸軍宣伝」と「海軍PR」

### 1　戦間期における「輿論の世論化」

鈴木情報官時代以前（シベリア出兵から日中戦争まで）の陸軍におけるメディア対応を検証した労作が藤田俊『戦間期日本陸軍の宣伝政策』（二〇二一年）である。藤田は拙著『言論統制』の成果とは「「言論弾圧」と混同されることが多い「言論統制」の実態」、「営利企業である言論・報道機関の戦時体制下での実像」を明らかにしたことであり、それは一九一九年に新設された陸軍省新聞班の研究にも役立つと述べている[26]。その上で、戦間期の陸軍と新聞の関係について、拙著『輿論と世論』（二〇〇七年）から引用して次のように述べている。

佐藤卓己氏は戦前の言論で「輿論」(public opinion＝「理性的討議による合意、責任ある公論」)と「世論」(popular sentiments＝「情緒的参加による共感、世間の雰囲気」)が、区別されて用いられていたことを指摘している。その上で、一九二〇年代に流行した新聞の資本主義的企業化、大新聞社による寡占化、掲載記事の「中立化」「商品化」を、新聞の中心的役割が言論から報道へ変化した結果と捉え、これを「輿論の世論化」と表現した。佐藤氏によれば、「輿論の世論化」は日露戦争期以降の大衆社会化とともに顕著になったとされるが、大正デモクラシーの背後には、輿論に昇華された新聞・大衆の世論も存在した。陸軍が注意を向けるべき相手は、第一次世界大戦の大衆社会で力を持った世論と、営利主義によって大量の読者を獲得すると共に世論に同調し、あるいは世論を形成・頒布していた新聞であった（強調は引用者）[27]。

日本史研究者である藤田は「輿論の世論化」に言及するが、ファシスト的公共性には触れない。だが、私にとって

表1 「輿論の世論化」モデル

| 輿論＝public opinion | ⇒ | 世論＝popular sentiments |
|---|---|---|
| 可算的（デジタル）な多数意見 | 定義 | 類似的（アナログ）な全体の気分 |
| 19世紀的・ブルジョア的公共性 | 理念型 | 20世紀的・ファシスト的公共性 |
| 活字メディアのコミュニケーション | メディア | 電子メディアによるコントロール |
| 理性的討議による合意＝議会主義 | 公共性 | 情緒的参加による共感＝決断主義 |
| 真偽をめぐる公的関心（公論） | 判断基準 | 美醜をめぐる私的心情（私情） |
| 名望家政治の正統性 | 価値 | 大衆民主主義の参加感覚 |
| タテマエの言葉 | 内容 | ホンネの肉声 |

「輿論の世論化」モデル（表1）も戦間期におけるファシスト的公共性への構造転換を説明するための理念型図式であった[28]。

ちなみに、一九一八年一月二二日の衆議院演説で尾崎行雄はデモクラシーの訳語として「輿論主義若くは公論主義」を唱えている[29]。輿論主義（デモクラシー）が定着しなかったのは、大正デモクラシーの実体が世論主義（ポピュリズム）となっていたためだろうか。それでも、一九二〇年代における軍縮論に藤田の指摘する通り、「輿論に昇華された新聞・大衆の世論」があったことは確かだろう。だから陸軍は「民間」との接触を活発化させ、「大衆娯楽型陸軍宣伝」によって軍事思想を大衆化した。「民間」とは「受け手」大衆との間に位置する言論・報道機関（新聞社・放送局など）、民間企業（映画会社・百貨店など）、民間団体（記者倶楽部・市民音楽隊など）の総称である。藤田の著作はこう結ばれている。

> 戦間期の日本では、陸軍により立案された宣伝政策が、宣伝を仲介する役割を有した中間団体で受益者でもあった民間と、宣伝の受容者・消費者であった大衆を推進力として拡大再生産されていき、それら陸軍宣伝は、陸軍の政治的台頭と政策実現に寄与していった。そのような観点から、戦間期日本における陸軍・民間・大衆の関係性の特質は、陸軍と民間の協働性を土台に複合的かつ漸進的に構築されていった三者間の相互依存的な共益性にあったと結論付けられる（強調は引用者）[30]。

こうした「相互依存的な共益性」をもつ陸軍宣伝のシステムがメディアや大衆から威圧的、あるいは強制的と受け取られる状況は普通では考えられないはずである。

## 2 「海軍ＰＲ」におけるイメージの連続性

それでも今日、宣伝（プロパガンダ）という言葉には強制的な情報操作のイメージが付着している。その意味では、「大衆娯楽型宣伝」はＰＲ（広報）活動と呼ぶ方がよいのかもしれない。中嶋晋平『戦前期海軍のＰＲ活動と世論』（二〇二一年）はそうしたイメージ変換を試みている。

徴兵制の大衆的陸軍に対して志願兵制のエリート的海軍のスマートなイメージは、すでに戦前から存在していた。帝国海軍のイメージ戦略は戦後の自衛隊軍港都市（戦前に海軍鎮守府が置かれた横須賀・呉・佐世保・舞鶴）の観光資源化・地域ブランド化へ連続している、と中嶋は指摘する。(31) こうした「明るい」地域ブランド化は旧陸軍師団や陸上自衛隊の駐屯地では見られない。陸軍遺跡の観光資源化があるとしても、大久野島毒ガス資料館や知覧特攻平和会館など平和教育を目的に掲げるダークツーリズム施設が多い。陸海軍イメージの明暗は、「宣伝」と「ＰＲ」の概念に重なると言えよう。「宣伝」ではなく「ＰＲ」を分析概念に採用する理由として、中嶋は拙論「「プロパガンダの世紀」と広報学の射程」（二〇〇三年）を使って説明する。

今日では「政府の広報活動に対する評価の明暗を総力戦の勝敗に還元することはできない」［佐藤 2003: 23］として、軍隊あるいは政府と民衆とのコミュニケーションを、「民主主義VS全体主義、参加VS操作といった対立軸」［佐藤 2003: 19］で論じる視点の修正が始まっている。そのため、日本の軍隊あるいは政府と民衆とのコミュニケーションを、歴史的なバイアスがかかった「宣伝」としてのみ捉えるという見方も修正される必要がある。そこで重要となるのが「広報（ＰＲ）」という枠組みである。[32]

この枠組みから一九二〇年代、いわゆる軍縮期の海軍ＰＲ活動を詳しく分析し、中嶋も同時代の「輿論の世論化」を次のようにまとめている。

排日移民法［一九二四年］の成立後に海軍の主張に理解を示すようになった人々の存在は、当時有力紙が主張していた軍縮や国際強調を基礎とする、反軍国主義や平和主義といった「輿論」（public opinion）が、民衆の感情的な「世論」（popular sentiments）と常に同一ではなかったことを示している。この時期の反軍国主義、平和主義といった「世論」は常に不安定さを内包していたといえる。そうした不安定な国民「世論」を巧みに誘導したのが、軍部とマス・メディアが共犯関係となって仕掛けた満州事変という壮大なＰＲだった（強調は引用者）。[33]

ここで使われた「満州事変という壮大なＰＲ」という表現は必ずしも歴史的文脈から離れた冗句ではない。当時、大阪毎日新聞社政治部記者だった前芝確三は、事変直前の万宝山事件や中村大尉遭難事件の煽動的報道を例に挙げて、「毎日新聞後援・関東軍主催・満洲戦争」と自嘲する声が毎日新聞社内で聞かれた、と回想している。[34]

とはいえ、同時期の陸軍宣伝政策を分析した藤田俊は、「戦後に欧米から輸入されたＰＲ概念を戦前の軍による講演活動の分析へ援用」し、「戦後から現代日本の政府や企業のＰＲと同じ分析枠組みで戦前期陸海軍の情報発信を論じることは、当時の実態との乖離を生むという点で適切ではない」と、中嶋の用語法を批判している。[35] ここにメディア史研究という学際領域における歴史学と社会学のディシプリン対立を読み取ることも可能だ。そうであればこそ、日本史学の藤田が「輿論の世論化」を言及しても「ファシスト的公共性」には触れないことも理解できる。ただし、戦後に輸入された概念で戦前日本の歴史を語れば「当時の実態との乖離を生む」と考えるべきだろうか。もしそうであれば、戦前の言論文も「メディア」や「マス・コミュニケーション」を使わずに記述されるべきだが、そうして書かれたジャーナリズム史はむしろ少ない。

歴史学と社会学の間を往還する私は、『ファシスト的公共性』の第三章「世論調査とPR——民主的学知の〝ナチ遺産〟」で、ドイツ新聞学の「宣伝」とアメリカのマス・コミュニケーション研究の「PR」の鏡像関係を論じている。アメリカで「現代PRの父」と呼ばれるアイビー・リーはドイツの化学コンツェルン・IGファルベンの在米広報代行者として、一九三〇年代アメリカにおける第三帝国のイメージ戦略に関与していた。また、ナチ新聞学者の多くが戦後は広報研究者、企業の広告担当重役に転身している。

ヒトラーの広報を「宣伝」と呼んで批判し、ローズヴェルトの宣伝を「PR」と呼んで称揚するようなダブル・スタンダードは、総力戦パラダイムの共通性を隠すことにならないだろうか。[36]

むろん、私が「ナチ広報」の用語を提唱した理由には旧来の歴史意識に対する挑発もあるのだが、「海軍PR」は必ずしも「実態との乖離を生む」表現ではないのではなかろうか。

## 四　ファシスト的公共性の参加者とメディア

### 1　国民国家論的・総力戦体制論歴史叙述

陸軍宣伝であれ海軍ＰＲであれ、ファシスト的公共性への参加者を考察する上では、藤木秀朗『映画観客とは何者か――メディアと社会主体の近現代史』（二〇一九年）が提示する「社会主体」の視点が重要である。藤木は「自発的に映画を見るプロセスを通じてその映画のイデオロギーの主体に位置づけられる」観客の変遷を「民衆」「国民」「東亜民族」「大衆」「市民」をめぐる言説の変化から分析している。[37] その前提として映画・メディア史の先行研究は、①シフト論的歴史叙述、②国民国家論的・総力戦論的歴史叙述、③合理主義的歴史叙述の三つに分類されている。すなわち、①では「身体的情動から視覚的理解への転換」を描く長谷正人や北田暁大などの研究、②として私の「ファシスト的公共性」、③では「国民動員装置」である映画の統制失敗を説く古川隆久と加藤厚子の研究を挙げている。

佐藤の関心は、「ファシスト的公共圏」なるものが、第一次世界大戦から第二次世界大戦の間に、さらにはそれを超えて戦後に至るまでの間に、いかに形成されたかというところにある。「ファシスト的公共圏」とは、ユルゲン・ハーバーマスが論じたような自立した市民による対話を基にした「市民的公共圏」とは異なり、天皇のような共同体の象徴を介して共感を基に合意しながら形成される、ファシズムに適した公共圏である。そこでは階級、世代、ジェンダーなどの差異が解消され、あたかも構成員全体が同じであるかのような一体感が形成され、構成員たちはその共同体に強制的にではなく自主的に参加する主体になるという。この「ファシスト的公共圏」が二つの大戦を契機に確立され、その遺産が戦後にも継承されたというわけなのだ。[38]

藤木は拙論をこう要約した上で、②のファシスト的公共性論は受け手の自主的な主体化を論じる点では①のシフト論的歴史叙述と共通しているが、大正・昭和初期のシフト（転換）ではなく大正デモクラシーから戦後まで総力戦体制の連続性を強調する点で大きく異なると指摘する。この連続性の強調が「戦前と戦後の断絶を当然視するそれ以前の歴史叙述に対するアンチ・テーゼにあった[39]」ことはまちがいない。さらに戦時期の映画統制の「失敗」を分析する③の合理主義的歴史叙述との相違点として、②の総力戦体制論はより長期的視点で統制の「成功」を語っていると整理している。その上で、「歴史の偶発性を考慮に入れていない」点において、いずれも歴史叙述として不十分だと藤木はいう。歴史の偶発性を「十分追究していない」という批判は甘んじて受けたいが、私が総力戦体制における歴史の「意図せざる結果」に無関心であったわけではない。藤木が引用する「総力戦とシステム社会化」の定義[40]は『現代メディア史』（一九九八年）の第八章「トーキー映画と総力戦体制」が初出だが、その後段で私は「意図せざる結果」としての連続性にふれている。

> システム社会化とは、受け手の「階級」「世代」「性差」による利害対立を「国民」という抽象性の高い次元で解消し、他律的強制に代えて個人の主体性や自主性をシステム資源として動員可能にすることである。それは英米戦勝国のみならず、日独敗戦国の戦時動員でも確認できた。その意味ではナチズムを戦後の西ドイツ民主主義への「ヒトラーの社会革命」（デイヴィド・シェーンボウム、一九六六）と見なす理論も、太平洋戦争を日本の戦後民主主義にとって「役に立った戦争（ユーズフル・ウォー）——戦時政治経済の遺産」（ジョン・ダワー、一九九〇）とする歴史観も説得力がある。[41]

## 2　「報道報国」の「民主的ファシズム」

戦時統制下で経営を合理化し空前の収益をあげた新聞社・出版社・放送局にとっても、それは「役に立った戦争」だった。里見脩『言論統制というビジネス』（二〇二一年）は、「報道報国」を掲げて戦争に積極的に参加したメディアの不都合な事実をまとめている。日中戦争期の新聞社の自主的な国策順応の証拠として、『昭和十三年版日本新聞年鑑』の総観を里見は引用している。

> 今事変に於ては、まつたく見事な言論統制が自発的に行なはれた。言論自由を伝統とする朝日新聞のごときが最も熱烈なる日本主義の鼓吹者となつた。他は以て知るべきである。為めに国論の統一強化にどれほどの貢献を新聞がしたかは、計量を絶するものがあつた。然り、国内的には新聞は完全に国家の御役に立つた。(42)

これに続く文章では、さらに新聞が「外交戦の先駆者的役割」を果たすべく「有力紙が相結んで一の宣伝機関を作り、盛に国際的に活躍するやうな時代」に備えること、つまり対外宣伝への自発的な進出も提唱されていた。

戦時期日本の対外的宣伝については、バラク・クシュナー『思想戦――大日本帝国のプロパガンダ』(二〇一六年)がバランスの取れた評価をしている。クシュナーは内閣情報部が一九三八年二月に日本橋高島屋で主催した思想戦展覧会にふれて、その活動を「民主的ファシズム」と呼んでいる。

> この政府と一般大衆との関係は、「民主的ファシズム」の結果として理解するのが最も適切であろうプロパガンダを生み出した。メディアは、日本人が個々人よりもより大きな何かの一部であるかのように感じられる環境を整えていた。そうすることは、「大衆をたんなる情報の「受け手」ではなく、「思想戦の戦士」として情報に能動的に挑むことを可能にしたはずである。」日本のプロパガンダ政策が求めていたのは消極的な追随者ではなく、積極的な参加者であった(強調は引用者)(43)。

ここで強調した文言は拙稿「内閣情報部と『情報宣伝研究資料』」(一九九四年)からの引用である。当該箇所をふくむ拙文を引用しておこう。

民主主義を「参加感覚を大衆に与えるか否か」の問題ととらえれば、民主的なメディアとは「参加の感覚を与えうるメディア」となろう。そうであれば、戦時動員期に日本のマス・メディアが「民主化」されたということも可能である。例えば、大衆をコミュニケーション過程の積極的な要素として動員するために重要な役割を演じたものに「防諜」という物語があるが、この物語は大衆をたんなる情報の「受け手」ではなく、「思想戦の戦士」として情報に能動的に臨むことを可能にしたはずである。(44)

クシュナーの議論で注目すべきは、「戦時下日本の対外宣伝は効果が乏しかった」とする通説に批判的なことである。もちろん、対米宣伝に限っては効果がなかったとしても、中国や東南アジアでの受容には一定の効果があったと評価している。さらに戦後日本の復興への精神的な貢献まで含めた長期的な効果では、「ナチスを凌ぐプロパガンダ」の威力さえも認めている。確かに、そうした効果がなければ、「十五年間にわたり安定して戦争を支持し続けた」国民意識を理解することはむずかしい。つまり、日本国民は「近代アジアのリーダー」という自己PRに積極的に加わって、大東亜戦争を主体的に選び取った。その自己PRの延長上に戦後の経済成長も達成されたと結論づけている。だとすれば、一般国民も「大本営発表に騙された被害者」として免責されるべきではないのである。

## おわりに

同じような主体的な大衆への眼差しは、「合理主義的歴史叙述」と藤木が評した古山隆久『戦時下の日本映画』(二〇〇三年)にも見いだせる。映画法(一九三九年公布)体制下の日本映画といえば、戦意高揚の国策宣伝映画ばかりが製作され、大衆はそれによって洗脳・操作されていたかのごときイメージが長らくまかり通ってきた。だが、新聞界や出版界と同じく映画産業も満洲事変以後は軍需景気に沸き返り、エノケンやロッパの喜劇映画から『愛染かつら』など「催涙映画」まで大ヒットが続き、映画も戦時体制下に黄金時代を迎えていた。映画興行で主導権を握っていたのは娯楽に身銭を切る大衆であって、映画法など国策の影響は限定的だった。実際、「国策映画」は多くの観客を集めることができなかった。確かに『ハワイ・マレー沖海戦』（一九四二年）は大ヒットしたが、そこには学校生徒の団体鑑賞など異例の動員政策が影響していた。この国策映画に関していえば、戦後にゴジラ映画やウルトラマン・シリーズをつくる円谷英二の特撮技術に戦後への連続性を見るべきだろう。古川は戦時娯楽映画の効果を合理的にこう分析する。

> 客観的に見れば、昭和戦時下の社会において映画が果たした最大の役割は、**広範な人々に息抜きの機会を与え、仕事の能率を高める**ことであった。皮肉なことに映画は日本が八年間も総力戦に持ちこたえることができた要因の一つであり、それゆえに日本が自国や他国、他地域に**実に大きな**惨禍をもたらしてしまった要因の一つでもあったのである（強調は引用者）[45]。

戦後に登場したテレビや今日のＳＮＳも「広範な人々に息抜きの機会を与え、仕事の能率を高める」役割を果たし続けている。今度はそれが〈実に大きな幸福〉をもたらしたと総括するためにも、ファシスト的公共性の歴史から学ぶべきことは多いのである。

（１）　大塚英志『「暮し」のファシズム――戦争は「新しい生活様式」の顔をしてやってきた』筑摩選書、二〇二一年。

（２）　成田龍一「佐藤卓己『ファシスト的公共性』、あるいは歴史意識の現在について」『ＵＰ』東京大学出版会、二〇二一年二月号、四一―四二頁。佐藤卓己『ファシスト的公共性――総力戦体制のメディア学』岩波書店、二〇一八年。

(3) 前掲「佐藤卓己『ファシスト的公共性』、あるいは歴史意識の現在について」四一頁。山之内靖の総力戦体制論については、拙稿「総力戦がもたらす社会変動」野上元・福間良明編『戦争社会学ガイドブック――現代世界を読み解く132冊』創元社、二〇一二年を参照。

(4) 筒井清忠『戦前日本のポピュリズム――日米戦争への道』中公新書、二〇一八年、二六六頁。

(5) J. Habermas, *Strukturwandel der Öffentlichkeit. Untersuchungen zu einer Kategorie der bürgerlichen Gesellschaft*. Suhrkamp, 1990(細谷貞雄・山田正行訳『公共性の構造転換』第二版 未来社、一九九四年)。同書に対する私の評価は拙著『メディア論の名著30』ちくま新書、二〇一八年の二二章「ブルジョア的輿論の理念史」参照。

(6) 佐藤卓己『大衆宣伝の神話――マルクスからヒトラーへのメディア史』弘文堂、一九九二年=ちくま学芸文庫、二〇一四年。

(7) E. Hennig, "Faschistische Öffentlichkeit und Faschismustheorien", *Ästhetik & Kommunikation*, 20(1975).

(8) 前掲『ファシスト的公共性』五―六頁。初出は「ファシズムの時代――大衆宣伝とホロコースト」『世界』臨時増刊六三四号(一九九七年)一三―一四頁。「ファシスト的公共性――公共性の非自由主義モデル」大澤真幸他編『岩波講座 現代社会学24 民族・国家・エスニシティ』岩波書店、一九九六年も『ファシスト的公共性』に第一章として収載。

(9) 原田昌博『政治的暴力の共和国――ワイマル時代における街頭・酒場とナチズム』名古屋大学出版会、二〇二一年、一七―一八頁。

(10) 同前、一八頁。街頭でのシンボル闘争については、セルゲイ・チャコティン/佐藤卓己訳『大衆の強奪――全体主義政治宣伝の心理学』創元社、二〇一九年(S. Chakotin, *The Rape of the Masses; The Psychology of Totalitarian Political Propaganda*, George Routledge & Sons, Ltd., 1940)の解題「「ファシスト的公共性」を体現した古典」も参照。

(11) G. L. Mosse, *The nationalization of the masses; political symbolism and mass movements in Germany from the Napoleonic wars through the Third Reich*, H. Fertig, 1975(佐藤卓己・佐藤八寿子訳『大衆の国民化――ナチズムに至る政治シンボルと大衆文化』ちくま学芸文庫、二〇二一年、九―一〇頁)。

(12) M. Mayer, *They thought they were free: the Germans 1933~45*, University of Chicago Press, 1955(田中浩・金井和子訳『彼らは自由だと思っていた――元ナチ党員十人の思想と行動』未来社、一九八三年、七頁)。

(13) 有山輝雄「戦時体制と国民化」『年報 日本現代史』第七号、二〇〇一年、二―三頁。

(14) 佐藤卓己『『キング』の時代――国民大衆雑誌の公共性』岩波書店、二〇〇二年=岩波現代文庫、二〇二〇年、vii―viii頁。

(15) 講談社社史編纂室編『物語 講談社の100年 2 発展(大正~昭和二〇年)』講談社、二〇一〇年、三八―三九頁。

(16) 佐藤卓己『言論統制――情報官・鈴木庫三と教育の国防国家』中公新書、二〇〇四年。

(17) 前掲『物語 講談社の100年 2』二五三頁。

(18) 岩波書店編『岩波書店百年史［刊行図書年譜］』岩波書店、二〇一七年、二一七頁。
(19) 佐藤卓己『物語 岩波書店百年史 2――「教育」の時代』岩波書店、二〇一三年、二〇五頁。
(20) 金子龍司『昭和戦時期の娯楽と検閲』吉川弘文館、二〇二一年、七―九頁。
(21) 同前、三一頁。
(22) 同前、八一頁。
(23) 同前、一五、二二四頁。
(24) R. Gellately, *Backing Hitler: consent and coercion in Nazi Germany*, Oxford University Press, 2001（根岸隆夫訳『ヒトラーを支持したドイツ国民』みすず書房、二〇〇八年、三一三頁）。
(25) 前掲『物語 岩波書店百年史 2』二〇六頁。
(26) 藤田俊『戦間期日本陸軍の宣伝政策――民間・大衆にどう対峙したか』芙蓉書房出版、二〇二一年、一七頁。
(27) 同前、九〇―九一頁。
(28) 佐藤卓己『輿論と世論――日本的民意の系譜学』新潮選書、二〇〇八年、三五―三九頁。表1は三九頁。
(29) 衆議院事務局編『帝国議会衆議院議事摘要』第四〇回、衆議院事務局、一九一八年、三五頁。
(30) 前掲『戦間期日本陸軍の宣伝政策』二九一―二九二頁。
(31) 中嶋晋平『戦前期海軍のPR活動と世論』思文閣出版、二〇二一年、五―七頁。
(32) 同前、三一頁。引用文中の典拠は、佐藤卓己「プロパガンダの世紀」と広報学の射程――ファシスト的公共性とナチ広報」津金澤聡廣・佐藤卓己編『広報・広告・プロパガンダ』ミネルヴァ書房、二〇〇三年。
(33) 前掲『戦前期海軍のPR活動と世論』二一〇―二一一頁。
(34) 前芝確三・奈良本辰也『体験的昭和史』雄渾社、一九六八年、六一頁。
(35) 前掲『戦間期日本陸軍の宣伝政策』三三―三四頁。
(36) 前掲『ファシスト的公共性』一四〇頁。
(37) 藤木秀朗『映画観客とは何者か――メディアと社会主体の現代史』名古屋大学出版会、二〇一九年、五頁。
(38) 同前、二二頁。引用元は佐藤卓己「ラジオ文明とファシスト的公共性」川島真・孫安石・貴志俊彦編『戦争・ラジオ・記憶』勉誠出版、二〇〇六年。
(39) 同前、二三頁。
(40) 同前、八五頁。引用元は佐藤卓己「「教育型」テレビ放送体制の成立」三澤真美恵・川島真・佐藤卓己編『電波・電影・電視――現代東アジアの連鎖するメディア』青弓社、二〇一二年、三〇頁。

(41) 佐藤卓己『現代メディア史 新版』岩波書店、二〇一八年、一七四頁。この箇所は旧版（一九九八年）のままである。
(42) 里見脩『言論統制というビジネス――新聞社史から消された「戦争」』新潮選書、二〇二一年、九四頁。「国論を統一強化せる新聞言論の威力」『昭和十三年版日本新聞年鑑』新聞研究所、一九三七年、六頁。
(43) B. Kushner, *The thought war: Japanese imperial propaganda*, University of Hawai'i Press, 2006（井形彬訳『思想戦――大日本帝国のプロパガンダ』明石書店、二〇一六年、六九―七〇頁）。
(44) 佐藤卓己「内閣情報部と『情報宣伝研究資料』」佐藤卓己・津金澤聡廣編『内閣情報部・情報宣伝研究資料』第八巻、柏書房、一九九四年、四〇〇―四〇一頁。
(45) 古山隆久『戦時下の日本映画――人々は国策映画を観たか』吉川弘文館、二〇〇三年、二三三頁。

# 第2章 ミリタリーカルチャーの出版史
## ——戦記・戦史・兵器を扱うことの苦悩

佐藤彰宣

『世界の艦船』(海人社)は、一九五七年に創刊され、二〇二一年現在でも刊行が続く軍艦専門誌である。その読者欄に、当時高校生だった宮崎駿が登場していたことは、軍艦ファンの間では知られたエピソードである。スタジオジブリで数多くのアニメ作品を生み出した宮崎だが、二〇一三年に公開された『風立ちぬ』では、自らの中にある平和主義の理念と軍事兵器への関心との葛藤を投影しながら、零戦設計者の堀越二郎を描いている。一九四一年に生まれた宮崎の軍艦や戦闘機に対する興味関心は、一九五〇年代、すなわち少年時代に到来した戦記ブームと切っても切れない関係にあろう。

本章では、占領終結後の戦記ブームが何ゆえに成立し、戦記出版文化はその後何を残したのかについて検討する。具体的には、戦記出版に携わった当事者たちの理念や思想を内在的に整理・分析しながら、敗戦国のなかで彼らは何を考え、どのような意図で戦記ものを出版しようとしてきたのかを明らかにしたい(1)。

ここではひとまず、戦記ブームの火付け役となった日本出版協同の福林正之、現在でも刊行されている艦船専門誌『世界の艦船』を創刊した石渡幸二、戦争ノンフィクション作家の先駆け的存在である児島襄ら、戦記出版に携わってきた主要人物を取り上げたい。

彼らの出版活動を通して、日本におけるミリタリーカルチャーの戦後出版史を照らし返すことが本章の目的である。ここでいうミリタリーカルチャーは、戦史や兵器などをはじめ戦争・軍事にまつわるもの全般を指すものであるが、日本社会では今日までさまざまなメディアで扱われ、一定の層の人々の関心を惹きつけてきた。そこで本章では、戦記を提示する媒体の変化や、同時代の社会的な反応なども含めて検討したい。

## 一　「敗戦史を書く権利と義務」

### 1　『出版年鑑』から戦記出版へ

占領終結前後にあたる一九五〇年代初頭、出版界では戦記ブームが到来した。敗戦後の占領期においては、GHQによる検閲や公職追放もあって、先の戦争を記した「戦記もの」の刊行は一部に限られていた。だがサンフランシスコ講和条約の発効による占領終結は、抑制されていた旧軍人たちの戦争語りを活発にしたのである。

その戦記ブームを牽引したのが、白鷗遺族会編『雲ながるる果てに』（一九五二年）や堀越二郎・奥宮正武『零戦』（一九五三年）をはじめ、戦記ものを次々と刊行した日本出版協同であった。

日本出版協同は、その名の通り当初は『出版年鑑』などの出版界に関する刊行物を扱っていた。だが、同社がそれまでの刊行物とは異質な、戦記ものを相次いで出版していくようになったのは、当時の社長であった福林正之の意向が大きく働いていた。

福林正之は一九〇一年北海道生まれで、東京・芝中学卒業後、旧制松本高等学校から東京帝国大学文学部社会学科を経て、一九二七年に報知新聞社社会部へ入社する。その後に、一九四三年に日本出版文化協会へ移る。戦時期に出版文化協会が日本出版会に改組されるなかで、同社付属の日本出版助成会社の専務として『日本出版年鑑』と『現代

表1　日本出版協同による初期の主要戦記出版

| 刊行年 | 著者 | タイトル |
|---|---|---|
| 1951 | 福留繁 | 海軍の反省 |
| 1951 | 淵田美津雄・奥宮正武 | ミッドウェー |
| 1951 | 淵田美津雄・奥宮正武 | 機動部隊 |
| 1951 | 奥宮正武 | 翼なき操縦士 |
| 1951 | 猪口力平・中島正 | 神風特別攻撃隊 |
| 1952 | 宇垣纏(日記) | 戦藻録　前篇:大東亜戦争秘記(後篇は1953年刊行) |
| 1952 | 白鷗遺族会 | 雲ながるる果てに:戦歿海軍飛行予備学生の手記 |
| 1952 | P・クロステルマン | 撃墜王 |

文化人総覧』の刊行を手掛けるようになる[2]。

終戦後の一九四六年に同社が日本出版協同へと改組されるにあたって、福林は同社社長となる。助成会社時代は『出版年鑑』などの出版関連の刊行物のみを扱っていたが、「出版協同社になると、この枠がはずされ、自由に出版活動ができることになった」と福林は述べている[3]。

日本出版共同は実際、一九五一年に福留繁『海軍の反省』を刊行して以降、次々と戦記関連ものを出版していった(表1)。

## 2　海軍関係の人脈

しかし実は日本出版共同となった当初から戦記出版を行っていくつもりではなかった。「出版の目標を定めかねていた」という福林は、「戦記ものに手を出す気持にはなれなかった」と躊躇していた。戦記ものに手を出すことに躊躇した理由について、福林は次のように述懐している。

大正時代に学生生活を送り、昭和初期に新聞記者として育った私は、根っからの軍閥嫌いで、毛虫が眼鏡をかけたような東條首相の顔を見ただけでも嘔吐感を催すほどだった[4]。

戦争や軍閥に嫌悪していた福林だが、「戦記出版に踏み切らせる決定的なことが起こった」。政府の戦争調査会による戦史編纂計画が、占領政策執行機関であった対日理事会でソ連代表の反対に遭い、頓挫に追い込まれる。この戦史編纂計画の頓挫を耳にした福林は、「憤激した」という[5]。その当時における福林の憤りは、『出版ニュース』(一九五二年三月中旬号)の寄稿からも窺うことができる。福林は「敗戦史を書く権利と義務」と題して、次のように論じている。

私は先ず、私の立場を弁護する必要上、私の社の出版意図を明らかにしておきたい。国家と民族の運命にこれだけ大きな変革と影響とを与えた戦争そのものの歴史を正しく記述して後世に遺すことは元来国家の仕事でなければならぬ。事実、終戦直後、国家機関として戦争調査会が設立されて、この仕事を始めることになつたのであるが、それが対日理事会におけるソ連側からの横槍によつて挫折したことは人の知る通りである。集められた資料は空しく宝の持ち腐れとして倉庫に眠ることになつた。私は、これを惜しむと同時に国に代つてこれを成し遂げるのがわれわれ出版人の義務であると感じた。[6]

福林はもっとも、その当時出始めた戦記ものの動向に賛同していたわけではない。巷の戦記ものは「いずれも当時の風潮に迎合した厭戦反戦のイデオロギーものばかり」であると福林はみていた[7]。

こうした当時の出版界における戦記ものの動向に対して、福林は財団法人史料調査会との提携を結んだ。同団体は、海軍軍司令部作戦部長・富岡定俊が「海軍に関する重要資料の大部分をひそかに目黒の旧海軍大学校内に隠匿」し、海軍の戦史を編纂しようと企図して作ったものであった。日本出版共同における初期の戦記ものは、富岡がもつ海軍の人脈を生かしたものであった。淵田美津雄・奥宮正武『ミッドウェー』(一九五一年)、同『機動部隊』(一九五一年)、猪口力平・中島正『神風特別攻撃隊』(一九五一年)の「太平洋戦史三部作」の刊行に至る。これらは「世間の熱狂的歓迎を受け、いずれも大ベストセラーになった」と福林は述べている[8]。

### 3　「軍国主義を誘うおそれ」

だが、その一方で福林にとっては日本出版協同内で予想外の事態が起こる。同社取締役の中島健蔵が「こんな逆コース出版社に同じくすることはできないといって辞任したのである」[9]。文芸評論家として活躍していた中島は、敗戦後、リベラリストの立場から社会運動にも参与していた[10]。そんな中島は、福林とは旧制松本高時代からの友人でもあった。中島の退社をめぐっては、当時の朝日新聞（一九五二年一月三〇日夕刊）で「「神風」出版は遺憾」として取り上げられた（図1）。そのなかで、中島は『神風特別攻撃隊』の刊行をめぐり次のように述べている。

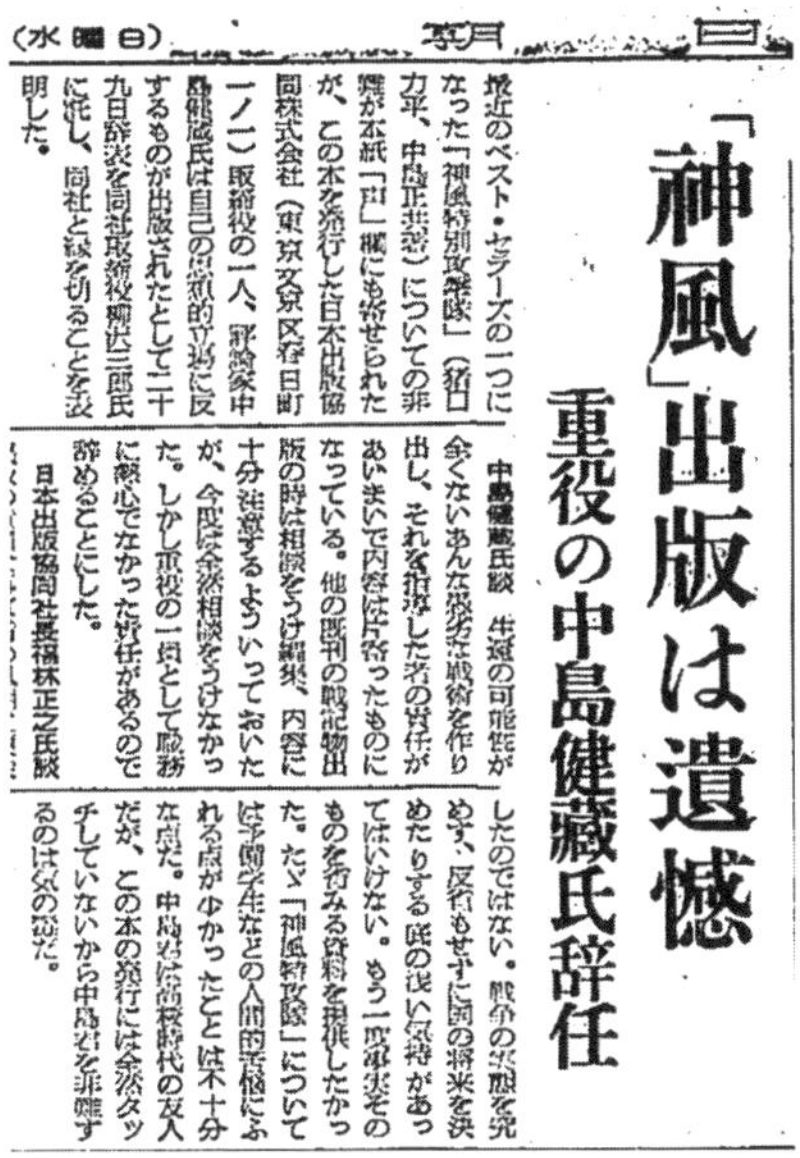

「神風」出版は遺憾
重役の中島健蔵氏辞任

図1　「「神風」出版は遺憾　重役の中島健蔵氏辞任」(『朝日新聞』1952年1月30日夕刊)

> 生還の可能性が全くないあんな愚劣な戦術を作り出し、それを指導した者の責任があいまいで内容は片寄ったものになっている[11]。

同書では特攻作戦を指導した者の責任が不明瞭であるがゆえに、中島は「「正確な戦史」とは逆に、かえって軍国主義への誘うおそれがある」と批判する。これに対して同記事内では、福林も次のように説明している。

出版の再軍備の風潮に便乗したのではない。戦争の実態を究めず、反省もせずに国の将来を決めたりする底の浅い気持があってはいけない。もう一度事実そのものを省みる資料を提供したかった。たゞ「神風特攻隊」については予備学生などの人間的苦悩にふれる点が少かったことは不十分な点だ。中島君は高校時代の友人だが、この本の発行には全然タッチしていないから中島君を非難するのは気の毒だ。[12]

『神風特別攻撃隊』についての反省の弁や中島への配慮も述べるなど、旧知の仲であった中島による自社批判とそれに伴う辞任は、福林にとっても衝撃的なものであり、動揺している様子がその言明から見受けられる。中島の退社騒動が全国紙に掲載されたことによって、「逆コース、反動と罵る声がわが社に集中」したという。[13]

## 4　「戦争の実態を知れ」

世間からの批判に対し、福林は「お盆に盛った小豆のように右へ傾けば右へ、左へ傾けば左へ、と一斉に流れる底の浅い文化には同調できない」としたうえで、次のように述べている。

つまり今日の思想で批判すれば間違つているかも知れないことでも、その時は是なりと信じてやつたことであれば、そのまま記述して貰うことにした。これが誤解の種を蒔く一因であつたかも知れない。しかし、そうしなければ事実は伝わらない。「事実」からこそ正しい反省も批判も生れると信ずるからである。[14]

批判が寄せられることにより、福林と日本出版協同はむしろ自分たちの立場をより明確に示そうとした。それは自社刊行物の広告にみることができる（図2）。先の「太平洋戦史三部作」の広告では、「再軍備を論ずるまえに、先ず

「戦争」の実態を知れ！」が標語として掲げる。[15] その後、一九五二年に刊行された『雲ながるる果てに』の広告においても「真実の声に耳傾けよ！」と強調されている。[16] 同書は、一九四九年に東大協同組合出版部から出版され、ベストセラーとなった戦没学生の遺稿集『きけわだつみのこえ』への反発から生み出されたものであった。福林も「同じ戦没学生の手記ではあるが、「きけわだつみのこえ」が反戦的イデオロギーによって編集されたのに対して、わが社の「雲ながるる果てに」は、まったくイデオロギー抜きで編集されたことによっても、わが社の出版姿勢は明確に示された。正しい記録を、ありのままの歴史を後代国民に残すことだけが、わが社の出版目的であった」と述べている。[17]

とはいえその後、一九五四年に日本出版協同は倒産を余儀なくされる。福林は「戦記、戦史の類が売れなくなったからではない。相次ぐベストセラーに気が大きくなり、経営が放漫になったためである」と回顧している。出版協同社として再建するも出版事業は縮小していった。福林自身は、「終戦直後、私は澎湃たる反戦の風潮と戦って、戦記出版の道を切り拓いて進んだ。そして私は敗退したが、出版界一般の戦記出版は決して衰退してはいない」と振り返る。[18] たしかに戦後の日本社会における戦記出版は、日本出版協同と福林が先鞭をつけたといってもよいだろう。福林が「敗戦史を書く権利と義務」として当時綴った次の問題提起も、その後の戦記出版のあり方を示唆している。

図2　日本出版協同広告
（『読売新聞』1951年10月25日朝刊）

最後に、戦記物の出版は再軍備熱を煽るという非難に答えたい。再軍備という以上、やはり軍備の問題に他ならない。軍備を論ずるのに戦争や軍事上の知識なくして賛成も反対もあり得ない。単なる観念論ではない筈だからである。いま一度「戦争」というものの実態を直観しよう。

その上で、肚を決めて、賛成し、或は反対しよう。しかく問題は重大である。(19)

福林は「観念論」として「反戦的イデオロギー」を退け、「戦争の実態を直観しよう」とする立場を強調し、戦記出版を行っていた。そのなかで「軍備を論ずるのに戦争や軍事上の知識をなくして賛成も反対もあり得ない」という態度を立ち上げていったのである。

こうした態度は、その後の戦記出版のなかでも一定、引き継がれていくことになる。結果的に旧幕僚クラスの自己弁護としての戦史記述と、「戦争の実態を知れ」という福林の出版への情念とが、ある種の共犯関係を結ぶなかで多数の戦記ものが刊行されていったのである。

## 二　メカニズム志向の平和主義

### 1　雑誌と単行本の提携関係

日本出版協同が牽引した一九五〇年代初頭の戦記ブームは、雑誌界にも波及していった。一九五五年に出された『特集文藝春秋　日本陸海軍の総決算』は四〇万部を売り上げ、同年に『今日の話題　戦記版』（土曜通信社）が創刊された。一九五六年にはそれまで総合雑誌だった『丸』が戦記雑誌となる。

そのなかで福林と出版協同社と直接的な関わりを持つのが、『世界の艦船』である。『世界の艦船』は、石渡幸二によって一九五七年に海人社より艦船専門誌として創刊された。

石渡幸二は一九二七年生まれで、東京商科大学（現・一橋大学）を一九五一年に卒業後、三井銀行に入行するも一年で退社し、河出書房を経て、一九五七年に海人社を設立する。(20)

注目すべきは、同社が出版協同社と同じ文京区小石川町の善隣学生会館内に社を構えていた点にある。[21]「福林社長の御好意」で出版協同社の一部を間借りしていると、石渡は述べている。[22]実際、『世界の艦船』では毎号「出版協同ＰＲのページ」が掲載され、出版協同社の刊行書籍が紹介された。同欄では、『世界の艦船』の創刊にあたって出版協同社から次のようなコメントが寄せられている。

まず何をおいても「世界の艦船」の創刊を祝福いたします。戦記・戦史・航空機・艦船に関する良書の出版に専念している当社としましては、ぜひとも協力関係にある雑誌の刊行を必要と考えていたのですが、今回、当社多年の愛読者であり、熱心な艦船研究家である石渡幸二氏が、多年の宿望を実現されて、このような立派な雑誌を創刊されることになりましたので、当社はもとより、当社の著者陣も挙げて賛同し、今後は互いに提携して、「海人社」は雑誌で、「出版協同社」は単行本で、それぞれ艦艇ファンに御満足いただけるような企画を打ち出して行くつもりです。なにとぞ御期待下さい。[23]

福林が綴ったと思われるこのコメントにおいて、「海人社は雑誌で、出版協同社は単行本で」というように、ミリタリー出版の提携関係が示唆されている。出版協同社と『世界の艦船』の提携関係は、一九七一年四月より出版協同社の社長の座を福林から石渡が引き継ぐことで確固たるものとなる。

## 2　「兵は凶器なり」

出版協同社を引き継ぐに際して、石渡は「本誌（『世界の艦船』）の創刊にあたって、私が編集上の方針として特に留意した点」を次のように振り返る。

①主として軍艦という「兵器」を対象とする雑誌であることから、政治的、イデオロギー的色彩は極力誌上に持ち込まないようにする。

②皮相なセンセーショナリズムを排する。出版という仕事の使命は、つまるところ文化価値の創造になるのだから、売れさえすればどんな内容でも構わないという行き方は取るべきでない[24]。

石渡は『世界の艦船』が、軍艦という兵器を扱っていることを前提に、「政治的、イデオロギー的色彩」の忌避を強調している。出版協同社においてもこの方針を採用すると石渡は述べる。その後、石渡は一九八九年まで三一年間にわたって『世界の艦船』の編集長を務めた。一九八八年に四〇〇号を迎えた際には、石渡は次のように述べている。

国の安全を計っていくうえで軍備の占める役割というものは昔に比べてはるかに小さくなっており、また常に仮想の敵を想定して軍備を整えるという行き方が、かえって、もともとありもしなかった敵対関係を現実化して、戦争への誘因となってきたことは、歴史の教えるところである。本誌はこれからも、あくまで「兵は凶器なり」という基本認識を忘れずに、毎号の編集を進めていく方針である[25]。

石渡が「軍備の占める役割が小さくなってきた」と語るこの当時は、折しもソ連・ゴルバチョフ書記長による改革として軍縮が進められ、東西の関係改善がみられつつあった冷戦末期でもあった。こうした時代状況もあるが、仮想敵国を設定して「軍備を整えるという行き方がかえって戦争への誘因となってきた」という主張を掲げるのは興味深い。そこには現実主義に基づいた軍事評論ではなく、メカニズム志向の平和主義という独特の思考様式が示されている。石渡と『世界の艦船』は、メカニズムの構造美と、「兵は凶器なり」との間での葛藤の末に平和主義を選び取っていったのである。メカニズム志向の平和主義について、石渡は次のように述べている。

> 世界は依然として「経済大国は当然軍事大国であるべきだ」という思想から抜け切っていないようだが、この間にあって「経済大国になっても軍事大国にはならない」と標榜している日本の立場は貴重である。それは第二次大戦を境に一変した世界情勢に適合したものであり、国の安全すなわち軍事力という過去の図式を乗り越えた賢明な選択である。この選択がなしくずしに等閑視されて、いつの間にか蓄えられた強大な軍備が新たな緊張と軋轢の火種となるような事態を招来することがないように、衷心より希求したい。(26)

石渡は『世界の艦船』という雑誌を通して、軍艦について知識を掘り下げながら、同時に「国の安全すなわち軍事力という図式」を乗り越えようとする視点を模索していったのである。

本章冒頭でも述べたように、そんな『世界の艦船』の初期の読者欄には、宮崎駿の名前もみられる。アニメ作家になる以前、当時高校生だった宮崎は、一九五八年四月号の読者欄に初めて登場している。それ以来、宮崎の投書は一九五八年の間に計四回も掲載された。そこでは、『世界の艦船』に掲載された論説について、魚雷艇の性能や大砲の歴史などの質疑を行っている。メカニズム志向の平和主義を通奏低音とする『世界の艦船』は、宮崎の思想の原点となっていることが窺える。

重要な点は、この時期における戦記関連の出版物を読む層の変化である。占領終結前後の一九五〇年代の初頭、戦記ブームは書き手も読み手も戦争体験した世代を中心とした。それに対して、時代が下るなかで戦記関連の出版物は宮崎を典型とするように、従軍体験を持つ世代以外にも開かれていったのである。体験者と非体験者が交わるなかで、軍事兵器のメカニズムに魅了されながら、単なる好奇心に終わらせずに、それと葛藤しながら政治や戦争のあり方との関係性を模索する態度が生み出された。

## 3　戦時と戦後をつなぐミリタリー出版人

軍事兵器に関心を寄せることへの葛藤は、『世界の艦船』や宮崎だけに限るものではなかった。宮崎駿の投書が掲載された読者欄の隣のページでは、出版協同社が刊行した野沢正『日本航空機総集』の広告が大きく掲載されている。野沢正は戦時と戦後のミリタリーカルチャーをつなぐ重要人物である。[27]戦時期に誠文堂新光社『航空少年』（陸軍航空本部指導の国策雑誌）の編集に携わっていた野沢は、航空機のメカニズムを「科学」として学ぶことから戦場での「兵士」を育てる「航空模型教育」に関わっていた人物でもあった。

敗戦後は航空専門誌の『世界の航空機』や『航空ファン』、模型誌『モデルアート』の初代編集長を歴任している。一九五〇年代初頭、野沢が携わっていた『世界の航空機』では軍用機に関心を持つことの葛藤が読者から語られる。ある読者は「過去の軍用機がその目的のために使われたのは呪わるべき」とする一方で、「それでも尚優秀であつたとせられる機体を好ましく思うのは、その飛行機によりあげられた戦果の大ではなく、それが出来る様に技術的困難を解決し得た人間の技量と云うものの偉大な表現物と考えられる」と説いている。[28]

軍用機に関心を抱くことは、ともすれば「逆コース、反動」として世間から白い眼で見られかねない時代状況にあった。野沢が編集長を務めていた『世界の航空機』の読者たちは、軍用機が本来は戦争を目的とした機体であることへの葛藤を抱えながら、軍用機への関心を「科学技術上の成果」と言明せざるをえなかった。その後一九六〇年代には、野沢は出版協同社で『日本航空機総集』の編纂を手掛けながら、当時メカニズム欄に力を入れ少年読者層を獲得していた戦記雑誌『丸』の編集長を務めていた。そうしたなかで野沢は軍事兵器のメカニズムに興味関心を抱くことの葛藤を、「科学」として正当化するイデオローグとして活躍していたのである。このように戦記ブームのなかでは戦時と戦後をつなぐ出版人が動員されたのであった。

## 三　『決断』をめぐる戦略

### 1　少年文化に派生する戦記ブーム

『世界の艦船』が登場した一九五〇年代後半から六〇年代初頭にかけて、出版界での戦記ブームは貸本や少年マンガ誌など少年文化のなかにも派生していった。言い換えれば、読者が体験者以外にも開かれていくなかで、それまでの活字だけでなく、マンガやアニメといった異なる表現媒体でも戦争が取り上げられていく。例えば『週刊少年マガジン』などの少年マンガ誌では一九六〇年代初頭に、戦記雑誌と連携しながら戦記マンガや兵器のメカニズム解説が積極的に掲載された。(29)

水木しげるも戦記ブームに触発され、その後の戦記作品へとつながる着想を得ていた。水木は戦記雑誌『丸』に掲載された「大和」や「武蔵」などの軍艦について記事や写真を目にするなかで、幼少期に「スター」として憧れた「陸奥」や「長門」などの軍艦の記憶が蘇ってきたという。(30)水木のなかでは悲惨な戦場体験と幼少期の軍艦への郷愁が渾然一体となっていたのである。

貸本や少年マンガ誌のなかで数多くの戦記マンガが掲載されたが、その担い手としてここで注目したいのは、人気マンガ家として活躍していた吉田竜夫、吉田健二、九里一平（本名：吉田豊治）が立ち上げたタツノコプロである。

戦記マンガも手掛けていた吉田三兄弟は、一九六二年に分業制のマンガ工房としてタツノコプロを設立する。(31)タツノコプロはマンガ作品のみにとどまらず、アニメーション作品を手掛けるようにもなる。『マッハＧＯＧＯ』や『科学忍者隊ガッチャマン』などで知られる同社であるが、同社がアニメという表現形態で戦史を描いたのが、一九七一年に制作された『決断』である。

## 2　「軍国主義」か「経営の指針」か

『決断』は太平洋戦争をテーマとした全二六話のアニメ作品である。[32] 第一話で真珠湾攻撃を描いて以降、ミッドウェー海戦やレイテ沖海戦など海戦を中心に、ポツダム宣言受諾に至るまでの、太平洋戦争の全過程を扱っているのが本作の特徴である。毎回冒頭で掲げられる「人生で最も貴重な瞬間、それは決断の時である。太平洋戦争はわれわれに平和の尊さを教えたが、また生きのこるための教訓を数多くのこしている」というメッセージにもあるように、各戦場における日米両指揮官の「決断」を通して、「教訓」を引き出そうとするものであった。アニメーションとともに、戦時期の実写映像も挿入するなど、ドキュメンタリーとしての体裁を採っていた。

当時はまだ子供向け番組とされていたアニメ作品において、戦争という題材はセンシティブなものであった。放送前より、「戦争アニメ・茶の間へ」として『決断』を紹介する記事のなかで、放送局であった日本テレビの編成局長・磯田勇はその制作意図について次のように語っている。

太平洋戦争は日本人には確かに悪夢だった。が、平和と民主主義を得た。犠牲が大きいだけに、歴史の教訓も大きい。戦後二十五年の現在、歴史として冷静にながめてもいい時ではないか。そこで、あくまでも歴史ドラマの立場でつくった。少しでも軍国主義と誤解を受けるような描写は絶対さけ、子どもにも十分に見られるように配慮している。[33]

だが実際に『決断』の放送にあたっては、日本テレビの社内から反対の声が挙がった。放送開始の前月にあたる一九七一年三月、同社の労働組合によって放送反対運動が展開されたのである。その様子は、「「軍国主義美化の映画」NTV労組新番組中止訴える」(『朝日新聞』一九七一年三月二六日朝刊)や、「世間はどう〝決断〟する?」(『読売新聞』三月二五日夕刊)など、当時の新聞や雑誌などでも取り上げられた。とりわけ『週刊文春』(一九七一年四月五日号)では「戦記動画「決断」に〝待ッタ〟をかけたNTV労組の〝決断〟」と題して、「太平洋戦争のTV化は〝軍国主義賛美〟か〝経営の指針〟か?」と問うている(図3)。そのなかで日本テレビの労働組合委員長であった河野慎二は、次のように『決断』の放送に反対する理由を語っている。

35 週刊文春

戦記動画「決断」に〝待ッタ〟をかけたNTV労組の〝決断〟

太平洋戦争のTV化は〝軍国主義賛美〟か〝経営の指針〟か?

戦後も二十六年、太平洋戦争の記憶もうすれつつあるかにみえたが——一つの戦記動画が日本軍国主義論争に火をつけた。折も折、隣りの大国中国からも、イチャモンをつけられている時でもあり、問題は意外とエスカレート。

「日本は勝ったかも」はダメ

図3 「戦記動画「決断」に“待ッタ”をかけたNTV労組の“決断”」(『週刊文春』1971年4月5日号)

> 第一回の〈真珠湾攻撃〉をみると、あそこで南雲中将が総司令官として、米空母を再攻撃する決断をくだせば日本は勝っていたかもしれない、というとりあげかた。これは結果的には戦争を賛美することになる。太平洋戦争のごく一部のことがとりあげられており、最近の軍国主義的傾向からみるとみすごせない問題です(34)。

太平洋戦争の戦史から「経営の指針」につながるような「教訓」を引き出そうとした『決

断』であったが、制作側が想定していたように「軍国主義的傾向」という批判が寄せられた。自社内部から批判の声が挙がる様子は、先述した日本出版協同とも重なる。『決断』の制作に作画監修として参加したアニメーターの宮本貞雄は、「決して戦争はカッコよくないということを描きたい」と意図をもっていたが、次のようにも述べている。

> 戦争云々というのは、僕の個人的なことですからね。ひょっとしたら、戦争賛美で作ってる人もいたかもわかんないですね。この作品は反戦を謳うものだといえる、ポジションでもなかったし。ただ、男の美学みたいなこともわからないではない。僕がその歳で戦争に行ったら、勇敢に戦おうという気持ちがあったかなと思うんですね。戦争が好きとか嫌いとかいう話とは別に。[35]

ただし当初の企画段階では、必ずしも「太平洋戦史を直視」するという趣向のものではなかった。演出を担当した鳥海永行は次のように述べている。

> 最初は、大将の『将』というタイトルで、太平洋戦争を舞台にした、痛快なものをやろうという感じだったんですよ。九里さんの『大空のちかい』のような。それが、スポンサー、サッポロだったよね？　サッポロの課長とかに、陸軍出身とか海軍出身の人がいて、揉めちゃったわけですよ。それで児島さんを呼んで、話がとんでもない方向に行っちゃったわけです。[36]

「陸軍出身とか海軍出身の人」というのが具体的に誰を指すのかは不明だが、『決断』の基調が「痛快なもの」から「教訓を引き出す戦史」へと変更された背景には、スポンサーであるサッポロビールの意向が働いたことは間違いないだろう。当時サッポロビールは、アニメと同名の月刊誌『決断』(日本テレビ放送網発行)を創刊するほどの熱の入れようであり(図4)、その模様は『実業の世界』など経済誌でも注目されている。「決断」の放送にあたって、アニメとドキュメンタリーを組み合わせた「アニメンタリー」という造語を作ったのもサッポロであった[37]。スポンサーが呼んできた人物として、ここで挙げられている「児島さん」とは、作家の児島襄を指す。鳥海によると「児島襄さんを呼んだことによって戦史ものになっちゃった」という[38]。実際、先述の雑誌『決断』においても、児島の記事は創刊号から四号まで巻頭を飾っている。『決断』という作品において、原作者の児島襄が重要な役割を果たすことになる。

図4　雑誌『決断』創刊号・目次(『決断』1971年5月号)

## 3　戦史と学生運動の同居

児島襄は、戦争ノンフィクション作家として、当時多数の連載を抱えていた。特に一九六〇年代から七〇年代にかけて隆盛を迎え、『太平洋戦争(上・下)』(中公新書、一九六五―六六年)や『週刊新潮』での連載を書籍化した『天皇の島』(講談社、一九六七年)などの戦史に関する著作をこの時期次々と刊行している。

一九二七年生まれの児島は、世代的には銃後の世代で、戦場に行った体験を持つわけではない。むしろ「従軍歴はないが、素直な愛国少年として育ってき」た児島は、敗戦の知らせに「大きな衝撃」を受ける[39]。そして敗戦後、旧制一高生だった当時傍聴した

（805）　最大の武装集団"赤軍派"の蜂起と敗北

全学生、武装蜂起せよ

〈最終回〉

# 最大の武装集団"赤軍派"の蜂起と敗北

民青、新左翼各派、新学同、民族派の次の動きをさぐる

児島　襄

昨年度、もっとも激しかった"11月決戦"の衝突

**学生運動の二大転機**

夜明け前の大菩薩峠は、闇と霧につつまれていた。中腹のカラマツ林をぬけると、細い山道である。車は通れない。二十台をこえるジープ、パトカーがとまると、とびおりた二百五十人の青ヘルメット、乱闘服の警官が林道に整列した。

寒い。おまけに暗い。歩きだした警官隊は、ジュラルミンの楯をかかえ、前を進む者の足の動きをたよりに山を登った。濃い霧にヘルメットも、ジュラルミン楯も、しっとりとぬれた。警官の中には、防弾チョッキが不足したための代用品か、ふくらんだ救命胴衣を身につけている者もいた。

図5　児島襄「全学生, 武装蜂起せよ〈最終回〉」（『現代』1970年5月号）

東京裁判をきっかけに「戦争史の研究と叙述を業とする生活を選ぶことに」なったという(40)。

戦争は国際法で認められた国家行為であり、戦争に参加するのは国民の主要な忠誠義務である——と教えられていた私たちにとっては、この「東京裁判」の主張は価値観と思想の変革を要求されるにひとしいものでした。

それだけに、私の胸中には素朴な疑問がわだかまりつづけました(41)。

その後、東大法学部在学中には日本政治史を専門とする岡義武のゼミに在籍した児島は、大学院まで進み、アメリカの極東政策を研究する。一九五四年に共同通信社へ入社するも、社会部・外信部の記者としてのキャリアを積むなかで、日本政治外交史を考えるうえでは「戦史」を研究せねばならないとして戦争ノンフィクション作家へ転身することになる。

興味深いのは、児島が戦争作家として名を挙げていく一方で、一九六〇年代後半、当時「政治の季節」のなかで盛り上がっていた学生運動にも並々ならぬ関心を寄せていた点にある。『国会突入せよ』（講談社、一九六八年）の刊行をはじめ、その他学生運動に関するノンフィクション連載も執筆している（図5）。そのなかで児島は、「安保闘争は、純粋に政治目標のために動員され、闘われた政治闘争である」と強調している[42]。それは児島が学生運動を政治闘争、すなわち主張の内容よりも戦略という形式に着目していたことを意味する。

特定の政治闘争のために人々をいかに動員し組織化するかという戦略的関心ゆえに、児島のなかでは「決断」と安保闘争や学生運動は接続しえたのである。戦場における指揮官たちの「決断」と、運動における政治闘争を、軍事戦略という視点から児島は連続的に捉える視座を持っていた。そこには、「右／左」「保守／リベラル」の図式では捉えられない平和／戦争観も見えてこよう。

本章では、ここまで戦記ブームが生まれた経緯とその余波について検討してきた。占領終結後に到来した戦記出版の隆盛は、その後書籍のみならず、一九七〇年代までに専門雑誌やマンガ、アニメ、ノンフィクションなどさまざまな媒体へと形を変えながら派生していった。そのなかで戦争体験者だけでなく、「戦争を知らない世代」の人々をも巻き込んでいくことになる。戦記出版を担ってきた人々に共通するのは、戦争を題材にした出版物を手掛けることへの苦悩であった。戦記出版に携わってきた彼らは、たびたび「反動的」や「軍国主義」という批判に晒され、常に葛藤に苛まれてきた。

そこには戦記ブームが生み出した独特の「戦争／平和」観もみられた。『世界の艦船』にみられたような軍事兵器に関する興味関心を突き詰めた先に「兵は凶器なり」として軍備を否定する、いわばメカニズム志向の平和主義がある。軍事への興味関心が必ずしも軍事の肯定につながるわけではない立論のあり方がそこにはみられる。もちろんこうした態度そのものは、メカニズムへの純粋な興味関心から始まっており、それを愛好するための「理由付け」や「お題目」としての側面もあろう。だがそれは裏を返せば、兵器のメカニズムのみに耽溺することが許されなかった時代のあり様がみえてくる。

その一方で、観念的な「反戦」への主張に対する違和として、「戦争の実態を知れ」という「真実」の強調が戦記出版ではなされてきた。「軍国主義」として批判されればされるほど、自分たちこそが「戦争の真実」を「直視している」のだとして、むしろ当人たちの認識をより強固にしていくプロセスがそこには浮かび上がる。こうした「真実」を強調する姿勢や態度は、今日まで続くある種の戦争認識の通奏低音となっていよう。言い換えれば現在の日本社会でみられる特定の戦争観は、一九九〇年代以降に「右傾化」と名指されて突如出現したものではなく、一九五〇年代以降に生み出され、派生していった戦記出版の流れを汲んだものである。

（1）戦記ブームについては、先行研究として歴史学、社会学の分野で一定の蓄積がある。代表的なものとしては、高橋三郎『「戦記もの」を読む』アカデミア出版会、一九八八年、中久郎編『戦後日本のなかの「戦争」』世界思想社、二〇〇四年、吉田裕『日本人の戦争観』岩波現代文庫、二〇〇五年、同『兵士たちの戦後史』岩波現代文庫、二〇二〇年、福間良明『「戦争体験」の戦後史』中公新書、二〇〇九年、伊藤公雄『「戦後」という意味空間』インパクト出版、二〇一七年、成田龍一『戦争経験の戦後史』岩波現代文庫、二〇二〇年、拙著『〈趣味〉としての戦争』創元社、二〇二一年などが挙げられる。本章では、特に戦記出版の担い手たちに焦点を当てながら、戦記出版と戦後社会の関係性について検討したい。

（2）福林は戦時期の『読売新聞』に「霧と白夜を冒して戦う勇士を想へ」（一九四三年五月二二日夕刊）と題して、報知新聞在籍時の一九三一年に「北太平洋横断飛行に地上整備団長として」アッツ島に訪れた体験を語っている。

（3）福林正之『盃独楽』福林正之著作集刊行会、一九八一年、二六〇頁。

（4）同前、二六〇―二六一頁。

（5）同前、二六一頁。

（6）福林正之「敗戦史を書く権利と義務」『出版ニュース』一九五二年三月中旬号、五頁。

（7）前掲『盃独楽』二六二頁。

（8）同前、二六二―二六四頁。

（9）同前、二六六頁。

（10）「平和人物大事典」刊行会（香野健一）『平和人物大事典』日本図書センター、二〇〇六年、三九六―三九七頁。

(11)「『神風』出版は遺憾――重役の中島健蔵氏辞任」『朝日新聞』一九五二年一月三〇日夕刊。
(12) 同前。
(13) 前掲『盃独楽』二六七頁。
(14) 福林正之「敗戦史を書く権利と義務」『出版ニュース』一九五二年三月中旬号、五頁。
(15)「日本出版協同」『読売新聞』一九五一年一〇月二五日朝刊。「日本出版協同」(『読売新聞』一九五一年一一月一七日朝刊)においても同様の広告が掲載されている。さらに同広告内では、『機動部隊』に対する「読者の反響」として、二一歳会社員から「ただ素晴らしい一語につきる。正確公平詳細な内容と特に豊富な軍艦の写真は貴重である。日本の太平洋作戦史の「決定版」としたい」という声や、六〇歳弁護士からの「記事極めて詳細正確且海軍の全作戦区域に亘っているのがよくわかる。文章も誠によく著者の思想識見敬服に値する正に子孫に残すべき書である」という声が掲載されている。もちろんこれらは日本出版協同によって「選別された読者の声」であり、同社の意図に沿うものであることには留意が必要であろう。
(16)「日本出版協同」『読売新聞』一九五二年七月四日朝刊。
(17) 前掲『盃独楽』二六八―二六九頁。
(18) 同前、二六九頁。
(19) 福林正之「敗戦史を書く権利と義務」『出版ニュース』一九五二年三月中旬号、五頁。
(20) 創刊にあたっては、「日本は海の国です。海を忘れて国家の発展はありません」としたうえで、石渡は次のように説いている。「太平洋戦争によって、その海軍と商船隊は潰滅しましたが、今や再び日の丸をかかげた船は世界の海を馳駆し、新しい構想のもとに海国防の整備も進んでいます。こういった状勢を世界の海運・造船・海上軍備の実情を照しあわせて、常に明確に把握することは、海国民にとって不可欠の要請であると考えられます。われわれは、絶えず海上に眼を注ぎ、そこに織りなされた歴史の跡を回顧し、現在を知り、未来を展望しなくてはなりません。しかし、わが国における海洋思想の普及程度は、決して満足すべき状態にあるとはいえません。このことは日本と国状を同じくするイギリスと比較してみた場合、特に痛感されるのです。ここに微力ながら私達が雑誌「世界の艦船」の刊行を思いたった動機があるのです。私達は何よりもまずこの雑誌が、読者とのうるわしい協同に結ばれて、海洋思想の正しい普及に広く貢献しうることを願っています。船は雄々しくも美しいものです。大洋に浮かぶ船の姿を眺めて、心に感動を覚えない者はないでしょう。船こそ現代の科学技術の生んだもっとも優れた構造美であるといえます。本誌を機縁として、より広くかつ深く、船に対する関心、ひいては海国民の自覚に進まれる方の一人でも多いことを祈るものです」(「創刊のことば」『世界の艦船』一九五七年九月号、二九頁)。
(21) 大島秀人『出版社要録昭和三四年度第二篇』東京産経興信所、二七二、三〇六頁(石川巧編『高度成長期の出版社調査事典　第二巻』金沢文圃閣、二〇一四年に収録)。

(22) 石渡幸二「世界の艦船第一〇〇号発刊にあたって」『世界の艦船』一九六五年一二月号、三七頁。
(23) 「出版協同PRのページ」『世界の艦船』一九五七年九月号、六九頁。
(24) 石渡幸二「出版協同社だより」『世界の艦船』一九七一年五月号、八六頁。
(25) 石渡幸二「『世界の艦船』四〇〇号達成にあたって」『世界の艦船』一九八八年一一月号、六九頁。
(26) 同前。
(27) 野沢正については、拙稿「「科学」と「軍事」の呪縛――一九五〇年代の航空雑誌での模型工作の営み」神野由紀ほか編『趣味とジェンダー――〈手づくり〉と〈自作〉の近代』青弓社、二〇一九年にて詳述している。
(28) 「読者サロン」『世界の航空機』一九五二年一〇月号、九三頁。
(29) 一九六〇年における戦記マンガの受容については、伊藤公雄「『戦後』という意味空間」インパクト出版、二〇一七年、高橋由典「一九六〇年代少年週刊誌における「戦争」」中久郎編『戦後日本のなかの「戦争」』世界思想社、二〇〇四年などに詳しい。
(30) 水木しげる「わが狂乱怒濤時代　奇妙奇天烈な興味の日々」『別冊新評』一九八〇年秋季号、五九頁。水木と『丸』の関係については、拙著『〈趣味〉としての戦争――戦記雑誌『丸』の文化史』創元社、二〇二一年においても取り上げている。
(31) タツノコプロおよび「決断」については、原口正宏・長尾けんじ・赤星政尚『タツノコプロインサイダーズ』講談社、二〇〇二年および但馬オサム『世界の子供たちに夢を　タツノコプロ創始者天才・吉田竜夫の軌跡』メディアックス、二〇一三年に詳しい。
(32) 最終回となった二六話のみ「川上監督の決断」として当時の読売巨人軍の川上哲治を扱い、戦史とは異なる内容となっている。
(33) 「戦争アニメ・茶の間へ」『読売新聞』一九七一年二月二五日夕刊。
(34) 「戦記動画「決断」に〝待ッタ〟をかけたNTV労組の〝決断〟」『週刊文春』一九七一年四月五日号、三五頁。
(35) 前掲『タツノコプロインサイダーズ』一四六頁。
(36) 同前、八九頁。
(37) 「〝サッポロビール出版〟の「決断」」『実業の世界』一九七一年六月号、五八頁。
(38) 前掲『タツノコプロインサイダーズ』八九頁。
(39) 児島襄「戦史を振り返り教訓を引き出したい」『時の動き』一九九五年九月一五日号、七一頁。
(40) 児島襄「私にとって破格の意義持つ「東京裁判」」『週刊読売』一九七四年一二月二一日号、七九頁。
(41) 同前。
(42) 児島襄『国会突入せよ』講談社、一九六八年、二〇七頁。

# 第３章　日本遺族会と靖国神社国家護持運動

福家崇洋

## はじめに

今日、「靖国問題」と言えば、首相や閣僚の公式参拝がつねに焦点になる。しかし、戦後の日本社会を見れば、靖国問題とは靖国神社の「国家護持」に関するものであった。この問題には、戦没者慰霊はもちろんのこと、日本国憲法の政教分離原則との兼ね合い、社会運動と「保守」政治勢力の関係、戦後民主主義批判などといった、今日の「靖国問題」にも通ずる政治的縮図が存在する。

本章では、この靖国神社国家護持問題から「戦争と社会」の関係を考察したい。戦争は、当然ながら、一方の降伏ですべてが終わるわけではない。勝敗にかかわらず、参戦国の社会は戦争の後遺症を長く背負うことになる。とくに戦没者遺族は、国家補償と慰霊の問題と向き合いつづけなければならなかった。敗戦後の日本で、戦没者遺族が結成した団体が日本遺族会であり、その遺族会が中心になって進めた運動が靖国神社国家護持運動であった。日本遺族会の言説と運動が戦後の日本社会にいかなる影響を与えていったのかを本章では追っていきたい。

日本遺族会とは、一九四七年結成の日本遺族厚生連盟を基礎とする、「戦争犠牲者の遺族」から構成される全国組織である。日本遺族厚生連盟は任意団体だったが、一九五三年三月に財団法人日本遺族会として認可された（日本遺族厚生連盟は同年六月解散）[1]。以後、戦没者遺族の補償や戦没者慰霊の問題を中心になって担う。

次に靖国神社国家護持とは、靖国神社を国家施設として運営し、国家として「英霊」を顕彰することである。一九五〇年代半ばから遺族会は靖国神社国家護持を要望事項として掲げた。一九六〇年代から七〇年代にかけて、遺族会等の要求に応える形で、自由民主党から靖国神社法案が国会に提出されたが審議未了・廃案を繰り返した[2]。

このうち、本章では、主に一九六〇年代の政治・社会的背景を設定した。一九六〇年代は安保闘争から大学闘争へと主として左派の社会運動が盛んになる一方で、政府による建国記念日の制定や明治百年記念事業など「保守化」が進んだ時期にあたる。

後者の「保守化」の動きを念頭に置きながら、靖国神社国家護持運動を見ていけば別の側面が見えてくるのではないか。注意すべきは、靖国神社国家護持運動を「復古」や「戦前回帰」ととらえ、この運動が一九六〇年代の「右傾化」にいかに寄与したかをトートロジー的に論じてしまうことである。本章では、運動の「復古」的色彩の背後にある、戦後民主主義の影響を受けた側面を見逃すべきではないと考える。こうした視点から日本遺族会と靖国神社国家護持運動の関係を通して、一九六〇年代の靖国問題とその背景を考えてみたい。

## 一　愛国的精神運動と青年部設置――一九五〇年代後半の国家護持運動

靖国神社国家護持運動が始まるのは一九五〇年代半ばである。その萌芽は同年代初頭から見られる。一九五二年一一月開催の第四回全国戦没者遺族大会の決議で「靖国神社並に護国神社の行う慰霊行事はその本質にかんがみ国費又は地方費をもつて支弁するよう措置すること」が立項された。しかし、当時の決議では、遺族への年金や扶助料など

金銭的補償の方が重視され、慰霊行事の国家負担は最後に立項された。(3)

一九五〇年代半ばになると「護持」の文言が出てくる。一九五六年一月開催の第八回大会の決議で「靖国神社及び護国神社は国又は地方公共団体で護持すること」というのがそれである。五五年末の衆議院海外同胞引揚及び遺家族援護に関する調査特別委員会（一九五五年一二月八日開催）で靖国神社合祀問題とあわせて、神社の国家管理が議論となった。

二月一四日には、衆議院海外同胞引揚及び遺家族援護に関する調査特別委員会で金森徳次郎（国会図書館長）、大石義雄（京都大学法学部教授）が識者として招かれ、靖国神社の国家管理につき意見を述べた。金森は現行憲法の下で政教分離の原則から困難があるとし、大石は特別法で特別法人とすれば公金支出も可能とした。(4)

これを受け、同会委員長原健三郎と同会委員逢沢寛（遺族会副会長）は、三月一四日に「靖国社法草案要綱」私案をまとめた。(5)政教分離をクリアするために「靖国社」の名称となった。社会党側も同月二二日に「靖国平和堂（仮称）に関する法律草案要綱」を作成した。新聞のまとめでは、宗教法人靖国神社を改組して自民党は管理委員会を、社会党は殉国者検証委員会を設ける違いはあるが、殉国者の遺徳顕彰のために定期的に式典実施、委員は首相任命で衆参両院の承認を求め任期を三年とするなど両案は近接しているとされる。(6)

遺族会側では三月二八日に「靖国神社国家護持に関する小委員会」を設けて同問題を検討していたところ、四月二八日に「自民党の〝引揚に関する特別委員会〟の理事」から遺族代表として遺族会常務理事に対して意見を求めてきた。

彼らは理事会の決定に基づき個人の立場として「靖国神社法案（仮称）に対する意見書」を海外同胞引揚及び遺家族援護に関する調査特別委員会に提出した。そこには、靖国神社の名称変更に対する警戒と、「靖国神社の特殊性と伝統を尊重し、その自主性を保持すること。因みに参考とした靖国〇社法案には全く以上の主旨が没却されている」として厳しい意見が連ねられた。[7] 遺族会側の賛同を得られなかった法案は結局未提出となった。

「護持」の内容に影響を与えたのは同年の千鳥ヶ淵戦没者墓苑の建設である。「無名戦没者の墓」建設は一九五三年に閣議決定したが、一九五六年一一月に再確認され、墓の建設が進んだ(一九五九年三月完成)。[8] 墓苑の建設・維持管理は国が責任を持つため、多数の戦没者を祀る靖国神社の国家管理が問題化した。一九五六年一二月に逢沢寛(自民党議員)と砂田重政官房副長官が交わした覚え書きに「靖国神社の尊厳護持について来る通常国会の会期中に政府をして、精神的、経済的措置をなさしむること」とある。[9] つまり、経済だけでなく、「精神的」側面も加えた措置が「護持」の意味に加えられた。

その「護持」の器に中身が注入されていくのが一九五九年頃からである。同年六月の遺族会第五一回理事会、第二二回評議員会の決定に基づき、機構等刷新特別委員会が発足。同年八月末にかけて今後の遺族会のあり方や組織強化について審議を重ね、「真の愛国的精神運動」の積極的展開が決まった。[10]

次の第五二回理事会、第二三回評議員会の合同会議でも機構等刷新に関する件などが審議され、「愛国的精神運動」に沿った事業を進めるための調査期間の設置と青壮年層を活動の主体とすることが打ち出された。「愛国的精神運動」の定義は、「国家民族の繁栄を念じて散華せる英霊の遺志を継承し、すべての国民と共に英霊に感謝敬仰の誠を捧げ、対立と抗争をくり返しているわが国の現状を正し、運命共同体としての民族意識を高揚し、以って郷土を愛し国を愛する真実の平和日本を再建することを本質とし、その実践に当っては常に厳正なる中庸を堅持し、且つ積極的な活動を展開しなければならない」とされた。「対立と抗争」とは安保闘争を指すと思われる。青少年が反政府運動に向かわないための「善導」が愛国的精神運動の目的だった。

運動の具体的な内容も記載され、英霊顕彰・慰霊事業と、「愛国的精神運動」の積極的展開である。前者は靖国神社国家護持運動、「英霊感謝の日」の制定、靖国神社団体参拝、沖縄戦跡参拝である。後者は主に「未亡人、遺児、兄弟等の青壮年層を活動の主体とするごとく運営すること」とし、とくに「遺族青少年の育成指導に関する事業」は「今後遺族会として全力を傾注すべき事業」とされた⑪。「未亡人、遺児、兄弟等の青壮年層」の取り込みが掲げられたのは、社会の周縁にいる人々の国民的な包摂が意図されていた。

他方で、平和の再建や「中庸」も謳われたし、青年側も遺族会本体と同一でなかった。八月の遺族会主催全国遺族青年研修会では、参加した人々から愛国心について意見が寄せられ、「愛国精神」「英霊精神」は自分達の世代では死語となっている、美化された犠牲を道徳として押し付けていないか、独善性と視野狭窄が遺族会全体に通ずるなど厳しい批判が並んだ⑫。

こうして着手されたのが靖国神社国家護持署名運動である。そのための趣意書「靖国神社の国家護持に関する署名のお願」が作成された。GHQの神道指令による一宗教法人化の経緯を伝えたうえで、宗派ではないことが文面で強調された。戦没者祭祀も、その本質は宗教的儀式ではなく、全国民の感謝の気持を表現する国民的行事だとされた。安保闘争を通じた国民の反米感情、ナショナリズムの昂揚を運動に吸収しようとした⑬。その成果は数字に表れ、一九六〇年一月から三月までの署名運動の結果、約二九五万数(遺族会側発表)を国会に提出したほか、六県議会、四四五市町村議会で賛成決議がなされた。ただし、当時の遺族会は八〇〇万の遺族の代表と自ら銘打っていたので⑭、期待ほど集まらなかった可能性がある。同運動が再開されるのは一九六三年頃となる。

もうひとつの活動は青年層の取り込みである。一九六〇年三月一二日に遺族会の第五六回理事会・第二六回評議会合同会議が開催され、一二月の青年部結成大会の概略が決まった⑮。一二月四日に全国遺族青少年代表約一八〇〇名が九段会館に会した。準備委員会で発表された綱領案には、社会正義の確立と福祉国家建設への寄与、寛容と協同の精神を重んじた人間愛と勇気をもった平和運動への推進などとある⑯。世代の違いから遺族会本体よりも思想的に左派側に位置する。他方で、宣言案では、物質的繁栄を裏付ける「民族の精神的支柱」が見失われ、「同胞流血の対立抗争」

を繰り返していることは遺憾だという表現もある。[17] 遺族会本体が用いる道義や道徳という文言を避けつつも、その意向を汲んだ内容である。自民党との関係が強い遺族会本体よりも、青年部の方が保守でも革新でもない第三局的な立場を打ち出そうとしていたように見える。興味深いのは、このための実際運動が、「決議」の冒頭に記された靖国神社国家護持であったことである。

以上、本節では靖国神社国家護持運動がいかに開始されたかを見てきた。千鳥ヶ淵戦没者墓苑の建設を機に靖国神社「護持」の内容が検討され始めたこと、その「護持」には精神的方面も含まれたために、安保闘争を背景として、「愛国的精神運動」の実施が考えられたことが確認できる。この運動には遺族青年層も加わったが、戦争体験などを背景とする世代間の考え方の差や運動の方向に対する違和感が表出されていた。こうした思惑のズレを含みながら、遺族会の統一的な実際運動として展開されたのが靖国神社国家護持運動であった。

## 二　「国家護持」の具体化と「道義」の強調——一九六〇年代前半

一九六二年頃から靖国神社国家護持運動は再び盛んになる。同年八月一五日には遺族会で「靖国神社国家護持要綱」を決定、年末にも要綱が添付された「御願書」を発表した。

同要綱が、前回の署名運動で使われた「靖国神社の国家護持に関する署名のお願」と異なる点は「その行なう祭祀は、形は神道の形式をとっている点があっても」との文言があることである。祭祀は「国民的感情としてのあらわれとしての行事」だとして、宗教色が抑制された。よって、国家護持は政教分離の原則を定めた憲法二〇条、宗教上の組織への公金支出を禁止した八九条に抵触しないとされる。[18]

そのうえで、「大綱」が綴られた。内容は「一、靖国神社は国事に殉じた人人の「みたま」を靖国の神として奉斎し、その遺徳を顕彰し慰霊するものであること」をはじめ、国家による靖国神社の維持管理、靖国神社の名称は変更しないこと、靖国神社の行事は特殊性と伝統を尊重することなどである。[19] 憲法に抵触する政教分離問題は避けつつも、現状のままの社名などで国家の庇護を得たい意向が見られる。

しかし、いまだ「護持」の内実は不鮮明であった。一一月一五日に遺族会の第七八回理事会で設置が決まった「靖国神社国家護持に関する小委員会」の第一回委員会(翌年一月二三日開催)では、靖国神社国家護持の内容を検討し、遺族会の見解を統一すべきとされた。[20]

今回の国家護持運動が以前と異なる点は、靖国神社側との公的な交流である。一九六三年四月二三日に靖国神社祭祀制度調査会から日本遺族会に対し「靖国神社国家護持要綱」が内示された。要綱には「靖国神社は、国事に殉じた人々に対する国及び国民の敬意と追慕との精神を表示するため、その英霊を合祀、奉斎することを目的とする」とある。[21]

援軍をえた遺族会の靖国神社国家護持に関する小委員会は、引き続き検討を重ねた。靖国神社が宗教ではないことを理論武装するために、宗教ではない根拠と神社の特殊性を確認する内容が強調された。「委員会の決定事項」には「国家護持の形態」として「イ、靖国神社の称号存続のこと／ロ、今後合祀する祭神は内閣において決定し、天皇の認証を条件とすること／ハ、靖国神社は国の監督下に置くこと／ニ、靖国神社の平常及び諸大祭の行事形態は従来通りとすること／ホ、靖国神社に対しては国は交付金を支給すること」[22] と記載された。天皇の認証に言及されたことが新しい。

小委員会の結論は、一九六三年九月の常務理事、国会対策委員正副委員長合同会議で確認され、[23] 靖国神社国家護持は今後の運動方針の「要望事項」の冒頭掲揚が決まった。そのまま一〇月の第一八回全国戦没者遺族大会の「決議」冒頭にも掲げられ、運動内の位置づけがより高まった。[24]

遺族会の運動は一二月に入ってから盛んになる。一二月四日付で、会長の賀屋興宣（自民党議員）から自民党の小坂善太郎に送られた「靖国神社国家護持等に関するお願書」では、靖国神社国家護持と並んで、全国戦没者追悼式への措置と旧軍人・軍属への栄典授与が記された。全国戦没者追悼式の箇所では「靖国神社に祭られている人々を、すべて追悼の対象とすること」「戦没者追悼式は、靖国神社境内で行なうこと」とあり[25]、追悼式（これまで日比谷公会堂で実施）を介して靖国神社国家護持を既成事実化しようとする意図が見られる。

一二月一七日の遺族会の第八五回理事会、第四五回評議員会でも運動推進が決定され、翌日の第一九回全国戦没者遺族大会でも決議された。大会後すぐに運動推進本部が設置され、その日から年末まで各都道府県の遺族代表から国会議員への陳情活動が展開された。

遺族会は署名活動も行い、「靖国神社の国家護持に関する署名のお願い」（一九六四年一月付）の趣旨文を機関紙に掲載した。「祭祀の本質は宗教的な儀式でなく、全国民の感謝の気持を表現する国民的行事」とされたほか、靖国神社国家管理による「全国民の感謝と崇敬の至情が具現され、時によって消長することなく厳粛に、永くこれを続けること」とある[26]。宗教性を弱め、国民の心性にもとづくことが強調された。

今度の国家護持運動では、自民党との提携も深まった。運動の中心となる同党遺家族議員協議会（代表世話人逢沢寛）は一九六三年六月に「靖国神社国家護持に関する小委員会」（小委員長村上勇）を設けた[27]。

一二月に遺族会の運動が盛り上がるなか、同月二〇日開催の小委員会では全会一致で遺族会の要望を全面的に取り上げることとした。自民党内に調査機関を設け、靖国神社の国家護持の党議決定をすべき方針を決定した[28]。遺族会では六二年に安井誠一郎会長の急逝をうけて、八月に同じ自民党でタカ派の賀屋興宣に変わっていた。

当事者の靖国神社との提携も強まった。一九六四年一月末に遺族会と靖国神社の連絡会を設けることが決まった。池田清権宮司は創建百年祭（一九六九年）に向けて「なるべく早い時期に神社本来の姿にかえり、すっきりした姿で百年祭を迎えたい」と話した。国家護持運動の方針も特殊法人立法化の方向で推進すべきことが確認された[29]。こうして運動を自民党遺家族議員協議会、遺族会、靖国神社が推し進める体制が整えられた[30]。

下からの運動を担う遺族会は「靖国神社と国家護持」というパンフレットを作成、これをもとに署名運動を展開した。二月末には前回の約二倍の約六二一万に達したとされる。こうした運動には先に結成された青年部の人々が動員された[31]。

パンフレットの内容は、神社の宗教法人化の経緯を述べながらも、以前の「お願い」と比べ、占領軍批判の側面が強くなった。ＧＨＱの指令による法人化に対し、「これは靖国神社の本質に照らし、又国民感情の上からも、誠に遺憾なことであり、速かに一般の宗教としての神社のわくよりはずして国家で護持するように措置することが必要」との文で締めくくられた[32]。

自民党の遺家族議員協議会は二月二一日に総会を開き、約一八〇名参加のもと「靖国神社国家護持に関する決議」を満場一致で採択した。国家護持の未達成を「遺憾」として「英霊の尊厳を護持し、国家道義の根基の確立をはかることを強く要望する」内容である[33]。

さらに自民党は遺族会の要望を受け、党政調会内閣部会内に「靖国神社国家護持に関する小委員会」を設置することを決定した。荒船清十郎を委員長として逢沢寛ら約五〇名が参加した[34]。遺族会の関連団体日本遺族政治連盟から選挙の推薦を受けた議員が多い。

それゆえに、小委員会設置は遺族会にとっても好ましく、第八七回理事会で「解決への曙光を見出し得たもの」と評価する内容の「靖国神社国家護持に関する決議」（四月二四日付）を採択した。あわせて、遺族会は「自民党が、国家百年の道義確立のため、一日も速かに党議を決定」することを期待する文言を付け加えた[35]。ここから見えてくるのは、遺族会が自民党との関係を深めることで同党が用いる国家道義確立などの文言が押し出されていく過程である。

しかし、遺族会の期待は、最終的に実現しなかった。署名数は六六〇万に上り、第四六回国会に提出されたものの、閉会のため審議未了となった[36]。背景には、自民党や政府内で国家護持の議論が充分に高まっていなかったことがある。これに加え、全国戦没者追悼式の開催場所を日比谷公会堂とする閣議決定を靖国神社に変更させる運動が、自民党内で進められていたこともあった。この問題は社会党や宗教団体から批判されていたため[37]、靖国神社国家護持運動は彼らの反感に火を注ぐことにしかならなかった。

以上、本節では一九六〇年代前半の遺族会の靖国神社国家護持運動を見てきた。一九五〇年代と比べて国家護持がより強く求められ、靖国神社や自民党との提携も進んだ。運動の進展とともに問題となったのは、政教分離原則への対処であった。遺族会の論理は、靖国神社の関与はそのままに祭祀の宗教性を脱色させ、国民感情による後押しを強調するものだった。そのためにも国家護持運動が必要となる。他方で、以前よりも運動の政治色が強くなり、占領軍批判や国家道義の確立などの方向性が打ち出されていく。ただし、祭祀の根拠に国民の支持が掲げられたように、戦後民主主義に依拠しながらそれと距離をとろうとする難しさがあった。

## 三　大衆運動の促進と法案策定の動き——一九六〇年代半ば

こうして一九六〇年代前半の国家護持運動は幕を閉じた。遺族会は運動継続の必要を認めつつも、さらなる検討が必要と考え、一九六四年八月の第八九回理事会で「靖国神社国家護持に関する調査会」の設置を決めた[38]。

調査会では、九月の第一回開催以降、識者を招いて靖国神社と憲法の関係などが議論された。第一回時に「現行憲法のもとにおいて、合理的かつ具体的に靖国神社の国家護持の方策を見出すこと[39]」と指針が示され、方向性の再設定が必要になっていた。一九六五年一〇月まで約一年間にわたり二二名の識者が招かれたが、現行憲法に抵触して違憲と考える人と抵触せず護持可能とする人で意見がわかれた。

調査会は運動の経緯や識者の意見をふまえた報告書をまとめ、一〇月二二日の理事会、評議員会に提出した。報告書の目的は、特殊法人化のために「靖国神社法案要綱（案）」を策定することで、二二項目からなる内容が書き込まれた[40]。同要綱の冒頭では「靖国神社は国の監督を承け、戦没者並びに国事に殉じた人々に対する国及び国民の綜合的な敬意と感謝を表わすため、専ら、その霊を追慕し、これに感謝の奉仕をすることをその目的とする」とある[41]。靖国神社側の意向を受け止めつつも憲法に触れる戦没者等の合祀の部分をぼかした形となった。

自民党では、一一月に佐藤栄作内閣が発足していた。佐藤は祝日法改正（建国記念日の制定）には比較的熱心だったものの（一九六六年六月に祝日法改正案成立）、靖国神社国家護持に関する記述は六〇年代の日記にほぼなく、関心が強かったわけではない。とはいえ、党内の靖国神社国家護持運動は変わらず推進された。一二月には自民党遺家族議員協議会の荒舩清十郎委員長は、遺族会の要望主旨を記した「お願い書」を添え、靖国神社法（仮称）要綱とりまとめを衆議院法制局長に正式に依頼した。

「お願い書」には遺族会のこの時点の要望が九項目記された。基本的には従来の流れを継承したものだが、政府主催の戦没者追慕・感謝祭典も要求に加えられた。「天皇の御使をもって祭主とすること」という文言もあり、靖国神社国家護持に天皇の関与をより求めたものに変更された[42]。

依頼された法制局は、遺族会関係者を招いて説明を聞き、要綱作成に取りかかった。ただし、三浦義男法制局長はあくまで憲法範囲内での「護持」を考えており、これが自民党内の推進派及び遺族会側との対立点となっていく[43]。

遺族会の方も一九六六年二月二三日に第九八回理事会、第五三回評議員会を開催し、運動方法として「靖国護持運動要項」を決定した。内容は主に三つある。一つ目は四月を期して靖国神社国家護持全国戦没者遺族大会を開催し、大会後に政府、国会、地元選出議員などに陳情活動を繰り広げること。二つ目は全国一〇〇〇万署名陳情並びに請願運動を展開すること。三つ目は各自治体での決議促進である[44]。

実際運動を主力として担ったのは遺族会青年部である。理事会、評議員会に先立つ二月一九日から青年部の幹事会と部長会が開催され、活動方針の冒頭で、遺族会の「先頭」に立って国家護持運動のための総力結集が述べられた[45]。しかし、青年部だけの運動では前回の署名数を超えるのは不可能である。遺族会は日本郷友連盟、軍恩連盟など関係諸団体に声をかけて、二月二六日に靖国神社問題に関する関係団体懇談会を開催した。この場で関係団体の全面的協力が約された[46]。

四月一四日に靖国神社で開催された靖国神社国家護持全国戦没者遺族大会には全国から約三三〇〇名の遺族代表が集まった。この時までに集まった合計約二四〇〇万もの署名が会場正面に積み上げられた[47]。これまでの運動では最大数となる。大会後に遺族代表は示威・請願行進を実施、翌日も街頭宣伝隊や遊説隊が都民に協力を呼び掛けた。支部代表も地元選出国会議員や佐藤栄作首相に陳情を実施した[48]。

この追い風を受けて、遺族会は六月二三日に全国支部長会議を開催し、遺家族議員協議会所属の議員への「お願い」を送るとともに、「靖国神社国家護持全国統一運動実施要綱」を決定した。これは、国家護持運動を国民運動化すべく、八月初旬から一五日を期して全国統一運動を実施する、八月一五日には集会・大会・パレードなどを実施し大会決議などを知事、議長、総理大臣、衆参両議院長に送付する、日本傷痍軍人会、日本郷友連盟などの諸団体と懇談会を開催する、マスコミに積極的に働きかけるなどである[49]。

これらの運動は国民からの支持獲得が目的ながら、衆議院法制局の法案策定に対する間接的な圧力でもあったはずである。この作業は一進一退を繰り返していた。

最初の案の提示は五月二〇日である。三浦法制局長私案として、「戦没者等顕彰事業団（仮称）法案要綱」が荒舩清十郎小委員長（遺家族議員協議会の靖国神社国家護持に関する小委員会）に提示された。しかし、靖国神社を護持の対象としないため、遺族会は六月二三日の支部長会議で不賛成を決定、七月一七日の推進本部役員会でも遺家族議員協議会の担当委員会に対し早急な法案作成を促すことを決定した。

これを踏まえ、遺家族議員協議会は七月一九日に、三浦法制局長を含む衆議院法制局側、遺族会側を招いて世話人会を開催した。遺族会側からは法制局長私案に同意できないことが伝えられ、遺族会の要望を骨子とした法律案要綱を八月末までに提出するよう法制局に求めた。法制局は靖国神社を現状のまま法制化することに難色を示したが、遺家族議員協議会議員からは来年の通常国会で実現させたいとして法制局に早急な案の提出を求めた。

同月二八日にも三浦法制局長は遺族会の推進本部役員会に招かれた。ここでも議論が交わされたが、三浦法制局長は憲法に抵触しない範囲でやることに苦心していると述べている[50]。

こうして、靖国神社国家護持問題は憲法との関係が焦点となった。自民党も党内憲法調査会（会長西村直己）が一〇月二七日に総会を開催し、靖国神社国家護持につき憲法上の問題点を検討することになった。西村会長らは、靖国神社は一般の宗教団体と異なるため、「なにかの形で〝国家護持〟が可能になるのではないか」と考えていた[51]。

法制局は一一月一日に「靖国神社の国家護持に関して検討すべき問題点」を「靖国神社国家護持に関する小委員会」（小委員長村上勇）に提出し、関係方面の意思統一ができれば法文化を進めるとした。冒頭で国家護持が定義され、「国及び国の機関が靖国神社になんらかの形において参与することができるようにすること」「国が靖国神社に対して財政的援助を与えることができるようにすること」双方を包含するものとされた。そのうえで基本的な四つの方向性を示した。

この「問題点」につき遺族会では一一月二七、二八日の第一〇一回理事会で検討し、村上宛に「意見書」を送った。宗教法人を脱した靖国神社を国家護持してほしい、名称変更は辞めて欲しいなどと記された[52]。当初の依頼から一年経っても入り口の議論にとどまり、遺族会や会と近い自民党議員には不満だったと思われる。

一一月二九日、法制局側、遺族会側も参席して靖国神社国家護持に関する小委員会を開催し、先の四つの方向性を議論した。この場の多数意見は、憲法改正に触れず靖国神社を存続し国家護持を実現する第一の方法、もしくはこれを基本として、靖国神社から宗教性を排除する必要な措置を講じて国家護持を実現する第四の方法を加味するものであった。しかし、法制局側の立場は、第一と第四の立場は本質的に立場を異にするため第四の方法によらざるを得ないというものだった。

このため小委員会は起草委員会を新設して、早急な原案起草を決めた。早くも一二月二三日の小委員会で臼井荘一委員長代理から「靖国神社法(仮称)立案要綱」が提示された。第一項には「名称は靖国神社とすること」、第二項には「靖国神社は、日本国憲法の精神に則り、戦没者及び国事に殉じた者を崇敬するための施設等を維持管理し」云々とあった[53]。つまり、戦没者等を崇敬するのは「施設」で、靖国神社はそれを維持管理し、崇敬の主体ではないことになる。のちに遺族会は「率直にいって、起草委員の手になったというより衆院法制局の構想をまとめたもの[54]」と述べるが、当時の遺族会はひとまず全面的な推進を決定し、衆参両議院の賛成署名を得るための運動にとりかかった[55]。

以上、本節では、一九六〇年代半ばの靖国神社国家護持運動を見てきた。この時期の運動には二つの特徴がある。ひとつは、他の関連団体と提携して二四〇〇万人もの署名数を実現し、運動がかつてない成功を収めたことである。もうひとつは、運動の成功を背景に、自民党議員との提携によって、靖国神社国家護持を実現する法案を国会に提出しようとしたことである。ただし、政教分離の原則に触れる可能性があり、法制局との交渉は難航した。

## 四　法案文言をめぐる攻防——一九六〇年代後半(一)

衆議院は一九六六年一二月二七日に解散し、一九六七年一月二九日に総選挙が行われた。この間、靖国神社国家護持に関する小委員会側で靖国神社国家護持運動は進んでいない。動き出すのは三月に入ってからである。遺族会は三月二二、二三日に第一〇四回理事会、第五七回評議会を開催し、靖国神社法の成文化・国会提案を働きかけることを決めた。

一週間もしない二八日に、三浦法制局長は、村上勇小委員長に「靖国社法案要綱」を提出した。しかし、靖国神社の名称を「靖国社」に変更させる内容のため、遺族会は四月二四日に村上小委員長に修正要望を文書で提出した[56]。

これに関する議論が小委員会で続けられ、六月二日の会議で「靖国神社」とすることが決まった。この過程で問題となったのが第一条の内容である。法制局案は「靖国神社は、日本国憲法の精神にのっとり、戦没者及び国事に殉じた者に対する国民の感謝と尊敬の念を表わすためその用に供される施設を維持管理し、これらの人々の遺徳をしのび、これを慰め、その功績をたたえる行事等を行ない、もってその偉業を永遠に伝えることを目的とする」となっていた。

これは先述の通り、靖国神社と「施設」が同一ではない余地を残すため、靖国神社の現状のままの護持を望む遺族会の意向とは異なる。そこで、遺族会は「靖国神社は、戦没者及び国事に殉じた人々に対する国及び国民の敬意と追慕の精神を表わすため、その英霊を合祀奉斎することを目的とする」という文言への修正を要望した[57]。

しかし、後者の文言は法文化できない旨の回答が法制局から寄せられた。小委員会は修正のうえ、「靖国神社法案」原案をまとめた。第一条は「靖国神社は、戦没者及び国事に殉じた者に対する国民の崇敬の象徴であり、その感謝と尊敬の念を表わすため、これらの人々の遺徳をしのび、その功績をたたえる行事等を行い、もってその偉業を永遠に伝えることを目的とする」となった[58]。以前から祭祀に天皇の関与を記載する場合があったが、ここでは靖国神社が「国民の崇敬の象徴」だとして天皇に擬せられた表現となった。けれども、六月二二日の総会では、靖国神社の宗教性否定及び宗教活動禁止での国庫負担に強い反対意見が出て、結論は持ち越された[59]。

このため、村上小委員長は、以下の第一条からなる修正案を六月二九日の遺家族議員協議会総会に提出した。「靖国神社は、戦没者及び国事に殉じた者に対する国民の崇敬の象徴であり、その感謝と尊敬の念を表わすため、これらの人々の遺徳をしのび、これを慰め、その功績をたたえる行事等を行ない、もってその偉業を永遠に伝えることを目的とする」[60]。総会では、これ以上の進展は困難だとして法案を了承し、全員一致で決定された[61]。

村上小委員長らは法案と付帯具申書を自民党の佐藤栄作総裁、福田赳夫幹事長、椎名悦三郎総務会長、西村直己政務調査会長、細田吉蔵政調内閣部会長、稲葉修憲法調査会長に正式に提出した。

七月四日に、自民党は党機関でこの問題を取り上げることを決め[62]、以後、政調会内閣部会と憲法調査会の合同で検討することにした。内閣部会では「靖国神社国家護持に関する小委員会」を設け、委員長に山崎巌が就いた。

遺族会も右の案を了承した。彼らの認識では、自民党内の検討に移ったことは、実現に向けた進捗の一歩であった。再び運動を盛り上げようとした彼らは、まず八月一四日の青年部第二回中央リーダー研修会の全体会議で、八月一五日の全国戦没者追悼式にさきがけて靖国神社国家護持運動を展開することを決議した。そのための「靖国神社国家護持実現促進のための全国統一運動実施要領」を策定し[63]、青年部、婦人部を推進力とするチラシ配布などが決まり、実際の運動に移っていく。

ただし、内閣部会の「靖国神社国家護持に関する小委員会」で修正案が確定してくるのは一九六八年に入ってからである。二月六日に小委員会の正副委員長会議があり、遺族会から賀屋興宣会長、臼井荘一副会長(自民党議員)、佐藤清一郎専務理事が出席した。ここで第一条と第一九条の修正案が提示され、遺族会側と協議された。その結果、第一条は「靖国神社は、戦没者及び国事に殉じた者を公にまつり、その英霊を尊崇すべきであるとする国民的感情にかんがみ、これらの人人に対する敬意と感謝の念を表わすため、その遺徳をしのび、これを慰め、その功績をたたえる行事等を行ない、もってその偉業を永遠に伝えることを目的とする」のうち冒頭が「戦没者及び国事に殉じた者の英霊尊崇の国民的感情にかんがみ」になった[64]。靖国神社は「国民の崇敬の象徴」であるという文言が消える代わりに、

「英霊」の文字が新たに組み込まれた。遺族会への配慮が滲み出たものであった。

遺族会側は翌七日、常務理事会を開催して検討した結果、不満足な点はあるが小委員会の最終案でもあり現段階で国家護持を望むならこれ以上は困難という意見で一致した。[65]二月二五日の第一〇九回理事会、翌日の第六〇回評議員会に先立ちブロック会議を開催して内容を検討したうえで、理事会では反対意見が提出されつつも承認することとした。

世論喚起のため、遺族会は四月二五日に靖国神社国家護持全国戦没者遺族大会を靖国神社で開催した。[66]自民党代表の来賓として参加した大平正芳からは、法案は二、三日中には全党一致で今国会に提案して成立見込みだと語られた。[67]強気の発言の背景には自民党内の検討結果がある。内閣部会の靖国神社国家護持に関する小委員会は、三月に同党憲法調査会に靖国神社国家護持と憲法との関係につき見解を求めていた。その見解が出されたのが四月一六日で、国家管理は合憲との結論を導き出した。[68]「自民党が正式機関で靖国神社の国家護持を合憲と判断したのは、これが初めて」とされる。[69]

後ろ盾を得た靖国神社国家護持に関する小委員会は、先の法案を四月一八日の内閣部会に提出した。内閣部会では法案最終案を完成して、きたる国会に議員立法で出すことを決めた。[70]五月一六日には自民党の総務会に場を移して話し合われた。しかし、当日発生した十勝沖地震への対応に追われ、次回へ持ち越しになった。[71]二四日の総務会で、法案の国会提案を明記した福田赳夫幹事長声明を了承し、法案を正式に党議決定し、参議院選挙後の臨時国会提出を公約した。[72]

遺族会は、五月二九、三〇日の理事会、評議員会では全会一致で法案の早期成立を促進するため、全国民的な運動としてもりあげていくことを決定した。[73]そこで決められた「基本方針」には、「なるべく従来の如き儀式行事が行われる最善を尽くす」として儀式内容の「護持」に関心が移っている。この間の遺族会側の認識の変遷が興味深いが、佐藤清一郎専務理事は国家護持の目的を「国家国民の名において英霊をまつる本来の姿を恢復しようとするもの」としつつ、「とくに戦後教育のもとで、ややもすると歴史、伝統を軽視し、徒らに新奇を求める風潮のもとにおいて、国の平和と繁栄のいしずえとなった英霊に思いをいたし、その崇高な精神を省みることは民族の将来のための緊急の課題」と語った(74)。

本節では、国家護持に関する法案の文言をめぐる、自民党・遺族会側と法制局との折衝を主に見てきた。一九六〇年代後半になると、自民党のなかで以前より議論が進んだことが確認できる。政教分離の原則を念頭におき、祭祀の主体を現存する靖国神社とするのか、それとは異なる施設にするのかである。村上勇を委員長とする靖国神社国家護持に関する小委員会の案では、靖国神社を「戦没者及び国事に殉じた者に対する国民の崇敬の象徴」として、慰霊を担う天皇を想起させる文言になった。この定義は内閣部会に検討の場を移すなかで撤回されたものの、この過程から、慰霊・祭祀の主体を天皇に擬した靖国神社と見るのか、国民と見るのかでゆらぎがあった。

## 五　法案提出をめぐる駆け引き——一九六〇年代後半(二)

遺族会は七月七日の参議院選挙後の第五九回国会(臨時、八月一日開会)に法案が提出されると期待したが、一〇日で閉会して審議は行われなかった。自民党は次の国会には提出するとしたが、秋に入っても状況は変わっていない。九月四日に遺族会正副会長と遺家族議員協議会世話人会が協議し、法案の国会提出を推進するために自民党議員の賛成署名を得ることを決めた(一〇月末時点で計二五三名)(75)。

遺族会もこの動きを支援し、引き続き議員や自民党首脳部に陳情することとした。一一月二二日に遺族会は第一一二回理事会を開催し、国家護持運動の「基本方針」を決定した。議員賛成署名への協力、党内議員連盟結成の要望、

第二四回全国戦没者遺族大会(一二月一八日)とその後の総決起大会の開催などが立項された。[76] 前者の大会では、年末にかけて佐藤総理への陳情、青年部行動隊による示威行進やバスによる示威行進も行われた。[77]

一二月一〇日からは第六〇回国会(臨時)も始まり、これは二一日に閉じるが、二七日以降から第六一回国会(常会、一九六九年八月五日閉会)が始まり法案提出の機会が到来した。[78] 実際、一月三一日開催の自民党総務会でも、田中角栄幹事長が党内調整を急ぎ法案を今国会提出のうえ成立させたいと述べて、了承された。[79] 二月六日の川島正次郎副総裁、党三役、賀屋興宣ら関係議員の会合で法案の今国会提出、三役の責任で処理する、根本龍太郎政調会長が中心となり二月いっぱいで結論をまとめるよう意見調整することが決まった。[80]

党内では根本を中心に、法案内容の最終的な調整が行われた。ただし、様々な意見があって難航が予想された。党内では八日に憲法調査会が会合を開き、今国会提出予定の法案を協議し、宗教性を排除した内閣部会での「山崎案」を検討し直すことになった。[81] とくに稲葉修や青木一男が代表的な批判者であった。[82] 党外では社会党、共産党、公明党、宗教団体、民主団体などの反対運動が広がりつつあった。[83]

難しい調整を任された根本だったが、二月二七日に自民党本部で稲葉、青木、村上勇ら関係議員も交えて靖国神社法案の意見交換を行い、第一条に「英霊を尊崇する」ことをうたう、靖国神社の儀式行事の形式は審議会を設けて定める、宗教性の排除を法案に盛り込むことで意見が一致した。第一条の文言は、「靖国神社は戦没者および国事に殉じた人々の英霊を尊崇し、その遺徳をしのび、これを慰め、その功績をたたえる儀式、行事を行い、その遺徳を永遠に伝えることを目的とする」に落ち着いた。[84] ここでは、「国民」の言葉は消え、「英霊」を「尊崇」する主体が靖国神社となっている。

ただし、三日に根本、稲葉、賀屋、臼井荘一、村上ら関係議員が三浦法制局長を招いて立法上の調整をしたところ、第一条は「靖国神社は、戦没者および国事に殉じた人々の英霊に対する国民の尊崇の念を表わすため、その遺徳をしのび、これを慰め、その事績をたたえる儀式・行事等を行い、もってその偉業を永遠に伝えることを目的とする」となった[85]。英霊を尊崇する主体が靖国神社か国民かで攻防があり、最後は後者に落ち着いたことがわかる。

根本は四日の政府・与党連絡会議で、法案の党内調整がまとまったので、野党と折衝のうえ共同提案したいと述べた。三月六日に先とほぼ同じ案が根本私案として発表された[86]。山崎案は「英霊不在」であるという批判を踏まえた修正であった[87]。根本は案を総務会に中間報告の形で説明し、今国会に野党とともに共同提案したいとした[88]。

遺族会も三月一四日の第一一五回理事会で根本私案を検討した。基本的に了承しながらも法案第二二条の「創建以来の伝統をかえりみつつ」を「創建以来の伝統を尊重して」へ、法案第五条見出しの「非宗教性」を「宗教的活動の禁止」へ改めるよう要望した[89]。

これに続き遺族会は三月二六日に靖国神社国家護持貫徹全国戦没者遺族大会を開催した。法案策定と重なり、遺族代表一二〇〇人にとって「希望と期待に満ちた」大会となった[90]。四月二四日にも全国戦没者代表者会議を開催し、靖国神社国家護持は「民族の道義確立のため緊急最高の課題」として自民党の公約実行を要望する「決議」を採択した[91]。

自民党側では根本政調会長が三月三一日の自民党代議士会で、四月上旬に党政調審議会、総務会の決定を経て国会に提出したいと述べた[92]。四月二五日に根本は内閣部会、国会対策、議連の関係者と靖国法案を協議し、連休明け早々に内閣部会、政調審議会、総務会に諮り正式な党案として決定したうえで議員立法で提出することを決めた。この時には野党の反対を受け、自民党単独提案に変わっている[93]。

連休明けの提出という報道を受けて、五月上旬に反対運動が盛り上がった。五月六日に約七〇にのぼるキリスト教、仏教、教派神道、新宗教関係団体が赤坂プリンスホテルで代表者会議を開き法案反対声明を発表し、要望をまとめて佐藤首相に提出した[94]。

自民党はこれらの反対意見・運動を認知しつつも、額面通りではないと見ていた。それゆえ七日の政調内閣部会、八日の政調審議会で法案は了承された[95]。一六日の総務会で協議された結果、「靖国神社(国家護持)法案」は党議決定された。ただし、創価学会や民社党も法案反対に回るなかで、法案を党三役と国対委員長に一任して慎重に取り扱うこととした[96]。佐藤栄作首相も五月一四日の日記に「この問題(靖国神社法案提出)はうるさい事は確かで、慎重を要する様には思へる[97]」という認識を綴る。

靖国神社や遺族会の方は、法案提出への準備を注視していた。自民党総務会前日の五月一五日に靖国神社は声明を発表し、靖国神社法案の国会提出賛成と宗教法人から特殊法人に移る決意があると表明した。

遺族会ら支援団体も同様で、五月一六日に靖国神社国家護持貫徹国民大会を開催した。日比谷公会堂に加盟三一団体、参加者二三〇〇名が集まった。この大会は遺族会と同じ志向を持つ諸団体が提携する大きな機会となった。これまで運動で提携してきた日本郷友連盟、偕行社などの諸団体が一堂に会し、靖国神社国家護持貫徹国民協議会を発足させることを決めた[98]。

大会では、自民党代表として稲葉修政調会副会長から挨拶があり、「本日午前十一時三十分、自民党の最高議決機関である総務会において靖国神社法案が党議決定し、今国会提案の運びを党四役に一任した」旨の報告があった。これにより「大会の志気は一段と高まった」という[99]。大会では大会宣言と決議が採択されたが、決議で法案の速やかな成立に加え、「靖国神社の儀式及び行事は創建以来の伝統を尊重して行なわれること」も立項した[100]。

法案が議員提案で国会に提出されたのは六月三〇日である[101]。野党各派は反対の談話を発表し、宗教団体の反対の声も大きくなった。これに対抗する形で、靖国神社国家護持貫徹国民協議会は七月一六日に国民大会を実施し、世論の喚起に努めた[102]。

とはいえ、自民党執行部は別の見通しを持っていた可能性がある。田中角栄幹事長も法案提出に反対の新日本宗教団体連合会(新宗連)理事長に会ったときに「法案は提出するが、あくまでも各界各層の国民的合意が大前提だ」と説明したところに本音が透けて見える[103]。

実際、法案を提出してから審議は進まなかった。健康保険法案、大学法案をめぐる与野党対立のなかで委員会付託にもならなかった。八月四日に内閣委員会に付託されたが審議されていない。翌日の最終日に藤田義光委員長は「靖国神社法案は将来に持ちこすことになるが、遺族の心情を思い、国家の現状を考え、委員長として一言所見をのべる」として将来の法案審議を示唆した。

本節では、遺族会の靖国神社国家護持運動を追いつつ、自民党内で党議決定にいたるまでにいかなるプロセスがあったのかを見た。ここでも法案の文言において、靖国神社を主体と見るのか、国民が主体でその感情を汲んで靖国神社が行事を行うとされるのかをめぐる論点の対立があった。最終的に後者に落ち着いたものの、法案の国会提出前から他党や他の宗教団体からの批判が強くなり、また党内でも温度差があって最終的には審議未了となった。

## おわりに

靖国神社法案はその後一九七〇年代に国会提出、審議未了を繰り返し、遺族会側の要望はついに成就しなかった。その後、首相の参拝問題やA級戦犯合祀問題へと論点が移っていく。

本章では遺族会に着目し、一九五〇年代から六〇年代に遺族会が取り組んだ靖国神社国家護持運動の経過を社会運動と政治過程から明らかにした。

その内容を以下にまとめると、一九五〇年代後半は運動の準備期であった。遺族会が、安保闘争におけるナショナリズムや反米感情を背景とした「愛国的精神運動」を実施していくなかで、靖国神社国家護持運動が開始される。

一九六〇年代前半になると、遺族会内で運動の位置づけが高まり、靖国神社や自民党との関係も強化された。そのなかで問題になったのが政教分離原則への対処であった。この問題をクリアするためにも、運動による国民の支持が目指された。

準備を着実に進める遺族会は他団体とも提携することで、一九六〇年代半ばに署名数二四〇〇万人という数を達成し、運動は最高潮を迎えた。これとともに、遺族会の意向を受けた自民党関係者によって、党内で靖国神社法案の提出に向けた動きがはじまる。

もっとも高いハードルが政教分離原則であり、法案の文言をめぐる攻防が自民党関係者・遺族会と法制局の間で起きた。六〇年代末には最終的に法案がまとまり、自民党から国会への提出にいたるが、他党や宗教団体の反対もあり審議未了となった。

以上をふまえて、改めて本書のテーマである「戦争と社会」に引きつけて本章の位置づけを考えてみたい。

戦没者の慰霊は、戦後の日本社会でも重要な問題であり続けた。本章で明らかにしたのは、本来、戦没者慰霊を目的とし、靖国神社「国家護持」を手段とする靖国神社国家護持運動が、時間の経過とともに、目的と手段を転換させていく過程である。この転換には、政教分離の原則を棚上げしつつ靖国神社を「国家護持」して戦前の国家管理へ回帰する方向と、日本国憲法のもとで政教分離の原則を貫徹し、かつ国民主権を堅持する方向とのせめぎ合いが関わっていた。戦後民主主義をめぐる温度差といってもよい。

もともと、創設期の遺族会を見れば、戦後民主主義との関係が強く打ちだされていた。設立趣意書を見れば、遺族の「保護」「善導」の理由として、「民主的文化国家の建設に、悪影響を及ぼすのみならず、世界平和に寄与せんとする、民族の大使命にも違背する虞れなしといえない」などとある。[104]「善導」にパージの対象となった共産主義運動への警戒が滲む一方、日本国憲法に象徴される戦後民主主義や平和主義の影響も少なからず認めることができた。靖国神社国家護持運動もこの延長線上で始まったものであり、それゆえに多くの人々の署名を集めることができた。

しかし、運動は次第に戦後民主主義に対峙するものへと変化していった。その象徴が、戦没者等を慰霊する主体は誰なのかという議論のゆらぎである。最終的には国民が主体として位置づけられるものの、その過程では靖国神社の位置づけを強く主張する議論も見られた。これらの議論には、靖国神社国家護持の既成事実化を通して、政教分離の原則に事実上触れてでも靖国神社を戦前の国家管理に戻したいという狙いが透けて見える。

とはいえ、「国民」が「英霊」を慰霊する主体となればよいという問題ではない。「戦没者および国事に殉じた人々」には旧植民地出身の人々も含まれることを考えれば、法案で議論された「国民」も「英霊」の語句も、日本人であることがあらかじめ読み込まれていたといえる。戦後民主主義にも通底する「国民化」の志向が、この運動にも大きく影を落としていた。本章では、遺族会及びその周辺の自民党議員の言説と運動を対象としたため、「国民」の外から戦没者慰霊の動きを見ることはできなかったが、今後取り組むべき課題としたい。

(1)　日本遺族厚生連盟・日本遺族会の研究として以下を参照。末益智広「戦後補償と戦争の記憶——日本遺族会と引揚者団体を中心に」『千葉大学人文公共学研究論集』四〇号、二〇二〇年三月、今井勇『戦後日本の反戦・平和と「戦没者」——遺族運動の展開と三好十郎の警鐘』御茶の水書房、二〇一七年、奥健太郎「昭和二〇年代における利益団体形成過程の一考察——日本遺族厚生連盟の事例分析」『法学研究』八三巻一〇号、二〇一〇年一〇月、同「参議院全国区選挙と利益団体——日本遺族会の事例分析」『選挙研究』二五巻二号、二〇一〇年、波田永実「国家と慰霊——日本遺族会と靖国神社をめぐる戦後の諸問題」『歴史評論』六二八号、二〇〇二年八月、北河賢三『戦後の出発——文化運動・青年団・戦争未亡人』青木書店、二〇〇〇年、田中伸尚・田中宏・波田永実『遺族と戦後』岩波新書、一九九五年など。

(2)　靖国神社国家護持運動の研究として以下を参照。赤澤史朗『靖国神社——「殉国」と「平和」をめぐる戦後史』岩波現代文庫、二〇一七年、福間良明「靖国神社、千鳥ヶ淵——「社」と「遺骨」の闘争」『戦後日本、記憶の力学——「継承という断絶」と無難さの政治学』作品社、二〇二〇年。遺族会側が同運動をまとめた日本遺族会編『英霊とともに三十年　靖国神社国家護持運動のあゆみ』日本遺族会、一九七六年、同運動批判者側が七〇年代の法案提出をまとめた靖国神社問題特別委員会編『曲がりかどの靖国法案——強行採決から表敬法案まで』日本基督教団出版局、一九七五年がある。

(3) 『日本遺族通信』四一号、一九五二年一一月一日。以下『通信』と略記。
(4) 第二四回国会衆議院海外同胞引揚及び遺家族援護に関する調査特別委員会第四号、昭和三一年二月一四日 https://kokkai.ndl.go.jp/txt/102403933X00419560214
(5) 国立国会図書館調査立法考査局『靖国神社問題資料集』国立国会図書館調査立法考査局、一九七六年、一一六頁。
(6) 『読売』一九五六年三月二二日付朝刊。以下『読売』と略記。
(7) 『通信』七九号、一九五六年五月一日。
(8) 同問題は前掲「靖国神社、千鳥ヶ淵――「社」と「遺骨」の闘争」参照。
(9) 前掲『英霊とともに三十年』三五頁。
(10) 『通信』一〇九号、一九五九年八月三一日。
(11) 『通信』一一一号、一九五九年一〇月三一日。
(12) 『通信』一一〇号、一九五九年九月三〇日。
(13) 『通信』一一二号、一九五九年一一月三〇日。
(14) 『通信』一二二号、一九六〇年一〇月三〇日。
(15) 『通信』一一五・六号、一九六〇年三月三一日。
(16) 『通信』一二二号、一九六〇年一〇月三〇日。
(17) 『通信』一二二号、一九六〇年一〇月三〇日。
(18) 『通信』一四六号、一九六三年二月一日。
(19) 『通信』一四六号、一九六三年二月一日。
(20) 『通信』一四六号、一九六三年二月一日。
(21) 前掲『靖国神社問題資料集』一一七頁。
(22) 詳しい内容は『通信』一五七号(一九六四年一月一日)に掲載。
(23) 『通信』一五四号、一九六三年一〇月一日。
(24) 『通信』一五五号、一九六三年一一月一日。
(25) 「靖国神社国家護持等に関するお願書」『三木武夫関係資料』第一部、J-DAC。
(26) 『通信』一五七号、一九六四年一月一日。
(27) 村上勇『激動三十五年の回想』村上勇事務所、一九八一年、二〇七頁。
(28) 『通信』一五七号、一九六四年一月一日。

(29)『通信』一五八号、一九六四年二月一日。第二回の連絡会は『通信』一六〇号を参照。
(30)遺族会は社会党にも靖国神社国家護持を要望していたが、党内で検討した結果、六四年二月二七日の国会対策委員会で宗教団体に含まれる靖国神社が特別に国家から保護されることが憲法二〇条違反であると結論づけた(『読売』一九六四年二月二七日付夕刊)。
(31)『通信』一六一号、一九六四年五月一日。
(32)『通信』一五九号、一九六四年三月一日。
(33)『通信』一五九号、一九六四年三月一日。
(34)『通信』一六〇号、一九六四年三月一日。彼らは靖国神社側とも協議を重ねている(『通信』一六一号、一九六四年五月一日)。
(35)『通信』一六一号、一九六四年五月一日。
(36)『通信』一六四号、一九六四年八月一日。
(37)『読売』一九六四年七月七日付朝刊、『読売』一九六四年七月一一日付朝刊。
(38)『通信』一六六号、一九六四年一〇月一日。
(39)前掲『英霊とともに三十年』五五頁。
(40)日本遺族会編『靖国神社国家護持に関する調査会報告書』日本遺族会、一九六五年として刊行された。
(41)前掲『靖国神社問題資料集』一一七頁。
(42)『通信』一八〇号、一九六六年一月一日。
(43)三浦義男『身辺雑記　わが人生の一断面』発行所未記載、一九八一年、二二一頁。
(44)『通信』一八二号、一九六六年三月一日。
(45)『通信』一八二号、一九六六年三月一日。
(46)『通信』一八二号、一九六六年三月一日。
(47)『朝日新聞』一九六六年四月一四日付夕刊。以下『朝日』と略記。『通信』一八二号、一九六六年三月一日。
(48)『通信』一八四号、一九六六年五月一日。
(49)『通信』一八六号、一九六六年七月一日。
(50)以上の記述は前掲『英霊とともに三十年』六九頁参照。
(51)『朝日』一九六六年一〇月二七日付夕刊。
(52)『通信』一九一号、一九六六年一二月一日。
(53)前掲『靖国神社問題資料集』一三一頁。
(54)前掲『英霊とともに三十年』七四頁。

(55)『通信』一九二号、一九六七年一月一日。
(56)『通信』一九六号、一九六七年五月一日。『通信』一九七号、一九六七年六月一日。
(57)『通信』一九七号、一九六七年六月一日。
(58)『朝日』一九六七年六月二二日付朝刊。『読売』一九六七年六月二二日付朝刊。
(59)『朝日』一九六七年六月二二日付夕刊。『読売』一九六七年六月二三日付朝刊。
(60)『通信』一九八号、一九六七年七月一日。前掲『靖国神社問題資料集』一三三頁。
(61)『通信』一九八号、一九六七年七月一日。
(62)『読売』一九六七年七月五日付朝刊。
(63)『通信』一九九号、一九六七年八月一日。『通信』二〇〇号、一九六七年九月一日。
(64)『通信』二〇六号、一九六八年三月一日。ただし、前掲『靖国神社問題資料集』一三七頁掲載の山崎私案(三月一三日付)は遺族会との協議前の案に近い内容になっている。
(65)『通信』二〇六号、一九六八年三月一日。
(66)『通信』二〇七号、一九六八年四月一日。
(67)『通信』二〇八号、一九六八年五月一日。
(68)『朝日』一九六八年四月一七日付朝刊。
(69)『読売』一九六八年四月一七日付朝刊。
(70)『読売』一九六八年一二月二九日付朝刊。
(71)『読売』一九六八年五月一七日付朝刊。
(72)『朝日』一九六八年五月二五日付朝刊。
(73)『通信』二〇九号、一九六八年六月一日。
(74)『通信』二一二号、一九六八年九月一日。
(75)『通信』二一四号、一九六八年一一月一日。
(76)『通信』二一五号、一九六八年一二月一日。
(77)『通信』二一六号、一九六九年一月一日。
(78)しかし、一二月二七日開催の社会党靖国神社問題特別委員会では自民党提出「靖国神社法案」に対し、宗教と国の関係で憲法違反、軍国主義復活の要素が強いとして絶対反対を決議した(『朝日』一九六八年一二月二八日付朝刊)。右派の反対運動もあり、賀屋が靖国法案に反対する大東塾幹部からなぐられる事件も起きた(『読売』一九六九年一月二〇日付夕刊)。

(79)『読売』一九六九年一月三一日付夕刊。
(80)『通信』二一七号、一九六九年二月一日。『読売』一九六九年二月六日付夕刊。『朝日』一九六九年二月七日付朝刊。
(81)『朝日』一九六九年二月九日付朝刊。
(82)『読売』一九六九年二月一五日付朝刊。
(83)『朝日』一九六九年二月一〇日付朝刊。
(84)『朝日』一九六九年二月二八日付朝刊。
(85)『朝日』一九六九年三月四日付朝刊。『読売』一九六九年三月四日付朝刊。
(86)『朝日』一九六九年三月七日付朝刊。
(87)『通信』二一八号、一九六九年三月一日。
(88)『朝日』一九六九年三月七日付朝刊。
(89)『通信』二一九号、一九六九年四月一日。
(90)『通信』二一九号、一九六九年四月一日。『読売』一九六九年三月二六日付夕刊。
(91)『通信』二二〇号、一九六九年五月一日。
(92)『読売』一九六九年四月一日付朝刊。
(93)『読売』一九六九年四月二六日付朝刊。『朝日』一九六九年四月二六日付朝刊。
(94)『朝日』一九六九年五月七日付朝刊。『読売』一九六九年五月七日付朝刊。『読売』一九六九年五月一一日付朝刊。
(95)『読売』一九六九年五月九日付朝刊。
(96)『読売』一九六九年五月一七日付朝刊。『朝日』一九六九年五月一七日付朝刊。
(97)佐藤栄作『佐藤栄作日記』第三巻、朝日新聞社、一九九八年、四四二頁。
(98)『通信』二二一号、一九六九年六月一日。『通信』二二二号、一九六九年七月一日。『朝日』一九六九年五月二六日付夕刊。
(99)『通信』二二一号、一九六九年六月一日。
(100)『通信』二二一号、一九六九年六月一日。
(101)『朝日』一九六九年七月一日付朝刊。
(102)『通信』二二二号、一九六九年七月一日。
(103)『朝日』一九六九年七月六日付朝刊。
(104)日本遺族会編『日本遺族会十五年史』日本遺族会事務局、一九六二年、七六、七七頁。

# 第Ⅱ部

# 戦争体験論のポリティクス

# 第4章　「戦中派」とその時代
## ——断絶と継承の逆説

福間良明

「戦争の記憶を語り継がなければならない」——戦後八〇年近くを経てもなお、毎年、夏になると、新聞やテレビでこのフレーズが繰り返される。およそ八〇年前と言えば、終戦時に戊辰戦争を、バブル経済前夜において日露戦争を回想するのと同じ程度の過去であるわけだが、かくも語り継がれるものは、「先の戦争」をおいてほかにはない。

だが、当事者の体験や記憶が、戦後八〇年間にわたって一貫して「語り継ぐ」べきものとみなされてきたのかというと、必ずしもそうではない。一九六四年に行われた日本戦没学生記念会の座談会のなかで、戦後派世代（終戦後に精神形成を果たした世代）のある出席者はこう語っていた——「戦中派の中には、戦後のいろいろな過程ではじきだされて戦争体験に閉じこもってしまい、ぼくらとは通路がないようなところに入ってしまっている人がいるんじゃないか」「何か八ッ当り的に戦後派の若い奴にも、あるいは平和運動をやっている人達にも当っている」[1]。そこには、もっとも多く戦場に動員された戦中派（戦時期に精神形成を果たし、終戦時に二〇歳前後であった世代）の体験の語りに対する明らかな拒絶感がうかがえる。日本戦没学生記念会は、『きけわだつみのこえ』（一九四九年）の刊行を記念して一九五〇年に結成された反戦・平和運動団体であり、戦争体験の継承・思想化を掲げていた。そのような団体においてさえ、戦中派世代の戦争体験の語りに対する、若い世代（戦後派）のあからさまな反感が見られたのである。

では、戦後日本において、戦争体験、とくに戦中派世代のそれはどう語られ、どう受け止められたのか。そこでは、何が「継承」され、何が「断絶」「風化」したのか。それは、いかなる社会背景に突き動かされていたのか。本章では、戦中派知識人の戦争体験論とその受容状況の変容プロセスを跡付け、「継承」「断絶」をめぐるポリティクスを検討したい。

# 一　「戦中派」の誕生

## 1　戦没学徒兵の遺稿集

一九四九年、東大協同組合出版部より『きけわだつみのこえ』が刊行された。大学・旧制専門学校に在籍もしくは繰り上げ卒業して出征し、戦没した学徒兵七五名の遺稿集である。終戦前後の時点で高等教育（旧制高校・専門学校・大学）への進学率は三％程度に過ぎず、したがって、この遺稿集はごく限られた学歴エリートによるものでしかなかった。にもかかわらず、この書籍はベストセラーとなり、年間売上第四位（一九五〇年）を記録した。軍務のために学問を手放さなければならない煩悶と軍隊・戦争遂行への違和感が全体の基調をなしていたが、そのことが、戦争に駆り出され、あるいは肉親を失った国民の悲哀を人々に思い起こさせた。

一九五〇年には、これを原作とした映画『きけ、わだつみの声』（東横映画）が製作された。「聡明で反戦志向の学徒兵」―「悪虐非道な職業軍人」の二項対立図式に基づくこの映画は、遺稿集と同じく大ヒットを記録し、『映画年鑑』（一九五一年版）では「全国封切配収額二〇一五万円という驚異的記録」が特筆されていた。当時経営難に喘いでいた東横映画（のちの東映）は、この映画の大ヒットにより再建の足掛かりをつかむことができた。(2)

もっとも、軍隊批判と「学徒兵の悲哀」の物語は、一面ではGHQ占領下にあった当時の社会状況を反映していた。

占領期には、米軍批判や旧軍賛美の言説は抑え込まれていたが、これらの遺稿集や映画はこうした言論統制のもとで受容可能なものであった。

それだけに、占領終結後にはその反動も見られた。一九五二年四月二八日にサンフランシスコ講和条約が発効し、GHQによる占領が終結すると、東京裁判批判や原爆投下批判、旧軍懐古の言説が多く見られるようになった。そうしたなか、『きけわだつみのこえ』に浮かび上がる学徒兵像への違和感が語られた。特攻隊員の遺稿集『雲ながるる果てに』(一九五二年)の序文では、遺稿集『きけわだつみのこえ』(およびその映画)の「一つの時代の風潮におもねるが如き一面からのみの戦争観、人生観」「思想的に或は政治的に利用されたかの風聞」に言及しながら、「余りにも悲惨なそれのみを真実とするには、〔遺族が〕余りにも呪はれた気持の中に放り出されたのではないか」「当時の散華して行かれた方々の気持はもっと坦々とした、もっと清純なものであった」と記されている。[3]

ちなみに、戦争末期に九州南西沖の海戦で撃沈された戦艦大和に学徒将校として乗り組んでいた吉田満は、『戦艦大和ノ最期』(一九五二年)のあとがきのなかで、「戦争に反撥しつゝも、生涯の最後の体験である戦闘の中に、些かなりとも意義を見出して死のうと心を砕」いたことを回顧し、「若者が、最後の人生に、何とか生甲斐を見出そうと苦しみ、そこに何ものかを肯定しようとあがくことこそ、むしろ自然ではなかろうか」と述べていた。[4] それは、「反戦」の政治主義では必ずしも汲み上げられない心性を物語っていた。『雲ながるる果てに』も、戦没学徒のこうした側面に向き合おうとするものであった。

この遺稿集を編纂したのは、高等教育を経て海軍に入隊した海軍飛行予備学生第十三期の元戦闘機搭乗員とその遺族たちで構成された白鷗遺族会であり、学歴エリートの手記を集めた点で『きけわだつみのこえ』と重なるものであった。しかし、それとは異なる学徒兵像を打ち出そうとする当事者たちの動向が、占領終結期には見られたのである。

この遺稿集は「週刊ベスト・セラーズ」(一般向け書籍)で第六位となるほど好調な売れ行きを見せた。[5] また、一九五三年には家城巳代治監督により映画化もなされた。これは独立プロ作品であったため、大手映画会社ほどの集客は得られなかったが、それでも独立プロ作品のなかでは例外的な六九〇〇万円の配給収入を記録した。[6]

## 2　「戦中派」としてのアイデンティティ

とはいえ、『きけわだつみのこえ』『雲ながるる果てに』のヒットを通して、戦中派という世代区分が生まれたわけではない。むしろ、アヴァン・ゲールとアプレ・ゲールという世代区分が一般的だった。アヴァン・ゲールは、戦前・戦中期の思想・生活態度を保持する世代を指し、アプレ・ゲールは、終戦後の若者の放恣で退廃的な傾向を意味していた。

陸軍士官学校を経て近衛連隊に士官として勤務した村上兵衛は、戦後四年ほどを経過した時期に友人に「ぼくらはダン・ゲール(戦中派)だな」と言ったところ、その友人は「おれはアヴァンだ」と言い張ったという。[7] アプレ・ゲールという言葉には、若い世代に対する軽侮のニュアンスがあったため、その友人は「おれは大人だ」ということを強調すべく「アヴァン」であることに固執したのだろう。だが、裏を返せば、「アプレ」でも「アヴァン」でもない「ダン・ゲール」(戦中派)という世代区分は、その世代の者たちにおいてもさほど認知されていなかった。

だが、一九五〇年代後半にもなると、徐々に「戦中派」というカテゴリーが社会的に認識されるようになった。『中央公論』(一九五六年三月号)には座談会「戦中派は訴える」が掲載され、翌月号には村上兵衛「戦中派はこう考える」が発表された。座談会「戦中派は訴える」では、司会の大宅壮一が「僕には、皆さん方三十代のところに一番大きな断層が発生しているように思えます。そしてこの年代を「戦中派」という言葉で呼びたいと思うのです」と述べている。[8] 一九五〇年代後半になって、当時三〇歳代で、かつて戦場に最も多く動員された一九二〇年代前半生まれの世代を「戦中派」として括る認識が生まれてきたのである。

大正末期生まれの戦中派世代は、小学校時代に満洲事変、五・一五事件、天皇機関説排撃事件、二・二六事件が勃発し、旧制中学・高等学校・大学の時期は、日中戦争・太平洋戦争と総動員体制の時代に重なっていた。必然的に、大正デモクラシー期に青春期を過ごした年長世代に比べれば、自由主義的な教養文化にふれることは明らかに困難であり、国家主義に囲まれた思春期・青春期を過ごさざるを得なかった。他方で、戦場に動員されることのなかった一九三〇年代以降の生まれの世代は、少年期に戦時から戦後への価値転換を経験しつつ、青春期にデモクラシーや自由主義、共産主義にふれることができた。折しも、こうした戦後になって精神形成を果たした戦後派世代が文壇に台頭しつつあったのが、一九五〇年代後半の時期であった。石原慎太郎(一九三二年生まれ)や大江健三郎(一九三五年生まれ)は、その代表的な存在である。

そのようななかで、戦中派世代は前後の世代との相違や距離を感じ、「自信のなさ」を自覚するようになった。一九二三年生まれで、戦時期を勤労動員のなかで過ごした遠藤周作は、先の座談会「戦中派は訴える」のなかでこう語っている。

> 戦争の傷は、十年くらいするとはつきりでてくる。自信がないというのは、けつして気持の問題ではないのであつて、僕らの場合、仕事の上で一番根幹となる技術的な勉強が不十分だつた結果が、戦前派と、そろそろ育つてきた戦後派との間にはさまれて、はつきりでてきているように思われる。つまり、ものの用に立ちうべしとも思われずという感じがいろいろな面でするのです。(9)

前後の世代に比べた「教養」ひいては「自信」の欠如を自覚するところから、「戦中派」という世代のアイデンティティが導かれていたのである。

## 二　体験への固執

### 1　体験の語り難さ

「自信の欠如」は、彼らの戦争体験を振り返ることにも密接に関わっていた。上智大学在学中に学徒出陣で徴兵され、玉音放送の日に朝鮮半島国境部でソ連軍との激戦を経験した評論家の安田武は、戦中派世代の心性を以下のように語っていた。

〔戦中派の〕求道的な姿勢と誠実主義の過剰についてはすでにふれた。生き残った戦中世代は、「戦後」から、その誠実主義を裁かれねばならなかった。誠実主義故の戦争協力。自己のおかれた運命に、忠実に誠実に応えようとした姿勢自体を裁かれねばならなかった。否、自ら裁かねばならなかった。しかも、たくさんの同世代の不在と空白。彼等は愧じ、沈黙した。疲労感と共犯意識が、生き残った戦中世代を少しニヒルにしていた。(10)

前述した吉田満が述べたように、「戦争に反撥しつゝも、生涯の最後の体験である戦闘の中に、些かなりとも意義を見出して死のうと心を砕」いた学徒兵は少なくなかった。だが、裏を返せば、それは戦中派が無垢な犠牲者ではないことをも意味していた。たとえ学徒出陣が強制されたものだったとしても、戦争に加担・協力した過去は、自責と恥辱の念をかきたてた。こうしたアンビバレントな心情が、上記の安田の記述に綴られていた。同じ世代の丸山邦男（丸山眞男の実弟）も、座談会「戦中派は訴える」のなかで「あの当時僕らは、社会の指導的役割をなんにも果していなかつたから、戦争責任は僕らには全然ない、とは思います。しかし、実際には、軍国主義教育で育てられ、戦争を第一線で戦つてきたし、中には残虐行為で責任を問われた人もいるので自信がない」と語っていた。[11]

その一方で、彼らは軍隊のなかで凄惨な暴力にさらされ続けた経験も有していた。安田は著書『戦争体験』(一九六三年)のなかで、「〔兵営のなかで上官に〕いじめぬかれ、小づきまわされ、「陛下」の銃床で殴られ、馬グソを喰わされ、鉄鋲のついた編上靴ではり倒され、血を流し、歯を折られ、耳を聾され、発狂し、自殺した同胞」に言及しているが、それは安田自身の体験と大差はなかった。[12] 必然的に、軍隊の暴力と組織病理に対する憎悪には、根深いものがあった。

それだけに、彼らが往時を思い返す際には、自責や恥辱、怒り、悔恨といった複雑な感情がつきまとった。そのことは、戦争体験の語り難さにつながった。安田武は『戦争体験』のなかで、体験を語るうえでのもどかしさを、以下のように綴っている。

戦争体験は、ペラペラと告白しすぎたために、ぼくのなかで雲散霧消してしまったのではなく、それは、却って重苦しい沈黙を、ぼくに強いつづけた。戦争体験は、長い間、ぼくたちに判断、告白の停止を強いつづけたほどに異常で、圧倒的であったから、ぼくは、その体験整理の不当な一般化を、ひたすらにおそれてきたのだ。抽象化され、一般化されることを、どうしても肯んじない部分、その部分の重みに圧倒されつづけてきた。[13]

戦争体験は、「抽象化」「一般化」ができるようなものではなく、断片的なものの集積であり、単一の意味や物語に回収できるものではなかった。戦争体験は当事者ごとに多様であるばかりではなく、個々の体験者においても、自らの体験をすっきりと「整理」することは困難だった。安田は戦争体験のこうした側面にこだわり、「その部分の重み」や「重苦しい沈黙」に向き合おうとした。

村上兵衛も、元特攻隊員の脚本家・須崎勝彌との対談のなかで、「いちばんひどい戦闘を、やって来た連中なんですが、もう彼らは戦争のことは思い出したくないといいますね。いやだという。そんなにひどくない、一歩手前の戦闘をやった連中は、それに対して「お前はいい体験をしたよ」といえるんですね。微妙な別れ目だと思います」と語っていた(14)。そこにも、饒舌に体験を語る軽薄さとの対比で、語り難い体験の重みが指摘されていた。

## 2　「反戦」との齟齬と「政治の季節」

戦中派の戦争体験論には、六〇年安保闘争との相容れなさも見られた。

日米安全保障条約の改定を進めた岸信介政権は、警官隊を国会に導入して条約案の強行採決をはかるなど、強引な政治手法が目立った。それは国民的な憤激を招き、一九六〇年六月一五日には、ストやデモに全国で五八〇万人が参加した。同日、国会に突入した全学連主流派が警官隊と衝突するなか、東京大学学生・樺美智子が死亡すると、反対運動はさらなる高揚を見せ、条約批准前の六月二二日には全国で六二〇万人が統一行動に参加した。

安保闘争は、人々に戦争の記憶を呼び起こすものでもあった。首相の岸信介は、満洲国実業部次長を経て、開戦時の東條内閣で商工大臣を務め、終戦後にはA級戦犯容疑で逮捕されていた。それに加えて、新安保条約が旧条約の不平等性を緩和しようとするものであったとはいえ、米軍基地貸与の有効期限は一〇年もの長期に及んだ。アメリカに防衛義務を課す代わりに、日本は国内の米軍基地が攻撃された場合には、日本が攻撃されたとみなして対処することも盛り込まれたが、それは日本が再び戦火に巻き込まれる可能性を示唆するものであった。安保闘争が高揚した背景には、これらをめぐる反感があった。

当然ながら、安保闘争はしばしば往時の戦争体験と結び付けて論じられた。『きけわだつみのこえ』刊行を契機に創設された日本戦没学生記念会(わだつみ会)も、安保条約改定に反対する旨の請願文を、一九六〇年五月に衆参両議院に提出している。

だが、安田は戦争体験を政治運動に結びつける思考法につよい違和感を抱いていた。

戦争体験の意味が問われ、再評価され、その思想化などということがいわれるごとに、そうした行為の目的のすべてが、直ちに反戦・平和のための直接的な「行動」に組織されなければならぬ、あるいは、組織化のための理論にならねばならぬようにいわれてきた、そういう発想の性急さに、私はたじろがざるを得ない[15](傍点は原文通り)。

安田にとって、戦争体験は「反戦・平和のための直接的な「行動」」のために利用されるべきものではなかった。そうした営みは、戦争体験のごく一部を切り出して、政治的な運動やイデオロギーの道具として流用することにほかならず、ひいては、複雑で言葉にしがたい体験の全体性を直視することから逃避するものでしかなかった。六〇年安保闘争が高揚するなか、運動に都合よく戦争体験を流用する動きが広がることを、安田は懸念していた。安田自身、安保改定問題に関心がなかったわけではなく、デモに参加することもあった。しかし、あくまで現実政治と語り難い戦争体験は、切り分けられるべきものであった。

安田は、日本戦没学生記念会の常務理事を務めていたが、そのわだつみ会自体が、かつてイデオロギーに翻弄された歴史を有していた。一九五〇年に創設されたわだつみ会は、当初は学生運動団体の色彩が濃かった。ことに日本共産党の影響をつよく受けていただけに、共産党の内紛に振り回され、一九五八年にいったん自然消滅した(第一次わだつみ会)。それへの反省に立って一九五九年に再建されたのが、第二次わだつみ会であった。体験の語り難さにこだわる安田の議論は、六〇年安保闘争のみならず、政治主義に振り回されがちだった戦争体験論の過誤を見据えたものであった。

それは、体験や思想を「有効性」という尺度で測ることへの反感にもつながった。レイテ戦で撃沈された戦艦武蔵に乗務していた渡辺清は、一九六七年の座談会で、「戦後派の若い人達は思想をいつも何か有効性において測っていこうとするように思う。その点僕はいつもひっかかるんです。それは僕の戦争体験からくる思想の空しさみたいなものだろうと思う。有効性で測ろうとすると案外もろいのではないかと思うわけです」と語っていた⑯。運動のための「有効性」の観点からのみ、戦争体験を読み解こうとすることは、明らかに体験を自らに都合よく利用することにほかならなかった。

## 3　若い世代の苛立ちと「現代の立場」というアジェンダ

だが、戦後派や戦無派（終戦後に出生した世代）といった若い世代は、戦中派の議論にしばしば反感を抱いた。第二次わだつみ会の機関誌『わだつみのこえ』（第二号、一九六〇年）の「一橋大学〝不戦の集い〟経過報告」では、「戦中派の実感からくる体験を同情的にみたりするようなセンチメンタリズムには我慢ならない。われわれ学生には現在の反動的改活（ママ）状況をラヂカルに打破していく使命がある」という意見が紹介されていた⑰。一九六六年のわだつみ会シンポジウムでは、ある大学生が「我々にとって、戦後体験と切りはなされたかたちで戦争体験が出されるかぎり、いつまでも不可解なものとしてとどまらざるを得ないと思います。現実に起きているさまざまな問題、たとえば日韓問題、そういった問題に即して戦争体験が語られるべきではないかと思うのです」と発言していた⑱。

一九六〇年代は、六〇年安保闘争はじめ、日韓基本条約問題、ベトナム反戦運動、沖縄返還問題、大学紛争など、政治的な運動が盛り上がりを見せた。そして、これらの運動をおもに担ったのは、若い世代であった。六〇年安保闘争で国会に突入したのは、全学連主流派の学生たちであったし、大学紛争や佐世保闘争は明らかに学生たちを中心とした運動だった。これらに共鳴し、コミットする若い層からすれば、戦争体験を運動やイデオロギーに結びつけることを拒む戦中派の姿勢は、彼らの活動を否認するもののように映った。戦後派の古山洋三も、一九六四年に行われた日本戦没学生記念会の座談会のなかで、「戦中派の中には、戦後のいろいろな過程ではじきだされて戦争体験に閉じこもってしまい、ぼくらと通路がないようなところに入ってしまっている人がいるんじゃないか」「何か八ッ当り的に戦後派の若い奴にも、あるいは平和運動をやっている人達にも当っている」と述べているが、それは若い世代の戦中派世代への苛立ちを如実に示していた⑲。

こうしたなかで、若い世代がしばしば強調したのは、「現在」の視点から過去の体験を捉える必要性である。一九三五年生まれの仏文学者・高橋武智は、一九六五年の文章のなかで、「現在と絶縁して戦争体験にのみ没入していこう」とする態度は「体験自身が風化し変質してしまう」状況をもたらすとしたうえで、「あくまで現代の立場に立って、時々刻々過去をとらえなおすことによってのみ、──体験を意識化するとはこのことにほかならない──体験はたえずよみがえり、新しい価値を賦与される」と述べている⑳。高橋はベトナム反戦運動に深く関わり、のちに脱走アメリカ兵の国外逃亡を支援した。その高橋にとって、戦争体験はあくまで「現代の立場」から時々刻々と読み替えられるべきものであった。

安田武ら戦中派は、過去の体験の一部ではなく、あくまでその総体を当時の文脈に即して、そして一切の見過ごしを排して、理解することをめざした。安易な「抽象化」「一般化」を拒絶し、その時々の政治主義に直結することを拒んだのも、そのゆえであった。しかし、高橋ら若い世代の議論はそれとは異なっていた。あくまで「現代の立場」からの有効性が出発点にあり、その意味で、体験のある側面に着目することを許容する論理であった。

## 4 靖国を拒絶する死者

ただ、「過去」の体験の総体にこだわる戦中派の議論は、反戦運動のイデオロギーばかりではなく、「戦争賛美」やあらわれていた。

「死者の顕彰」に対する批判にもつながった。靖国神社国家護持問題に対する安田らの議論には、そのことが如実にあらわれていた。

日本遺族会は、国家的な戦没者顕彰を実現すべく、一九五〇年代後半ごろから靖国神社国家護持を訴えるようになり、自民党に働きかけた。自民党は一九六三年に「靖国神社国家護持問題等小委員会」を設置し、一九六九年から七三年にかけて五度にわたって国会に靖国神社法案を提出した。[21] この動きに対する社会的な反発は大きかった。政教分離規定への抵触や国家神道の復活、戦争賛美につながることに対する懸念から、宗教界や教育界では根強い反対が見られ、結果的に法案が成立することはなかった。

安田武らも靖国国家護持には批判的だった。だが、その根拠は信教の自由や政教分離のみにあったのではない。むしろ、死者の心情を突き詰めた先に、国家護持批判を導いていた。安田は「靖国神社への私の気持」(一九六八年)の末尾において、次のように記している。

最後に、もうひとつ遺族の方たちにおたずねしておきたいことがある。戦没者たちは、「戦死すれば靖国の神」となることを、ほんとうに信じ、ほんとうに名誉としていたのだろうか。私には、靖国神社に合祀されることを、つよく拒否している戦没者の声が、聞えてきてならぬように思えるのだが。……[22]

前述のように、安田は上官や古年兵に「いじめぬかれ、小づきまわされ、「陛下」の銃床で殴られ、馬グソを喰わされ、鉄鋲のついた編上靴ではり倒され、血を流し、歯を折られ、耳を聾され、発狂し、自殺した同胞」を目の当たりにし、また自らも同様の経験を有していた。それだけに、安田にとって「靖国の神」として死者を祭り上げることは、彼らの情念を覆い隠す行為にほかならなかった。

一九二二年生まれの橋川文三も、国家による顕彰を拒むであろう死者の心情にふれている。橋川は「靖国思想の成立と変容」（一九七四年）のなかで、「自分の死が恐しいのではないのです。ただ、現在のような日本を見ながら死ぬことは犬死だとしか思えません。むしろ大臣とか大将だとかいってデタラメなことばかりしている奴どもに爆弾を叩きつけてやった方が、さっぱりして死ねるように思います」という特攻隊員の記述を引きながら、「靖国に祀られることを快く思わないはずの「英霊」」の存在について、こう記している。

靖国を国家で護持するのは国民総体の心理だという論法は、しばしば死に直面したときの個々の戦死者の心情、心理に対する思いやりを欠き、生者の御都合によって死者の魂の姿を勝手に描きあげ、規制してしまうという政治の傲慢さが見られるということです。歴史の中で死者のあらわしたあらゆる苦悶、懐疑は切りすてられ、封じこめられてしまいます[23]。

そこでは、死者の遺念に寄り添うことの延長に、靖国国家護持への違和感が綴られている。死者を顕彰することが、死者の苦悶や懐疑を削ぎ落としてしまう。橋川はこうしたポリティクスを国家護持運動のなかに見ていたのである。死者を讃えることは、彼らによる国家批判の契機を削ぐことでもあった。同じ文章のなかで、橋川は、死者をいたずらに顕彰することが、「二百万にのぼる第二次大戦の死者の思いが、日本の国家批判の怨霊としてよみがえることを封じ込めようとしている[24]」と述べている。橋川にとって、死者を美しく、心地よく語ることは、怨念に根差した死者の批判から目をそらすことにほかならなかった。

日本遺族会や自民党が主導した靖国神社国家護持運動は、「死者の思い」をその根拠としていた。だが、安田や橋川にとって、それは当事者の複雑な心情や怨恨を削ぎ落とし、生者が死者を都合よく流用するものでしかなかった。

安田らは戦争体験の語り難さにこだわり、その細部をもゆるがせにすまいとしたが、そのことは、「反戦」の政治主義に戦争体験が流用されることを拒むものであったのと同時に、死者を持ち上げることで国家の責任を不問に付す動きにも抗するものであったのである。

## 三　断絶と「被害者意識批判」

### 1　「加害」をめぐる問い

とはいえ、戦中派のこうした議論は、下の世代には共感されなかった。安田武は『戦争体験』(一九六三年)のなかで、「継承したくない、と思っている者に、是が非でも伝承しなければならぬ、と意気ごむような過剰な使命感からは、ぼくの心はおよそ遠いところにある」「戦争体験から何も学びたくないと思う者、あるいは何も学ぶことはないと考える者は、学ばぬがよい」と述べていたが[25]、それに対して高橋武智は、「その勝手たるべしという同じ事は、伝承するつもりがあるのかないのか、伝承する側にとっても同じだと思うので、伝承する気のない人の戦争体験は私は返上したい、受け取る気はない」と反発した[26]。

一九四一年生まれの教育学者・長浜功も、一九八二年の座談会「わだつみ会の活動を考える」において、「ぼくも体験世代の人とある意味ではつながって行きたいと思うけれども、あまり体験を重視するという形ではなくて会と関わって行きたい」「八・一五や一二・一不戦の集会に出てみますと、発言はやはり若い世代より圧倒的に体験世代が多い。そういう状況をみていると、やはりぼくの望んでいる会の雰囲気とはちょっと違う」と語っていた[27]。体験を振りかざす(ように見える)戦中派世代への違和感をうかがうことができよう。

一九六九年五月二〇日には、立命館大学に置かれていたわだつみ像が全共闘系の学生らによって倒壊された。これは、戦中派と下の世代との断絶を如実に物語る事件であった[28]。

こうしたなか、戦中派に向けられたのが「被害者意識批判」であった。ある大学生は、一九六四年の座談会「わだつみ会の今日と明日」において、安田武の議論を念頭に置きながら「わだつみ会の根底に一つは被害者意識というものがあると思うのですが、戦争体験を被害者意識だけで受けとめることに非常に疑問があるわけです。やはり自分の方に責任のとり分があるんじゃないか」と述べていた[29]。高橋武智も、一九六五年のシンポジウムにおいて、「やはり一言で言えば、被害者意識でものを言うことでは何も出て来ないのではないか」と発言している[30]。

これは一面では、戦後派・戦無派が戦中派に対して優位に立つためのロジックでもあった。戦後派・戦無派世代は、戦場体験を持たない分、戦争体験を論じるうえで、戦中派の劣位に置かれがちだった。先の長浜の「発言はやはり若い世代より圧倒的に体験世代が多い」「あまり体験を重視するという形ではなくて会と関わって行きたい」という発言は、体験を有することで優位に立ちがちな戦中派世代への反感をあらわすものであった。だが、裏を返せば、若い世代は軍隊や戦場で暴力を振るった経験はなく、直接的な加害責任・戦争責任はなかった。それに対し、軍務経験を有する戦中派は、軍隊や戦地で直接的に暴力をなしたかどうかはさておき、戦地でさまざまな暴虐事件を引き起こした日本軍の一員であった。それはすなわち、戦中派に比べれば、戦後派・戦無派には暴力の汚点がないことを意味していた。体験の面で劣位にあった戦後派・戦無派は、そのゆえに戦争協力の過去を有する戦中派に対して優位に立つことができた。戦中派の「被害者意識」を指弾し、彼らを問責できたのも、そのゆえであった。「被害者意識」を批判することは、戦中派と若い世代のヒエラルヒーを反転させることでもあったのである。

もっとも、加害責任を問う議論が生まれた背景は、それだけではなかった。激化するベトナム戦争は、四半世紀前の日本軍の暴力を批判的に思い起こさせた。一九六五年に米軍が北爆を開始すると、ベトナム戦争の模様は日本の新聞・テレビでも連日、多く報道された。一九六五年五月九日の『ベトナム海兵大隊戦記・第1部』(日本テレビ「ノンフィクション劇場」）では、南ベトナム政府軍に殺害された解放戦線の少年の頭部が映し出されて、反響を呼んだ。このことは、アメリカを支持し、その後方基地と化していた日本のありようを問いただすだけではなく、かつて東アジアで同様の暴力を振るった旧日本軍を思い起こさせた。そうしたなか、在韓被爆者や沖縄集団自決をめぐって、日本軍の暴力や植民地責任が問われるようになった。

ベ平連を通してベトナム反戦運動に深く関わった小田実は、同時期の評論を収めた『「難死」の思想』（一九九一年）のなかで「加害者意識」を論じたが、その背景にもこれらの状況があった。以下の記述は、その問題意識を物語っている。

一九四五年の「敗戦」に終る日本の近代の歴史は、つまるところ、殺し、焼き、奪ったはての、殺され、焼かれ、奪われた歴史だった。その歴史の展開のなかで、日本人はただ被害者であったのではなかった。あきらかに加害者としてもあった。被害者でありながら加害者であった、と言うのでは、それはむしろなかった。被害者であることによって、加害者になっていた。そのありようは、召集されて前線に連れて行かれる兵士のことを考えてみれば容易にあきらかになることだろう。彼は、彼の立場から見れば、被害者だが、彼は前線で何をするのか。銃を射って、「中国人」を殺した。そこで、彼はまぎれもなく加害者だった。加害者になっていた。[31]

そこでは、「被害」と「加害」が複雑に絡まり合うさまが指摘されている。ベトナム反戦運動の盛り上がりは、旧日本軍の「加害」を問うことにも接続していたのである。

## 2　戦中派の「加害責任」論

だが、「被害者意識」を批判された戦中派が、じっさいに「戦争協力」の問題を見過ごしていたのかというと、必ずしもそうではない。安田武にしても、前述のように、「自己の置かれた運命に、忠実に誠実に応えようとした姿勢自体を裁かれねばならなかった。否、自ら裁かねばならなかった」と述べていた。一九二五年生まれの作家・大城立裕も、一九八三年の著作のなかで、東亜同文書院大学予科（上海）在学中のフィールドワークに小銃を持った日本兵が同行し、「軍米収買」に従事した折のことを回想しながら、「「日中友好のために」という建学の精神をまったく裏切る」うしろめたさを記していた[32]。

なかでも渡辺清は、天皇の戦争責任を自らの責任とも絡めながら、積極的に議論を展開した。渡辺は天皇信仰の篤さゆえに、高等小学校卒業後に海軍を志願して入隊した。戦艦武蔵が沈められる激戦を経てもなお、天皇崇拝の念は変わらなかったが、終戦後、マッカーサーと天皇が並んで写った初会見時の写真を見て、渡辺は激しい怒りを覚えた。

僕はすべてを天皇のためだと信じていたのだ。信じたが故に進んで志願までして戦場に赴いたのである。〔中略〕それがどうだ、敗戦の責任をとって自決するどころか、いのちからがら復員してみれば、当の御本人はチャッカリ、敵の司令官と握手している。〔中略〕

僕は羞恥と屈辱と吐きすてたいような憤りに息がつまりそうだった。それどころか、いまでも飛んでいって宮城を焼き払ってやりたいと思った。〔中略〕できることなら、天皇をかつての海戦の場所に引っぱっていって、海底に引きずりおろして、そこに横たわっているはずの戦友の無残な死骸をその目に見せてやりたいと思った[33]。

こうした情念を抱えながら、渡辺は一九六〇年代半ば以降、天皇の戦争責任を問う論考を多く発表し、わだつみ会機関誌において「天皇問題特集」を幾度も手掛けた。

だが、それは自らの責任を問うことにも直結していた。渡辺は『砕かれた神』(一九七七年)のなかで、こう記している——「おれは天皇に裏切られた。欺された。しかし欺されたおれのほうにも、たしかに欺されるだけの弱点があったのだと思う」「天皇に裏切られたのは、まさに天皇をそのように信じていた自分自身にたいしてなのだ。現実の天皇ではなく、おれが勝手に内部にあたためていた虚像の天皇に裏切られたのだ。言ってみれば、おれがおれ自身を裏切っていたのだ。自分で自分を欺していたのだ」[34]。国家(元首)を指弾する論理と自らの戦争責任を問う論理は、そこでは表裏一体であった。

それはさらに、戦地での「加害」の問題を考えることにもつながっていた。渡辺は海軍で戦艦に乗り組んでいたため、中国大陸や太平洋島嶼部で現地住民に直接暴力を振るったことはなかった。しかし、だからと言って渡辺は「加害」と無縁だとは考えていなかった。渡辺は「私の戦争責任」(一九六〇年)のなかで、中国戦線での日本軍の暴虐を綴った手記(『三光』など)の読後感を以下のように綴っている。

　これらの訴えや告白の中に私は戦場にあった自分の姿をまざまざと見た。見ないわけにはいかなかった。私は読みながら何度かめまいを感じた。私がもし彼らと同じ立場に居合わせたなら、私もやはり同じ非行を避けることはできなかったろう、と思えたからである。事実、そうしないという確かな保証は、当時の私のどこをさぐってもありはしないのだ。私が非行をまぬかれたのは、それこそきわどい偶然の救いだけである。偶然、私がその場に居合わせなかったというだけの……[35]。

渡辺にとって、中国戦線での日本軍の蛮行は自らに全く無関係なものではなかった。「告白するが私も下の兵隊を殴ったことがある。それも一度や二度ではない」「そのような私がどうしてすべての非行から自由であり得ただろうか」[36]――軍のなかでの不文律や自らの行動を顧みたならば、「加害」の問題は渡辺自身の問題でもあった。

ちなみに、渡辺のこの文章は、わだつみ会に入会した際に記したものである。渡辺にとって、戦争体験を問うことは戦争責任を考えることであり、かつ、自らが実際になしたことだけではなく、状況が変われば自分も犯したかもしれない罪を問うことでもあった。

## 3　「断絶」の風化

これらの戦中派の議論は、小田実の思想にも通じるものがあった。前述のように、小田は「被害」と「加害」が分かちがたく絡み合う状況を論じたわけだが、そのきっかけは、米軍が撮影した空襲の写真を「アメリカ軍飛行士の位置から見」ていることに気づいたことだった。小田はキャプションを見て、かつて自らが逃げ惑った大阪空襲の写真であることに気づいたことの驚愕にふれながら、「そのことは、一歩を進めれば、私が平然と爆弾を落し、煙の光景を現出した下手人になり得たということではないのか」「私はそれまですべてを加害者の眼で、見ていたのではないか」[37]と述べている。「被害」と「加害」の絡み合いを問うことは、自らを「加害」から免責された者として位置付けるのではなく、むしろ、自らも犯したかもしれない「加害」を追及することであったのである。

だが、彼らの議論を除けば、こうした視角から「加害」が論じられることは少なかった。戦後派・戦無派による「被害者意識批判」は往々にして、体験の語り難さにこだわる戦中派の議論を封じるものとなった。必然的に、戦中派と戦後派・戦無派の論争は平行線をたどり、「戦争体験の断絶」が多く言われた。わだつみ会のシンポジウムや座談会でも、前述のように「戦争体験から何も学びたくないと思う者、あるいは何も学ぶことはないと考える者は、学ばぬがよい」「伝承する気のない人の戦争体験は私は返上したい」といった感情的な言葉がぶつけられることが多かった。わだつみ像破壊事件翌日の『朝日新聞』（一九六九年五月二一日）の社説「戦没学生に声あらば……」では、「少なからぬ学生たちが、大人たちを問罪する。いやなら何故、戦場から逃亡しなかったのか。どうして銃を捨てなかったのか。そうしなかったところをみると、みんなファシストだったに違いない――彼等の論理は飛躍する」と綴られていた。戦争体験をめぐる世代間の相容れなさが、そこには浮かび上がっていた。

そうした状況に嫌気がさしたのか、一九七〇年代に入ると、戦争体験をめぐる安田武の発言は総じて少なくなり、『芸と美の伝承』(一九七二年)、『型の文化再興』(一九七四年)、『続・遊びの論』(一九七九年)など、日本の芸能文化に関する著述が多くを占めるようになった。わだつみ会のシンポジウムや座談会への登壇も、ほとんど見られなくなった。渡辺清は一九七〇年からわだつみ会の事務局長を務め、「天皇の戦争責任」の問題から派生して、植民地責任や女性の戦争協力など、同会の議論の幅を広げることに貢献した[38]。だが、かつて若い世代を苛立たせた「戦争体験の語り難さ」が論じられることは少なくなり、したがって世代間の対立がことさらに表面化することもなかった。かくして、六〇年代末とは異なり、「戦争体験の断絶」は徐々に社会的に見えにくいものとなった。

## 4　「加害」と「顕彰」の二項対立

その一方で、加害責任や戦争責任はたびたび社会的な争点となった。靖国神社は一九七八年の秋の例大祭において、A級戦犯刑死者・獄死者一四名を合祀したが、翌年四月一九日の『朝日新聞』の報道でこのことが明らかになると、国内外のつよい非難にさらされた。ことに、一九八五年八月一五日に中曽根康弘首相が「首相としての資格において」参拝した際には、アジア各国からの反発は大きかった。

一九八二年には、歴史教科書問題がヒートアップした。日本の版図拡大をめぐる高校教科書記述において、文部省検定を通して「侵略」から「進出」に書き換えられたことが全国紙で報じられると、それは立ち所に外交問題に発展した。じっさいには、中国戦線に関する書き換えは誤報であったが、東南アジアについては「侵略」から「進出」への変更がなされ、朝鮮三・一独立運動(一九一九年)についても「暴動」に改められていた。

こうした動きは、戦争責任や加害責任をめぐる論争を喚起した。当時、A級戦犯合祀や靖国神社公式参拝問題への批判が強まるなか、多くの教科書では南京事件や朝鮮人強制連行が取り上げられるようになっていた。それに対して自民党機関紙『自由新報』は、一九八〇年一月より教科書批判キャンペーンを展開していた。教科書問題をめぐる論争は、こうした「加害」と「顕彰」の二項対立を前景化させたが、裏を返せば、そこでは「被害か加害か」が焦点化されたわけではなかった。

一九九五年には、村山富市内閣が国会採択を目指した「戦後五〇年決議」が論争を引き起こした。そこでは、アジア諸国への加害責任や植民地責任を認めようとする社会党・新党さきがけと、「大東亜戦争は自衛の戦争だった」と主張する自民党保守派・新進党が激しく対立した。戦後の歴史教育をアメリカ占領軍が押し付けた「自虐史観」として批判する「自由主義史観」も台頭し、「日本人の誇り」を持てる「国家の正史」の樹立を主張した。

この動きの背景には、冷戦終結後、アジア諸国から日本の加害責任を問う動きが強まったことがあった。冷戦体制下では、日本を共産圏に対する防波堤とすべく、アメリカは日本に経済復興と自衛力増強を求めた。被害国への補償においても、賠償額は低く抑えられ、かつ、その多くは「経済協力」という形式が採用された。これは、戦後の日本企業がアジア諸国に経済進出する足掛かりともなった。そのことは、戦後アジアの親米開発独裁政権を支えることにも直結しただけに、アメリカの意向も相まって、現地住民の「個人賠償請求」は抑え込まれがちだった。冷戦終結は、このような状況を転換させた。元従軍慰安婦らによる賠償請求(一九九一年)を契機に、「従軍慰安婦問題」が国内外で大きな争点となったのも、そうした背景による。

とはいえ、「加害」と「顕彰」が二項対立する輿論のありようは、一九七〇年代後半以降、大きな変化はなかった。戦中派と戦後派・戦無派の「断絶」が見られたころは、「被害者意識批判」つまり「加害と被害の二項対立」が意識されがちだったが、その後、両者の「断絶」が社会的に霞むなか、「加害か被害か」ではなく、「加害か顕彰か」が戦争をめぐる主要な争点となった。むしろ、冷戦終結と戦後五〇年問題の過熱は、この種の二項対立を決定的に抜き差しならないものにしたと言えよう[39]。

だが、これまで取り上げた戦中派の議論を振り返れば、こうした二項対立のなかで削ぎ落とされた論点も浮かび上がってくる。かつてであれば、「加害」の問題は、それをなした者を問いただすだけではなく、「同じ状況に置かれたならば自分も同じ行為をしなかったと言い切れるのか」を問うものでもあった。

また、「顕彰」はともすれば「死者に真摯に思いを寄せる」ことに立脚するかのように語られるが、安田武や橋川文三の議論にもあったように、死者の情念を深堀りする先に、死や暴力を生み出した軍隊組織や国家への問責が導かれることがあった。それはすなわち、「顕彰」の心地よさが死者の憤怒を覆い隠すポリティクスを指し示すものであった。

さらに言えば、体験の語り難さにこだわり、その一切の細部をもゆるがせにすまいとする姿勢は、自らに都合よく体験を流用することを阻むものでもあった。それは、「反戦」の政治主義からも「靖国」「顕彰」の心地よさからも、利用されることを拒む論理であった。

## 5　「継承」という「断絶」

いまとなってはこの種の議論が思い起されることは皆無に近い。そもそも、「記憶の継承」の切迫感が多く言われる一方で、「何がいかにして忘却されてきたのか」が問われることはそう多くない。少なくともメディア言説においては、さまざまな忘却を経た上澄みのようなものが「継承」されているようにも見受けられる。そこでは、「継承」は忘却や風化の謂いでしかない。「加害か顕彰か」の二項対立も、いまだ解ける気配は見られない。「慰安婦問題」

「靖国問題」をめぐる議論は、その典型であろう。

情報量の増大の影響も、無視することができない。半世紀も前に比べれば、現代は高度にメディアが発達しており、戦争を扱う出版物やドキュメンタリーは、膨大な量にのぼる。インターネットひいてはSNSが普及したことで、われわれはいつでも、さまざまな議論にふれることができる。だが、情報量の増大が多様な見方にふれる機会を生み出しているのかというと、むしろ実態は逆であろう。「顕彰」に関心を有する人々は、その関心に沿うものを一方的に消費する。逆の立場にある者も、その点では同様である。情報量の増加とアクセスの容易さは、立場が異なる者どうしの相互理解を生むのではなく、むしろ、両者が決定的に相容れない状況を生んでいる。そこでは、異なる立論を拒絶し、非難することはあっても、「なぜ、いかなる背景のもとで異なる立論がなされているのか」が顧みられることはない。そのゆえに、相互の批判はともに相手に届かないものになっている。

その意味で現代は、記憶の忘却や風化が進みながらも、その実態が見えず、情報量の増大も相俟って、イデオロギー的な二項対立が加速されつつある。だが、かつての議論を繙いてみるならば、それとは異なる立論のありようを見ることができる。「死者の情念」を「顕彰」「感銘」の物語としてのみ消費するのではなく、それを突き詰めながら、いかに責任の問題につなげていくのか。「加害」を自らの問題として捉え返すことで、いかに「加害者」の思考に内在的にかつ批判的に迫るのか。かつての戦中派の立論には、今日の「継承」の陥穽こそが透けて見える。

だとすれば、現代のわれわれが直視すべきは「継承」ではなく、「断絶」ではないだろうか。いまのわれわれに心地よい「継承」の消費を繰り返すのではなく、「いかなる事実や論理、情念がなぜ受け継がれなかったのか」「その断絶を生み出した要因は何だったのか」を問う必要があるように思う。

われわれの「継承」の欲望がいかなる断絶を生み出してきたのか。過去に学ぶことは、こうした断絶の戦後史に向き合うことでもある。

(1) 座談会「わだつみ会の今日と明日」『わだつみのこえ』第二〇号、一九六四年、三九頁。
(2) 拙著『「反戦」のメディア史』世界思想社、二〇〇六年。
(3) 白鷗遺族会編『雲ながるる果てに』日本出版協同、一九五二年、二頁。
(4) 吉田満「戦艦大和ノ最期——初版あとがき」一九五二年(保阪正康編『「戦艦大和」と戦後——吉田満文集』ちくま学芸文庫、二〇〇五年所収、一九二—一九三頁)。
(5) 『読売新聞』一九五二年七月一三日、四面。
(6) 『雲ながるる果てに』(遺稿集・映画)の受容動向や編者・監督の意図の詳細については、拙著『殉国と反逆』青弓社、二〇〇七年参照。
(7) 村上兵衛「戦中派はこう考える」『中央公論』一九五六年四月号、二〇頁。
(8) 座談会「戦中派は訴える」『中央公論』一九五六年三月号、一五四頁。
(9) 同前、一五七頁。
(10) 安田武『人間の再建』筑摩書房、一九六九年、六二頁。
(11) 前掲、座談会「戦中派は訴える」一六〇頁。
(12) 安田武『戦争体験』未来社、一九六三年、一六三頁。
(13) 同前、九二頁。
(14) 村上兵衛・須崎勝彌(対談)「死と、軍人の精神構造」『シナリオ』一九六八年九月号、二六頁。
(15) 前掲『戦争体験』一三七頁。
(16) 座談会「戦記物ブームを考える」『わだつみのこえ』第三九号、一九六七年、三七頁。
(17) 「一橋大学〝不戦の集い〟経過報告」『わだつみのこえ』第二号、一九六〇年、二〇頁。
(18) 「第七回シンポジウム記録」『わだつみのこえ』第三六号、一九六六年、三頁。
(19) 座談会「わだつみ会の今日と明日」『わだつみのこえ』第二〇号、一九六四年、三九頁。
(20) 高橋武智「総会への覚書」『わだつみのこえ』第二七号、一九六五年、一〇頁。
(21) 靖国神社国家護持問題の詳細については、拙著『戦後日本、記憶の力学』作品社、二〇二〇年の第一章「靖国神社、千鳥ヶ淵——「社」と「遺骨」の闘争」を参照。
(22) 安田武「靖国神社への私の気持」『現代の眼』一九六八年二月号、一九九頁。
(23) 橋川文三「靖国思想の成立と変容」『中央公論』一九七四年一〇月号、二三六—二三八頁。

(24) 同前、二三八頁。
(25) 前掲『戦争体験』一四九―一五〇頁。
(26)「第六回シンポジウム報告――戦後二十年と平和の立場」『わだつみのこえ』第三〇号、一九六五年、四一頁。
(27) 座談会「わだつみ会の活動を考える」『わだつみのこえ』第七五号、一九八二年、六一頁。
(28) わだつみ像破壊事件の詳細と、その背後にある「教養主義の没落」については、拙著『「戦争体験」の戦後史』中公新書、二〇〇九年参照。
(29) 前掲、座談会「わだつみ会の今日と明日」四〇頁。
(30) 前掲「第六回シンポジウム報告」四一頁。
(31) 小田実『「難死」の思想』岩波現代文庫、二〇〇八年、三〇六頁。
(32) 大城立裕「光源を求めて」『大城立裕全集』第一三巻、勉誠出版、二〇〇二年、二三四頁。
(33) 渡辺清『私の天皇観』辺境社、一九八一年、一四―一五頁。
(34) 渡辺清『砕かれた神』岩波現代文庫、二〇〇四年、二二〇―二二一頁。初出は評論社、一九七七年。
(35) 渡辺清「私の戦争責任――入会にあたって」『わだつみのこえ』第三号、一九六〇年、五〇頁。
(36) 同前。
(37) 前掲『「難死」の思想』七〇―七一頁。
(38) 詳細は、前掲『「戦争体験」の戦後史』参照。
(39) こうした記憶の力学は、必ずしも戦後日本に限られるものではない。西ドイツにおいてユダヤ人虐殺をめぐる責任が大きく焦点化されるようになるのは、ナチスの戦争犯罪への加担経験がない戦後世代が台頭する一九六〇年代以降のことである。一九七〇年に西ドイツ首相ブラントがワルシャワのユダヤ人ゲットーの追悼碑前で跪いて謝罪の意を示し、一九七九年にナチスの戦争犯罪の時効が撤廃されたのも、こうした流れによる。アウシュヴィッツ収容所跡にしても、当初はユダヤ人というよりは、東欧諸国の市民が抹殺された場として記念されていた。それは、戦後共産圏に入った東ドイツやポーランドの戦争協力の問題を不問に付し、東側諸国をナチスの被害者として共産党支配を正当化するものでもあった。

冷戦終結が「戦争の記憶」を喚起したことも、日本と欧州に通じるものである。共産主義政権が潰え、東側諸国が民主化するなかで、それまで抑え込まれていた「歴史の記憶」が解き放たれるようになった。こうした動きは他の地域にも波及し、一九九五年にはシラク仏大統領がヴィシー政府の対独協力について公式に謝罪した。

もっとも、それへの揺り戻しがないわけではない。ポーランドはドイツに対する損害賠償を訴え、また、二〇一八年にはホロコーストにポーランド民族が加担したことを公的に発言すると刑事訴追の対象となる法案を国会で可決させている。韓国はベトナム戦争での加害(朴正煕による親米軍事独裁政権下においてベトナムに派兵された韓国軍が一万人以上の民間人を殺害したとされる)をめぐって、一九九八年に金大中大統領がベトナムに謝罪の意を表明したが、これは国内保守派からつよい反発を受けている。

こうした動きの背後には、各国の政治的な争点の変化も関わっていた。一九七〇年代以降、先進国において経済・技術の発展や情報・教育水準の向上が達成されたことにより、経済成長や賃上げといった「物質的価値観」が後退し、帰属や承認、アイデンティティ、倫理、個人の尊厳といった「脱物質的価値」が重みを増した。「戦争の記憶」や「戦争責任」の問題も、冷戦終結による国際秩序の変容やグローバル化の進展に伴うナショナル・アイデンティティのゆらぎとも結び付きながら、さまざまな国・地域で焦点化されるようになった。「戦後五〇年」をめぐる村山談話とそれに対する非難や歴史修正主義的な議論の噴出も、一面ではこれらの国際的な動向と重なるものがあった。吉田徹『アフター・リベラル』講談社現代新書、二〇二〇年参照。

# 第5章

# 小林金三と「満洲国」建国大学

## ――『北海道新聞』論説陣を支えた東アジアの視座

根津朝彦

## はじめに

一九六〇年代の日本のジャーナリズム史を位置づける『総括　安保報道』という著作がある。同書で『北海道新聞』は度々、項題の見出しに登場する。「〝反対〟の論調一紙あり――『北海道新聞』」、「批判を貫いた『北海道新聞』」、「ベトナムでも首尾一貫していた『北海道新聞』」といった具合だ[①]。本章は、六〇年安保闘争やベトナム戦争の報道でも、異色の存在感を放った『北海道新聞』の論説がなぜ可能であったのかを、同紙の論説委員の一翼を担った小林金三（一九二三―二〇一〇年）の「満洲国」建国大学体験の視角から明らかにしたい。

『北海道新聞』の戦後ジャーナリズム史を本格的に研究したものは見当たらない。『総括　安保報道』が同紙の論説を検討した数少ない文献であり、筆者が若干触れたにとどまる[②]。当時著名だった須田禎一の評伝や追悼特集はあるが、小林金三の研究に至っては皆無である。小林に注目するのは、建国大学の戦中体験と『北海道新聞』の論説の関係性を通して、ベトナム反戦運動に至る「被害と加害」の架橋を掘り下げることができると考えるからだ[③]。

戦争とジャーナリズムという際に、新聞の戦争責任に関するテーマは多く追究されてきた。しかし本章では、戦後ジャーナリズムの中で日本の戦争責任と関わる形でいかに東アジアの視座が模索されたのかを、『北海道新聞』の論説陣を担った小林金三に探りたい。日本のジャーナリズムでは、占領期から形成された日米関係の強い磁場の下で、東アジアと戦争責任に向き合う認識が乏しかったからである(4)。

異色の論説陣と称され、戦争責任の問題意識を持続した『北海道新聞』と、小林金三を通して、これまであまり掘り下げられなかったジャーナリストの戦争体験の戦後認識に迫ることができる。言論界における従来の研究対象は、総合雑誌に代表される知識人の戦争体験が中心になりがちであった。戦争体験のとらえ返しが新聞の社論で表出されることは、一知識人の論考レベルではなく、論説委員間の最大公約数的な問題意識と認められ、社会的影響力という意味でも重要である。さらに小林の建国大学という体験の独自性と、建国大学研究でも個々の学生の体験にまで迫った研究が少ないことも戦争と社会の研究で新しさを加味する点である。

小林金三は、論説委員の在任期間が非常に長く、論説委員室の最高責任者である論説主幹を担ったことからも論説陣の分析対象として適任である。小林が残した主な文献は、単著五冊、画集二冊があり、その他に自伝的な回想文がある(5)。なお主要な五冊の単著を本章で言及・引用する場合は、書名(『ベトナム日記』、『木鶏の記』、『白塔』、『小ば金』、『論説委員室』)と頁数のみを記す。

## 一　北海道の炭鉱育ちと建国大学入学

### 1　生家から養子へ

まず小林の大学入学までの歩みを概観する。幼少期のことは『小ば金』に叙述されている。小林金三は一九二三年七月四日に生まれた。現在の地名でいえば北海道三笠市生まれで、炭鉱育ちである。小学校三年生の夏に養子となり、以降は北海道の岩見沢で育った。

小林は、八男一女の計九人きょうだいの三男で、一女は妹にあたる。小林の実父は「四国の貧乏小作の四男」で、実母フジは「生まれたときから孤児同然」だったようだ。両者は一九一四年に結婚した。父は鍛冶屋を生業とし、磨滅したツルハシの修理には定評があった。小林は小学校に入学する直前の頃に、宙吊りにあって飯場の親方からリンチされている朝鮮人坑夫を目撃している(『小ば金』七五—七六、八七—九一、一四〇頁)。

小林は九人きょうだいの中で勉強ができたのだろう。両親は十分な教育が受けられず、特に小学校四年で学業を終えた母はもっと学校で学びたいという思いが強かった。小林金三は、小林家で教育を受けさせる約束で養子に出ることになった。一九三二年、小学校三年生の一学期が終わった夏の時である(『木鶏の記』九頁、『小ば金』八七、九九頁)[6]。

岩見沢で小林を養子とした、養父は「北陸の小さな自作農の末っ子」で、北海道では造材業を営んだ。養母は結婚前に代用教員をしており、教育熱心だった。小林も養家には行ったことがあり、養子に出されることにさほど抵抗を感じなかった。「いつの間にか朝食の前に机に向って「教育勅語」を大きな声で読むようになっていた。〝よい子〟は近所隣にも評判になり、炭鉱のあかが流し落され町の子へと成長」する[7]。とはいえ養子の立場は当然ながら複雑な感情をもたらした。それは「多くの兄弟たちと別れヤマを去った(逃れた)負い目」がつきまとったからである(『木鶏の記』四五頁、『小ば金』九九—一〇六頁)。

小林が岩見沢中学校(現・岩見沢東高等学校)に入学したのは一九三六年であろう。中学四年(三九年)頃から急速に軍国化が進んだが、それまで北海道は「軍国主義の波」が押し寄せるのが比較的遅く、「まだ少しばかり自由な空気があった」。建国大学で同期の新三期生となる姜英勲(後に韓国の首相)は小林に「君が他の日本人とどこか違っていたのは、たぶん北海道で育ったせいじゃないか」と述べたそうだ(『小ば金』一八、三七七、三八二頁)。

小林は、大学に入るなら理科系を考えていた。ところが一九四〇年の夏、学校の廊下に貼り出された建国大学の学生募集を見て、受験してみようと思い立った。北海道ではただ一人の合格者だった。学費無料ということもあったろうが、「満洲」に渡航しなければならない進学を養父母もあっさりと認めた。小林は「新聞に出るほどの自慢が父母にあったのかもしれないが、すべては時代の流れだった」と振り返っている（『木鶏の記』八―九頁）[8]。

## 2　建国大学での原体験

日本の傀儡国家である「満洲国」に創設された「満洲国立」の建国大学は、一九三八年に開学し、四五年に閉学した。日本の関東軍の統制下にあった大学である[9]。四一年に小林は建国大学（以下、建大とも略記）に新三期生として入学する。一言でいえば、現実の矛盾と欺瞞が集約された国家実験場たる建大で築いた片面的な友情が、小林の原点になった。日本の敗戦後、建大と「満洲国」の矛盾と片面的な友情の実相をとらえ返すことで、自分がいかに生きるべきかを問うことになった。

小林にとっての建国大学は「他の民族学友の存在そのものである。彼らの存在がすべてである。彼らこそいかなる師にもまさる教師」という言葉に尽きる（『木鶏の記』六六頁）。建大入学は一九四一年四月なので、小林がまだ一七歳の時だ。多感な時期に「満洲」の建大で過ごしたことが原体験になるのは当然である。建大は、日系と非日系の学生が共に学び、最多の日本人（少数の朝鮮人と台湾人を含む）、次に多い中国人（主に漢族）、そして少数のモンゴル人と白系ロシア人の学生で構成された。日本、中国、朝鮮、モンゴル、白系ロシアの五族が学ぶとされたが、実際の民族対立は、学生数からも日本人と中国人が中心軸であった[10]。

入学早々一九四一年夏、小林に大きな出来事が生じた。自習室で小説を読んでいたが、集中できない。ふと見ると、学友の閔機植と高大有が朝鮮語で会話をしていた。小林はつい「日本語でしゃべろ！」と怒声を発した。閔は子ども時代の話をしていたので、朝鮮語でないとニュアンスが通じないんだと小林に説明したが、すぐ二人は自習室を退去した（関機植は小林と同期の新三期生で、後に韓国の陸軍参謀総長や国会議員を務める）(11)。結局、小林は二人に謝罪できず、激しい後悔が残った。「人一倍偏見はないと自負していただけに救いはな」く、「彼らに向けた差別と尊大の刃」に苛まされる（『木鶏の記』一八―二〇、六二頁、『小ば金』三七四―三七五頁）。後述する『白塔』という作品で、小林は「〈日本語でしゃべろ〉は俺の悲鳴だった。日本と満洲、日本人と他民族のはざまにいて、非日本を目ざそうとする意識と、日本を脱しきれない宿弊とに打ちのめされた悲鳴だったのだ」と総括した（『白塔』二五九頁）。

翌年の一九四二年一月二九日から約三週間かけて行われた農村実態調査旅行が小林に得難い出会いをもたらした。小林は開原班を選び、「忘れられない三人」を知る。一期生の田中昇と李樹忠、同期の三期生の王国柱である(12)。小林以外の日本人は、田中昇（後の全国農業協同組合連合会常務理事）だけで田中が班長だった。李樹忠は副班長だった。以降、小林は田中に私淑する。さらに李と王が農民に接する優しい態度は大学で見られない光景で、小林は二人にも敬意を深めた（『木鶏の記』二二―二三頁、『小ば金』一三二―一三三、三七〇―三七三頁）。

この農村実態調査旅行でもう一つ大きな出会いがあった。班で訪問した開原城街の女子高等学校で出会った学生の李国民である。小林は彼女の印象が深く、二日後と思われるが、田中と一緒に李国民の家を訪ねた。すぐ後で述べるように、小林は文通を交わすようになり、彼女が「唯一の異性の民族の友」となる（『木鶏の記』二七―三一頁、『小ば金』一三四、三七二頁）。

旅行から帰った翌月の一九四二年三月二日に憲兵隊が建大の中国人学生一三人を「反満抗日分子」と見なして突然検挙した。この日を含め、計一七人の建大学生が逮捕される(13)。この中に、小林と調査旅行で一緒の李樹忠がいたことに、小林は衝撃を受ける。逮捕者一七人のうち一期生は九人、二期生は六人、三期生は二人で、一・二期生が多かった。一・二期生の対日批判の活動に油断があったとみた三期生以下は、一層の地下活動を強める。中国系の学生の中で、一・二期生には国民党から、より働きかけがあり、三期生以下には共産党からの働きかけが強くなったという

(『木鶏の記』四九―五〇頁、『小ば金』二一―二三、三七一頁)。この事態を受け、建大の事実上のトップである副総長の作田荘一は同年六月に辞任した。新たに陸軍中将の尾高亀蔵が副総長となり、尾高は学問への理解もなく、学内の空気は一変する。[14]

小林は、開原で知り合った李国民との文通によっても自らの認識の甘さを感じ始める。月一回ほどの文通で、小林は身辺雑記的な内容であったのに対して、李からは「極めて厳しい現実批判が多かった」。李の便りには「日本人はずるいよ」という書き出しで、朝鮮人による交番焼き討ちなど、小林の知らない「満洲国」の実態が書かれていた。「日本語でしゃべろ」事件、李との文通を経て「自分が正当な満洲国国民の一人になるにはどうすべきか」小林は考えるようになった。小林は、父に「もしかしたら私は満洲人女性と結婚するかもしれません」と理解を求める手紙も送っている(『木鶏の記』三二―三四、四二頁、『小ば金』三四頁)。

つまり小林にとって李国民との文通が、戦後のとらえ返しの一歩になっていく。「満洲国」の現実と欺瞞に思いをめぐらすきっかけになったからだ。[15] ところが小林に届く李国民の手紙は大学側から開封検閲され続けた。小林は戦後になるまで開封したのが大学側とわからなかった。小林によると「満系女子学生から日系学生に手紙が来るのは、全学広しといえども私ぐらいかもしれない」状況で、李国民との文通を知っているのは「先輩のT」(田中昇だろう)しかいなかったので、郵便係に私信の開封を訴え出た。そこで郵便係の担当をしていた四期生の聶長林と知り合うことになる(『木鶏の記』三四頁、『小ば金』三四頁)。

さらに小林が直面したのは一九四三年一二月の学徒出陣である。後期の経済学科に進学したものの、志半ば三年足らずの学生生活であった。小林が学徒出陣前に別れを告げたのは、李国民とその姉の李国忠、王国柱だった。李姉妹と別れた二日後、一一月二七日か二八日頃に小林は王国柱を誘った。二人で飯盒を持参して、ジャガイモを煮て、一緒に食べながら語らった。小林は蔵書を王に託すと伝えた。王は、その後、建国大学を脱するつもりであるとは告げられずに、小林に「死ぬなよ」といって手を握りしめた(『木鶏の記』三八—四〇頁、『小ば金』一九、三七一頁)。一一月三〇日、小林は入隊学生として建大を離れることになった。[16]

## 二　学徒出陣と戦後のとらえ返し

### 1　日本帝国主義の尖兵

一九四三年一二月一日、学徒出陣で小林は奉天省(現・遼寧省)遼陽市の連隊に入る。同連隊が南方に転出した後、間島省(現・吉林省)延吉の関東軍予備士官学校に入学して、一五〇〇人中五人(四人が建大生)の恩賜優等の一人で四四年一二月に卒業した。一時、黒河省(現・黒竜江省)孫呉の歩兵第一連隊に配属後、四五年一月延吉予備士官学校に戻り教官を務め、同年三月に豊橋第二予備士官学校(教官・少尉)に転属した(『白塔』三七二頁)。

小林は甲種幹部候補生だったため残留し、南方転戦による死を免れた。予備士官学校で書かされた「生徒日誌」で気が進まない時は、軍人勅諭の一句「思慮を殫(つく)して事を謀るへし」を書いてしのいだ。少佐の中隊長は、この「生徒日誌」に興味を覚え、卒業の時に優等にしたという。小林は一五〇〇人中三番の序列だった。[17]小林に職業軍人になるよう圧力がかかった際にも、早く除隊して「大学(多民族)に帰る」と言い張ったそうだ(『小ば金』一二—一三、二九二—二九三、三四八頁)。

この頃、建大から視察が来た。小林は、塾頭から「君と仲のよかった王国柱が延安へ逃亡したよ」と伝えられた。小林が親しくした王は、建大で実は地下組織の指導的立場を務めていた。小林の文通を見守った郵便係の聶長林も、王と同志で、[18]その地下組織の「NO2の地位」にいたらしく、二人とも小林の入隊直後に建大を脱出し、延安を目指した。[19]中国人学生にとり生死に関わる問題で、当時、小林は知るはずもなかった。片面的な友情と前述した所以である。小林が建大に入学して、亡くなった親友と瓜二つだと小林に話しかけ、しばらく交際があった四期生の胡秉元は、一九四三年一月二一日の始業式に建大に戻らず、すでに重慶に行ったようだ(『木鶏の記』一六、三五、四三頁、『小ば金』一九、二四―二六、三七一頁)[20]。

王と建大で別れ、自らの蔵書を王に託した小林は、王の大学離脱に接し「一瞬裏切られたとさえ思った」といい、次のように振り返っている(『小ば金』二六―二七頁)。

「こうなった以上は、戦いにおいて決するほかない」などと勇ましがってもみた。が、いかようにいいつくろおうとしても、無性に寂しくなるばかりであった。

そしてはっきりと自らが「日本帝国主義の尖兵」であると痛感する瞬間が小林に訪れる。予備士官学校の演習で、小林を含む二人は、敵情を探るため斥候で農家の凍てついた庭に潜んだ。すると若い中国人の農夫が、穏便を願うように二人の前に熱い高粱粥を置くと、また逃げ戻った。その時に「五族協和」の志を抱いた自身が単なる日本軍の一員に過ぎない現実を突きつけられ、「隣にいる日本から来たばかりの戦友とは違うんだ」との思いで、声を殺して泣いた。小林は粥を食した後、自分のキビダンゴを、空になった椀に入れて、立ち去った[21]。小林は次のように述懐している(『木鶏の記』四六―四七、一九八頁、『小ば金』二七―二八頁)。

その時から自分をふくめた状況を、以前とは違う目で見るようになったと思う。その時から王らがとった行動に対する気持に変化が起きたように思う。しかしそうはいっても、私に自身の姿をごまかすことなく見すえさせるには、敗戦を必要とした。

その後、「秘密裏に内地転属を命じられ」、大陸を後にする前夜、小林は「慰安所」に行っている。区隊長から「お前女も知らんのか。じゃついて来い。命令だ」と、「慰安所」まで歩かされた。実際に「部屋に上がる度胸」はなく、小屋の裏手に行くと、「慰安婦」が小林の方を振り向きもせず、「故郷にいいなずけがいるの。早く帰りたい」と話した[22]。小林はそのまま延吉予備士官学校に駆け足で戻り、その夜は一睡もできないまま、翌朝、大陸を離れることになった(『木鶏の記』三八頁、『小ば金』二四一—二四二頁)。内地に転属後は豊橋で敗戦を迎えた。

## 2　出会った学友

小林が大学体験を戦後にとらえ返す意味を考察する前に、建大で小林が出会った学友について述べておく。小林との交流は戦後になるが、小林と同期の新三期生に上野英信(本名は鋭之進)がいた[23]。四期生の聶長林は、一九四六年と思われるが、重慶からハルビンに行く長谷川テル一家と同行した。後年、長谷川テルについて調べていた澤地久枝は、『人民日報』記者になった聶長林に当時のことを取材する。その折、聶は澤地に「私は二人の日本人に心を許しました。最初は小林、二番目が長谷川テルです」と言ったそうだ。小林は、その後に聶から次のように言われたという(『木鶏の記』五九—六〇頁、『小ば金』三三、一八七頁)。

当時、われわれには同族にも、いわんや日系学生に対して、たった一つの判断基準しかなかった。こいつは裏切るかどうか——。君は裏切るような男ではないと思った。

小林が学友のいる「夢にまで見た」韓国や中国に初めて行けたのは、前者が一九七五年、後者が七八年である。小林はこの七五年、日韓ジャーナリスト会議でソウルを訪ねた際に、大学以来、新三期生の閔機植に会った。小林の訪韓以前に閔は、『西日本新聞』の向井正人（四期生）、『中日新聞』の楓元夫（三期生）、『日本経済新聞』の桑原亮人（四期生）、『朝日新聞』の杉本一（五期生）との交際があった（『小ば金』一三九―一四〇頁、『白塔』三七五頁）。

一九七八年、初めて中国を訪れたのは、当時、『北海道新聞』論説主幹の小林が、日本の報道機関一三社の論説責任者で訪中団を組織したためだ。その一三人の中に、建大で学んだ『中日新聞』の楓元夫と、テレビ朝日の鴇巣劭（七期生）がいた。[24]訪中時に鄧小平副主席とも会見した。この時に小林に協力したのが聶長林と、外交官となった五期生の陳抗である。陳抗は、建大在学時に抵抗の「抗」の字を伏せ、陳坑の名前を用いたそうだ。[25]小林は学生時代、陳を知らなかったが、戦後、廖承志貿易事務所の開設要員で日本に来た陳抗と交際を始めた。八〇年、陳が在札幌中国総領事館の初代総領事になると、小林は土地探しでも尽力した（『木鶏の記』六一、一六一―一六九頁、『小ば金』三三一、一四〇頁、『白塔』三七五―三八〇頁）。

建大には優秀な学生が集ったが、その能力に見合った人生を歩めた者は中国人を筆頭に少なかったという。日本では前述したように記者になる者もいて、『西日本新聞』の記者になる一期生の先川祐次はその一人だが、小林金三も在学生の中では職業的には恵まれた立場に就いたといえる。一方で、韓国は戦後、軍事経験を必要としており、建大出身の学生は重用された。姜英勲は盧泰愚政権の時に首相（国務総理）となり、一九九〇年に韓国の首相として初めて北朝鮮を訪問して、金日成に会っている（『白塔』三八三頁、『小ば金』三七六頁）。[26]

## 3　建国大学体験の意味

小林は後年、「わずか三年に満たない建国大学の生活であったが、私の人生を決定づけたと思っている」と回想している（『白塔』三七〇頁）。はっきりしているのは、小林が建大での体験を十全にとらえきれなかった反省から、それを戦後の糧にして生きようとしたということである。小林にとって重要なのは、他民族の学友の真情を理解できていなかった越えがたい溝である。そのことに向き合おうとする悔恨が小林の戦後思想の核になった。

小林自身が、建大の中国人学友たちの大半が反満抗日の側にいたことを戦後知ったとし、その思いを率直に回顧しているのは次の文章である（『小ば金』一八―一九頁、傍点は引用者）。

私が心を許しても、彼らが私にその立場を告白するほど信頼していたわけではなかったということである。告白は彼らに死をもたらす危険があったし、私は彼らのイデオロギーを理解する知識を持ち合わせてはいなかった。それどころか、彼らが大学とは全く異なる別の世界を持っているなどとは、ゆめ思いもしなかった。

双方に「決定的なへだたり」があったとはいえ、「心を許し合った」と表現せざるをえない間柄があったという両義的な思いが小林をつなぎとめたのも事実だった。学年による違い、少数の例外はあったにせよ、「大部分の日系学生はそれ〔反満抗日の地下組織〕を知らず、日本の植民地下にあった朝鮮・台湾人学友や日本の支配に屈辱を思ってやまない中国人学友への思いやり、理解は皆無にひとしかった」ので、「真相を知り支配者としての加害の意味を悟るのは、日本の敗戦を待つほかなかった」のだ（『小ば金』一九、三六二―三六三頁）。

実際、敗戦直後から小林は自らの建大体験に向き合おうとしたのは確かである。豊橋で敗戦を迎え、小林は北海道に戻る途中、同塾のF（新三期生の藤原敬司と思われる）が実家に戻っていないか秋田に立ち寄った[27]。そこに一週間居候した間に、F宛に姜英勲からの葉書が届き、「戦後初めての民族学友との〝出会い〟」を感じている。小林は、一九四六年春に中央公論社の編集者募集を知り応募した。入社は適わなかったが、その応募論文で「日中国交回復を」という内容を提出していたことは、小林の戦後間もない出発点を示している。小林の建大体験は、彼が「〈自分が中国人だったら〉〈自分が朝鮮人だったら〉という立場を手に入れたように思う」と述べたように、他者への想像力を戦後培う源泉となり、「論説記者になった私の最大の指針となった」のである（『木鶏の記』一五五頁、『白塔』三七二―三七四頁）。

では小林は建大体験をいかに振り返ったのか。フィクションの形で『白塔』にまとめたのは晩年の二〇〇二年である。しかし小林は、一九六三年に『朝日新聞』の一千万円懸賞小説に多川建の筆名で「白塔」を書き応募した。『朝日新聞』六四年七月一一日付でも懸賞小説の応募で印象に残る作品の一つとして「白塔」が言及されている。次に小林が建大体験を綴ったのは、九〇年に刊行した『木鶏の記』所収の「わが青春の大陸」である。小林はこの文章を「何も書いていないように思えてならない」と評している（『木鶏の記』二二七頁）。この消化不良感があったからこそ、六〇年代前半の「白塔」を改稿し、『白塔』にまとめたと位置づけられる。

『白塔』のタイトルは、小林が文通した李国民の住む家の窓から見えた、開原城街にある白塔を意味し、青春時代の象徴であった（『木鶏の記』二七、三一、四二頁）。友人の上野英信の紹介で、知り合った作家の岡部伊都子は、小林の建国大学物語の出版のために、大手出版社の紹介などにあたった。しかしそれは成功せずに、最終的に新人物往来社が出版を引き受けた。『白塔』の装丁を担当したのは友人である元岩波書店の田村義也である。田村は、小林にノンフィクションで書くべきだと主張した。小林もそれが望ましいと考えたが、中国人の学友は戦後でも口が堅く、真情はつかみ難く、ノンフィクションで書くことを断念した。他民族の学友に対して「日系建大生で、たぶん只の一人も、〈自分は彼らと、とことん語り合った〉と自信をもっていい切ることはできないはずである」という核心に向き合う小林なりの誠実さがあったというべきである（『白塔』三八五―三八八頁、『小ばん金』三五八―三五九頁）。

しかも『白塔』は、他の文献と照合するとかなり正確に書こうとしていることがわかる。登場人物を実名にしないこと自体に配慮があった。建大に在学した中国人学友は、反満抗日に身を投じても、日本帝国主義の影響下の大学で学んだレッテルに苦しめられたからだ[28]。さらにこの『白塔』は刊行後、中国人の後輩によって中国語に翻訳された

(『小ば金』三九〇頁)。その内容に一定の迫真性を認められたがゆえであろう。山根幸夫は、小林の『白塔』について「自らの体験以上のことは述べない、著者の誠実さがよくわかる」と評している。(29)

結局、小林は建大体験をどのようにとらえ返してきたのか。それは「敗戦と戦後に培われた民主主義といわれる思想でもって過去の体験を照射すること」だった。片面的な友情に重きを置きながらも、自分自身も担った「日本帝国主義の尖兵的役割り」と「人一倍歴史的負の体験者」であった過去から逃げなかった(『小ば金』一四七、二九二頁)。

小林がとらえ返した建大の欺瞞は、「満洲国に骨を埋める人間を教育する大学での講義のほとんどすべてが日本人教師の日本語によるもの」であったところに示される。小林は王国柱から中国語をしばらく習っていたが、「その国のことばを手に入れようとしない尊大さこそ、植民地主義そのものである」というのは、自らの「日本語でしゃべろ」事件の痛みからも戦後実感するところであったのだ(『小ば金』四七頁)。(30)『白塔』で表現されたのは、日本人学生の「善意」と「狭量」である。中国人学生は「日系たちは余りにも独りよがりだ。彼らの善意が空中楼閣であることを少しも自覚していない」と言い、朝鮮人学生は次のように言う(『白塔』一八九、一九四―一九六、二一五頁)。(31)

君のうしろには日本人一般、朝鮮を支配している日本国をみてしまう。その立場は俺たち朝鮮系も満系も同じだと思う。問題はそこにある。君には悪いが、君だけを見てそれで十分ということにならないのだ。

小林が「人一倍歴史的負の体験者」と書いたように、負の遺産の意味も込めて、多民族学生との交流の意味が問われている(『小ば金』二九二頁)。山根幸夫がいうように、友情と、政策としての「民族協和」は区別する必要がある。(32)山室信一も述べるごとく、主観的善意と内実・結果責任は別であり、自民族中心主義の問題が建大にも根深く認められるからだ[33]。

李国民からの手紙もそうだが、小林を含む当時の日本人学生の認識の甘さを上回る現実があることを、痛感・想像できたことが、小林をして国の壁、相手を十全にわかりえない統治側の欺瞞を意識し、戦後の彼の問題意識を育てた。建大時代の「ゆめ思いもしなかった」現実をとらえ返す実践の場となったのが、小林が入社した『北海道新聞』である。

## 三　『北海道新聞』論説陣とベトナム特派

### 1　『北海道新聞』入社と異色の論説陣

小林が『北海道新聞』に入社したのは一九四六年八月である。占領下の労働争議で五三人の社員の大量処分を背景とした穴埋めによる戦後第一回の公募だった。入社した冬、小林は樺太からの第一回引揚船の函館入港で一面トップ記事を幾度も載せるが、「メッセンジャー・ボーイ」に過ぎないと意欲を失っていく。四八年夏には東京に行き、松竹の助監督に映画業界への転身を相談する。新聞業界よりも厳しい現実を知った後、野原で寝てしまった。目を覚ますと夜の星空があり、天の川を挟んだ彦星と織姫のように「権力と人民こそ当事者であって、両者に橋かけるジャーナリスト」の役割を自覚するようになった。以降、記者として悩むことがなくなったという(『木鶏の記』一三八―一四二頁)[34]。こうした自任は、中国人や朝鮮人の学友の立場に思いを巡らせ、被害と加害を架橋する想像力に通じていたはずだ。

一九四九年五月から五四年一〇月には東京支社の政経部で勤務する。五二年に妻の静江と結婚した。静江は、津田塾で中根千枝と同期だったようだ[35]。静江は、東京大学の大内兵衛と大内力の私設秘書を経て、岩波書店で勤務していた。五三年には小林は戦後初めて海外に出向く。岡崎勝男外相の戦後賠償交渉に同行するため東南アジア諸国を訪問した。五四年一〇月から五八年二月まで札幌の本社で論説委員室付となる。小林と同期の建部直文も東京支社の論説委員室入りし、戦後派の入社組が初めて論説委員を務め、その在籍記録は誰も破ることはできないのではないかと回想する。小林は『北海道新聞』で計三度論説委員室付となったわけで、その後はもっと社歴と年齢が求められるようになった(『小ば金』一一、三一頁、『論説委員室』一八二頁)[36]。

『北海道新聞』の論説は全面講和論を貫いたことでも知られ、一九五九年には一貫した憲法擁護の功績から同紙が第二回JCJ(日本ジャーナリスト会議)賞を受賞した。この論説陣の中心にいたのが須田禎一である。敗戦後、『朝日新聞』を辞職し、教員などを経て、五〇年に『北海道新聞』に入社した。JCJ賞を受賞した際にも須田は同紙の論説はよく「異色」だと称されることに言及している[37]。社史でも「新聞社説のうち、特に異色ある存在として、各方面から高く評価されている」ことを自負している[38]。この異色の論説陣を牽引した須田禎一について、『北海道新聞五十年史』では「須田の論調は歯に衣着せない権力批判で一貫していた反面、文学的な造けいに裏打ちされたヒューマニズムに満ち、多くのファンの上にあった」と紹介している[39]。

この前年一九五八年の『北海道新聞』二月一一日付の社説では「軍国日本の長い期間にわたっての被害者は」「アジア諸民族であったが、日本の国民大衆は一方においては加害者としての片棒をかつがされながら、他方では本質的には被害者だった」と述べている。これは須田の執筆という。荒瀬豊はこの社説について、「論壇」で対アジアの加害と、日本の被害の問題が議論された中で、「被害者としての本質をつきつめることによって加害責任を清算する道が可能となる、という須田の論理ほど深い把握を私は知らない」と評した[40]。

その直前の二月八日、日本の敗戦を知らぬまま北海道の山中で隠れて戦後を生き抜いた劉連仁が発見された。最初の記事は『北海タイムス』一九五八年二月一〇日付で報じられた[41]。『北海道新聞』の「卓上四季」は三月五日付で言及している(42)。須田も三月三〇日付の社説で劉連仁の発見に際し、戦争中の中国人強制連行と、当時閣議決定の一員であった岸信介に焦点をあてた。荒瀬は、そのことに触れたのは『北海道新聞』の社説だけだったろうという(43)。小林も後に、岸信介への「嫌悪感は、戦中派の一人として全く生理的だといっていい」と書き、七〇年に自決した三島由紀夫に対しても「戦争指導者のモノマネ人形」だと酷評し、学徒兵体験者の怒りを表明している（『論説委員室』五五頁、『小ば金』三五五頁）。

『北海道新聞』は一九六〇年安保闘争の際にも、条約改定の反対運動に冷や水を浴びせる七社共同宣言を掲載しなかった新聞社として存在感を発揮した。当時の論説主幹だった大内基によると、「中央紙のいうことに唯々諾々と従うなど真っ平だ」という編集局長の「ヘソ曲がり」も影響したようだ。その大内自身、札幌のデモでは先頭に立った。五八年三月から六一年二月まで東京支社政経部デスクだった小林は、須田なども身を投じたデモ参加に反対の立場だったが、同紙の論説陣は、自由な議論を通じた公分母の共通認識があり、「論説室は一枚岩になり得た」（『小ば金』二七三頁、『論説委員室』一八三頁(44)）。他方で、論説主幹だった大内基は、他紙に羨まれた『北海道新聞』も、役員会議では大内は批判の矢面に立ち、「思うことの半分も書けなかった点では」同業他社とそう変わらない環境だったと述懐する(45)。

とはいえ東京支社の政治担当デスクで安保取材を指揮した小林は、「社説の主張が直ちに取材陣にはね返ってゆるぎのない指針になり、また活力にもなった」往時の「論説と取材との間に形成された密接な連帯感は今かえりみて夢のごとく」と振り返る（『木鶏の記』一七六頁(46)）。

## 2　ベトナム特派と東アジアの視座

安保闘争後、小林は一九六一年三月から同年一一月まで東京支社の社会部学芸デスクを短期で務めている(47)。小田実

『何でも見てやろう』の書評を他紙に先んじて開高健に書いてもらった[48]。その後、六一年一二月から六八年二月まで東京支社の論説委員となる。国際問題の中で、軍縮とアジア・アフリカ部門を担当することになった（『木鶏の記』一四四頁）。小林は六五年一〇月に初の著書『ベトナム日記』を少年少女向けに刊行するが、同書に「四年ほど前からアジアのことを勉強してきた」とあるので（『ベトナム日記』二二一―二二三頁）、六一年に再び論説委員になったあたりからアジアの専門知識を勉強し始めたのではないか。

安保闘争の後、一九六〇年代前半のことだろう。東京の池袋にある画家の富山妙子の家に一〇人ほどの参会者がいて、小林も同席した。そこには武谷三男、石垣綾子、澤地久枝、久保マサ、田村義也、岡村昭彦の弟の岡村春彦らが集まったそうだ。小林はかれらと親交を結ぶことになる（『小ば金』一六五、一八六―一八七頁）。

そして東南アジア以来の海外行きが、一九六五年二月のベトナム特派であった。小林のベトナム取材に便宜を図ったのは岡村昭彦である。建大同期の上野英信が、小林に岡村を紹介したことによる。同年二月七日にアメリカの北爆が始まり、小林がサイゴンに降り立ったのは二月一五日である。論説委員から出る初めての海外特派員で、国際問題を担当する小林が行き先を自由に選べた。『朝日新聞』特派員との食事の席で、『読売新聞』の日野啓三とも会っている。小林は、取材に追われない論説委員の条件をいかし、米軍に同行するのではなく、戦場以外の人々の生活を見ることを重視した。石川文洋と通訳と一緒にベトナム現地を巡り、「反ベトナム戦争の論説が決して間違いでない確信を深めるばかりであった」と回想する（『木鶏の記』一四六―一五三頁、『小ば金』一一、三五〇頁）。社史でも次のように述べている[49]。

本紙は米軍作戦を大国主義の身勝手な論理によるものとし、その不条理と暴虐を非難していた。〔昭和〕四十年二月に小林論説委員を派遣し、現地へふみ込んでいらい論調は一段と厳しくなる。

ベトナム特派の体験をまとめた『ベトナム日記』で注目すべきは、この時点で、かつての日本の植民地支配に関する小林の認識が明確に述べられていることである。そこで「日本は、アジアのなかで、他のアジアの国を支配したたったひとつの国であったことを忘れないでほしい」といい、「この消しがたい日本の過去」に対して「つぐなうべき」歴史を継承する責任を説いた(『ベトナム日記』一四五、二七八頁)。後の回顧で、小林は「ぼくの視野のなかにはアジアだけがあってヨーロッパ、アメリカはなかった、といってよい。仕事で歩いたのもアジアだけだった」と述べるように、戦後、小林が意識し続けたのがアジアである(『小ば金』二九三頁)。

一九六五年は日韓基本条約が問われた年でもあった。小林のベトナム行きは、彼の書く社説にも影響を及ぼしただろう。そして「日韓条約問題の社説も主たる執筆者は私であった。そのたびに彼の地にいる学友たちを思い浮かべた」と小林が書くように、日韓条約の社説は彼が主導した(『白塔』三七八頁、『木鶏の記』一七六頁)。日韓条約に関する『北海道新聞』の社説は「終始、批判の論調をゆるめ」ず、同年一〇月六日付社説で「加害者であった日本の歴史の清算が具体的な形で明快に表明されるかいなかにかかっている」と述べる。その総括として一二月一二日付社説は「最も身近い隣国である中国と朝鮮にたいしわが国が払わなければならない明治いらいの道義的負債が、基本的にはなんら処理されていないことを銘記しなければなるまい」と主張した[50]。明らかに小林の『ベトナム日記』の内容と対応している。小田実が「被害と加害」の重層性を「平和の倫理と論理」で提起したのが『展望』六六年八月号だが、こうした意識を先駆けて抱き続けたのが『北海道新聞』論説陣だったのである。

しかし日本のベトナム反戦運動とその世論の高まりは見られたにせよ、小林が述べるようにそれらの「動向がアメリカのベトナム戦争を容認、協力し北爆をも支持する日本政府に対し、ついに効果的な打撃を与えることができなかったのもまた確かなことであ」った(『木鶏の記』一八〇頁)。根本的には、吉田裕が述べるように「過去の侵略戦争の批判的総括が充分になされていないことが」背景にあった[51]。

だからこそ『北海道新聞』の論説陣が歴史的な問題意識を粘り強く提示し続けたことに意味があった。須田禎一が社説と、朝刊コラム「卓上四季」を担当した役割は、小林の同期の建部直文が引継ぎ、続いて小林が受け持った[52]。その後も小林は社説とコラム「卓上四季」でも日中国交に関する論説を何十本と書いた（『白塔』三七八頁）。小林が「卓上四季」を執筆したのは一九六八年二月から七〇年二月であり、実際、東アジアに対する問題意識は一貫していた。例えば、金嬉老事件に関しては「われわれ日本人の心やことばのなかに、金嬉老に向けた〝ライフル〟はなかったか」「日本人の民族的差別」を問い（六八年二月二三日付）、同年のアジア太平洋戦争の開戦の日に「満洲事変」の九月一八日の起点を説き、「今なお謝罪すらしていない中国国民への心の痛みを思う」（一二月八日付）と書かれているからだ[53]。

では『北海道新聞』の論説陣を成立させた背景とは何であったのか。当事者の証言によってまとめておく。一九六四年九月から六六年一二月まで論説主幹を務めた佐藤忠雄は「わが社の社論が、平和の問題を」重視したのは、隣国と接する北海道が「藩政の時代からつねに北方防衛の軍事的負担を課せられ、明治以降の開発政策にも屈折した影響」を受けた歴史的・地域的な要因があるからと述べている[54]。同紙の論説に個性を吹き込んだ須田禎一は、社論は「特定の一人、二人の論説委員の力によるものではない」と述べた上で、論説委員室の同僚の協力、労組青年部を始めとする社内従業員と、読者の支持が大きかったと記している[55]。

小林金三も、須田禎一の論説を支えた三つの要素に触れている。一つ目は、中央政権からの遠い距離があったこと、二つ目は北海道内の強力な革新勢力の存在、三つ目は、須田の『北海道新聞』入社以降、一九五七年一二月まで社長だった阿部謙夫が須田に割と好意的であったことである[56]。この須田の足取りを継承したのが小林だった。その後、小林は小樽支社長を経て、一九七四年一二月から七九年一月まで論説主幹（同年九月まで論説主幹委嘱）を務めた。小林が論説主幹になったことは、同紙の中で一定の正統性を認められたことも意味する。論説主幹を終えた後に四年間監査役を務めて、八三年一月に『北海道新聞』を退社した。二〇一〇年七月一八日に八七歳の人生を全うした。

## おわりに

異色の論説といわれた『北海道新聞』の有していた東アジアの視座は、論説委員室で主要な立場を占めた小林金三の建国大学体験のとらえ返しと関係性のあるものであった。小林だけが論説委員室内で突出していたわけではない。須田禎一を始めとして小林の問題意識が共有される土壌が論説委員室にあり、その土壌の一端は小林の戦後の歩みからも明らかになった。ベトナム戦争の反戦運動を通じて「被害と加害」の架橋という認識が日本社会に芽生え出すが、ジャーナリズムにおいてこの役割を先駆的に担っていたのが同紙の論説陣といえる。小田実の被害と加害を巡る議論と異なるのは、時代的な制約はあったものの、小林が様々な他民族との交流や断絶を直に建大で体験した上で、地に足の着いた他民族に対する問題意識を形成しえた点である。従来、須田禎一と同紙の論説の関わりは知られていたが、その結びつきに小林を組み込むことで、より『北海道新聞』の個性が明らかになった。論説陣に見出せる東アジアの視座は、小林の建大体験にも支えられていたのである。

小林は北海道の炭鉱に育ち、九人きょうだいの中で、養子になったことで、おそらく唯一、高等教育を享受した。学歴上昇の立場を自分だけが得たという負い目は消えなかったにせよ、炭鉱で育ったことで、貧富の差、人間のエネルギー、生活者の視点を潜り抜けて、他者への想像力の素地を築いた。小林は「生家と養家、炭坑と町、私と王、私と金、そして日本国と満洲国」と常に二つの世界を生きてきたことに触れているが(『木鶏の記』四七頁)、炭鉱から養子に出て、「満洲国」の建大で学んだこと、つまり現実のあふれる矛盾の中で青少年期を過ごしてきたからこそ、人間の矛盾や弱さを受け止めながら、重層的な立脚点を築くことができたのである。

小林の建大体験で重要なのは、日本人学生と中国人を中心とする他民族学生の溝を認めつつ、戦後、その両者を架橋する視点を育みながら、その問題意識を世に問うたことである。戦後の小林にとって幸運だったのは、その認識の一端を表現できる論説委員の立場を得て、議論を共有できる論説委員の同僚に遭遇したことである。さらに建大の原体験を梃にして、小林はベトナム戦争の地を直接見聞したことで、過去の戦争と植民地支配の責任をより客観視し、考察を深めることができた。それが『北海道新聞』の戦争責任に関する論説に反映されたのである。近年でも、「好きな外国」を問う日本の意識調査では、東アジア諸国よりも、欧米諸国が上位に挙がり[57]、まだ東アジアは近くて遠い存在である。それゆえ建大体験に向き合った小林金三、『北海道新聞』の論説陣が提起した、戦争の歴史を内在化せんとした議論を振り返る意味は大きい[58]。

本章は、組織の中でいかに独立した個人たりえるのかという問いも含んでいる。そこが社会的影響力の強い企業ジャーナリズムを検討する重要性だ。大学に守られている研究者や知識人と比べ、言論の自由への制約と緊張感がより求められる組織人の中で論説陣がいかにありえるか。それは社会と時代、自らの矛盾に向き合った小林金三の格闘に示されている。

＊本研究はＪＳＰＳ科研費 JP20K00988 による成果の一部である。

（1）小和田次郎・大沢真一郎『総括　安保報道』現代ジャーナリズム出版会、一九七〇年、八六、三九三、五〇二頁。
（2）根津朝彦『戦後日本ジャーナリズムの思想』東京大学出版会、二〇一九年、二一〇―二一三頁など。
（3）小笠原信之『ペンの自由を貫いて』緑風出版、二〇〇九年。
（4）根津朝彦「八月一五日付社説に見る加害責任の認識変容」前掲『戦後日本ジャーナリズムの思想』を参照。

(5) 小林金三『ベトナム日記』理論社、一九六五年、同『木鶏の記――ある新聞記者の回想』北海道新聞社、一九九〇年、同『白塔――満洲国建国大学』新人物往来社、二〇〇二年、同『小ば金――冬青山房雑記』新人物往来社、二〇〇五年、同『論説委員室――60年安保に賭けた日々』彩流社、二〇〇五年、同『小樽・街と家並み』小林静江、一九八四年、同『手稲山麓――自然と心象』小林静江、一九九八年、同「新聞をめぐる人々」札幌学院大学人文学部編『北海道・マスコミと人間』札幌学院大学生活協同組合、一九八七年。

(6) 小林金三「妄想片々」『五十周年記念誌』北海道岩見沢東高等学校五十周年記念事業協賛会、一九七二年、一〇六頁によると、三笠では幾春別小学校に通っていたようだ。

(7) 岩見沢の小学校では小林の下級生に後に「スーダラ節」を作曲する萩原哲晶がいた(『小ば金』一一二―一一三頁)。

(8) 宮沢恵理子『建国大学と民族協和』風間書房、一九九七年、一八五頁。

(9) 山根幸夫『建国大学の研究――日本帝国主義の一断面』汲古書院、二〇〇三年、四六、一一九頁。建国大学の先行研究は同書の他、同前『建国大学と民族協和』と志々田文明『武道の教育力――満洲国・建国大学における武道教育』日本図書センター、二〇〇五年が主なものである。

(10) 前掲『建国大学の研究』一七一頁。

(11) 月原節郎「高大有君によき余生を」建国大学同窓会編『歓喜嶺　遙か』下、「歓喜嶺　遙か」編集委員会、一九九一年、一四〇頁によれば、戦後の高大有は北朝鮮の大学教授の時に「建大同期の閔機植や姜英勲を抱き込め」との指令を受け、韓国にスパイ潜入するもすぐに捕まり、二三年獄中で過ごしたそうだ。

(12) 建国大学は前期三年と後期三年の六年制である。小林の新三期生は前期二年から入学し、前期一年入学の三期生と同期となる。しかし「最後まで三期と新三期は融和」せず、新三期生は「漢族学生との交友も少なかったらし」く同学年の共通意識はないようだ(前掲『建国大学の研究』一二一、一二五頁)。

(13) 山根幸夫は、この三月二日の検挙を、湯治万蔵編『建國大學年表』建国大学同窓会建大史編纂委員会、一九八一年、三三七頁では三月三日と記載しているが、間違いと指摘している。さらに『建國大學年表』三一九頁にある一九四一年一一月一四日の検挙事件の事実はなく、これは翌年の三月二日の検挙のことであると述べている(前掲『建国大学の研究』二六六頁)。『建国大学年表正誤・補遺表』建国大学同窓会、二〇〇二年も参照のこと。

(14) 前掲『建国大学の研究』二三四―二三五、二四四―二四五頁。

(15) 前掲『建國大學年表』三九一頁には、小林金三の一九四三年二月二八日の「塾生日誌」に「何も食わずにいる農民あり。首をくくり、井戸に飛びこむ農夫あり」という記載が確認できる。同書四三三頁では、小林の同年八月二日の「塾生日誌」に「入学以来大切にとってあった父母・小母様等の手紙を皆焼いて了った」とも書かれている。『建國大學年表』には小林金三手帳の内容も一部紹介されている。

(16) 同前、四六五―四六六頁。

(17) 前掲『建国大学と民族協和』一六三頁では「厳しい軍事・武道・農事訓練に耐えた学生の体力的優秀さは、予備士官学校での成績が証明している」と書かれている(同書一〇九、一六九頁も参照)。

(18) 小林金三「かなわなかった脱日本」前掲『歓喜嶺　遙か』下、七九頁に聶は「王さんと中学同級」とある。前掲『建国大学の研究』三九七、四〇六、四一四頁も参照。

(19) 前掲『建国大学の研究』二五五、二八八頁。

(20) 同前、二八六頁。聶と胡は建国大学を去った後に重慶で偶然出会い、「聶は共産党、胡は国民党に属して」かなり高い地位にあり、胡が聶に国民党に来るよう勧めたが、聶は拒んだという(『小ば金』二五頁)。

(21) 前掲「かなわなかった脱日本」八〇―八一頁。

(22) 後の一九九一年八月一四日、元日本軍「慰安婦」の金学順に初めて単独インタビューしたのは『北海道新聞』の初代ソウル駐在記者の喜多義憲である。翌八月一五日付の同紙に記事が掲載された(喜多義憲『アジア群島人、生きる』亜璃西社、二〇一三年、三五〇―三五四、三九八―四〇〇頁)。その喜多氏から小林金三『最後っ屁』私家版、二〇〇九年を譲ってもらった。記して謝意を表したい。

(23) 上野の建国大学時代は、河内美穂『上野英信・萬人一人坑』現代書館、二〇一四年を参照。

(24) 前掲「かなわなかった脱日本」八一頁。

(25) 前掲『建国大学の研究』二一一頁には「陳杭」とある。浜口裕子『満洲国留日学生の日中関係史』勁草書房、二〇一五年、一七〇頁によれば、陳抗の名前は「抗日戦争の抗」だったようで、戦後、陳は「二二年という異例の長さで外交部アジア局日本処処長を務めた」。

(26) 三浦英之『五色の虹』集英社文庫、二〇一七年、初出二〇一五年、七五、九五、二一一―二一二、二二五頁、前掲『建国大学と民族協和』二五三―二五四頁、山室信一『キメラ――満洲国の肖像　増補版』中公新書、二〇〇四年、三七二頁。なお『五色の虹』の印象的な表紙写真は、『写真集　建国大学』建国大学同窓会、一九八六年、三六頁のものだが、左上から二人目に映っているのが小林金三である(『朝日新聞』二〇一〇年八月一七日付北海道支社版)。

(27) 前掲『建国大学の研究』四一一頁。

(28) 同前、四四四頁。

(29) 同前、四〇頁。

(30) 建国大学で学べる第二外国語には朝鮮語もなかった(前掲『建国大学と民族協和』一二〇頁)。

(31) 同前、二一三頁、前掲『建国大学の研究』三七頁。

(32) 前掲『建国大学の研究』二三、四六頁。
(33) 前掲『キメラ』一四、二八三、三〇六―三〇八、三八一頁。
(34) 前掲「新聞をめぐる人々」二四―二七頁。
(35) 小林の学友である聶長林の娘の聶莉莉は東京大学大学院で中根千枝に学び、東京女子大学教授になる。
(36) 前掲「新聞をめぐる人々」四頁。
(37) 須田禎一『思想を創る読書』三省堂、一九七〇年、一〇五―一〇六頁、須田禎一『独絃のペン・交響のペン』勁草書房、一九六九年、一九八頁。
(38) 渡辺一雄編『北海道新聞二十年史』北海道新聞社、一九六四年、一五六、三三一、三三七頁。
(39) 『北海道新聞五十年史』北海道新聞社、一九九三年、一五八頁。
(40) 荒瀬豊「ジャーナリストとしての須田禎一」『須田禎一・人と思想　月刊たいまつ臨時増刊号』たいまつ社、一九七四年、五三―五四頁。
(41) 丸川哲史「劉連仁・横井正一・「中村輝夫」にとっての戦争」『岩波講座　アジア・太平洋戦争4　帝国の戦争経験』岩波書店、二〇〇六年、三四九頁。
(42) 北海道新聞社編『卓上四季2』北海道新聞社、一九八五年、三二三頁。
(43) 前掲「ジャーナリストとしての須田禎一」五三頁。
(44) 前掲『アジア群島人、生きる』三九六頁。
(45) 大内基「安保と須田君」前掲『須田禎一・人と思想』一四三―一四五頁。
(46) 小林は論説陣を次のように回顧している。「六〇年安保以来全国に知られた北海道新聞の論説の中心に須田禎一(元朝日新聞、著名なジャーナリスト)がいた。須田を囲むようにして戦後第一期入社の建部直文(東大。労働・政治・コラム)、尾崎重次(東京外語大。国際)、小林(建大。地方・国際・政治・コラム)、浅利洸(小樽商大。経済)の戦後四人組が結束した。建部はのち編集局長から専務へ。尾崎、小林は論説主幹。浅利は早くに難病に斃れ、建部、尾崎もまたガンに冒された。須田をふくめ五人の飽くなき討議は、新橋、銀座、新宿の居酒屋でコップ酒を傾けながら行なわれた」(『小ば金』三八三―三八四頁)。
(47) 『北海道新聞』の発行部数は一九六〇年で七二・三万部(百部以下は切り捨て)で、最盛期の二〇〇〇年の一二五・三万部まで右肩上がりである(前掲『北海道新聞五十年史』六二三頁、『北の大地とともに　資料・年表編』北海道新聞社、二〇一三年、三八頁)。
(48) 前掲『小樽・街と家並み』一〇五頁。
(49) 『北海道新聞四十年史』北海道新聞社、一九八三年、一九五頁。
(50) 佐藤忠雄編『北海道新聞三十年史』北海道新聞社、一九七三年、二一〇―二一二頁、前掲『総括　安保報道』三九五頁。

(51) 吉田裕『日本人の戦争観』岩波現代文庫、二〇〇五年、一四六―一四七頁。
(52) 小林金三「人間・須田禎一」『北方文芸』一九七三年一一月号、五六頁。
(53) 北海道新聞社編『卓上四季４』北海道新聞社、一九八六年、一〇三、一四三頁。
(54) 前掲『北海道新聞三十年史』二〇四頁。
(55) 須田禎一『葡萄に歯は疼くとも』田畑書店、一九七〇年、八四―八五頁、前掲『独絃のペン・交響のペン』二〇二頁、前掲『思想を創る読書』一一一頁。
(56) 前掲『ペンの自由を貫いて』二二二頁。
(57) ＮＨＫ放送文化研究所編『現代日本人の意識構造　第九版』ＮＨＫ出版、二〇二〇年、付録三〇頁。
(58) 今後の課題は、同紙論説陣の中核を担った須田禎一らに迫ることである。日本と東アジアとの溝に向き合ったのは、同紙論説陣だけでなく、本章で言及した小林と交遊があった上野英信、岡村昭彦、澤地久枝らの仕事にも認められる。そうした同時代の交際による思想の創造と広がりを掘り下げる必要がある。

# 第６章 沖縄戦記と戦後への問い
## ――「本土」への懐疑と希求

櫻澤　誠

## はじめに

沖縄戦記は、敗戦直後から数多く刊行されてきた。そこには、時代と共に変遷する沖縄と「本土」との関係性や、社会状況がどのように反映されてきたのだろうか。これが本章の問いである。そして、重視するのが、沖縄戦認識を論じる際に二項対立的に捉えられがちな、「軍隊の論理」と「住民の論理」という枠組みである。

大城将保は、一九七〇年代に「沖縄戦史研究が格段の深化をみせ」、「軍隊の論理に基く沖縄戦像から、住民の論理に基く沖縄戦像への転換」が生じたとする。[1] 私は、その枠組みをふまえつつ、沖縄教職員会を中心とした復帰運動が、戦傷病者戦没者遺族等援護法の適用要求や、沖縄県護国神社再建運動と不可分のものとして展開した過程を検討することで、一九六〇年代半ばまでの沖縄において「軍隊の論理」と「住民の論理」は表裏一体の関係にあり、一九六〇年代後半に沖縄でも保革対立軸が明確となるなかで、切り分けられていくことを論じたことがある。[2]

本章は、さらにその後の時期を含めて検討していくことになるが、一九七〇年代以降において、二項対立にとどまらない多様な議論の可能性があったことは、これまでもすでに指摘されてきたことである。例えば、福間良明は次のように論じている。

集団自決や住民殺害をめぐる議論は、一九七〇年代以降の沖縄戦体験論のなかでは主要なアジェンダとなった。その背後には、赤松嘉次来島阻止事件や曽野綾子『ある神話の背景』、そして教科書問題などが絡んでいた。しかし、そこでの議論は、「日本軍」対「沖縄住民」、「加害」と「被害」といった二項対立図式にとどまっていたわけでもなければ、「軍命令の有無」に論点が限られていたわけでもない。むろん、それらも多く論じられたが、そればかりではなく、沖縄内部の戦争責任を問いただし、復帰運動の背後にある社会意識の検証をも促した。集団自決や住民虐殺の議論は、じつは多様な論点の広がりを内包していたのであった。[3]

二項対立図式は、「軍隊の論理」＝「日本軍」・「加害」、「住民の論理」＝「沖縄住民」・「被害」と読み替えることが可能だろう。福間は、川満信一、大城将保、岡本恵徳ら、沖縄の思想家や歴史学者たちの議論から「多様な論点の広がり」を示している。それに対して、本章でこだわりたいのは、それでもなぜ「多様な論点の広がり」が「封殺」されていったのか、ということについてである。

そのために、本章で注目する戦記が、山川泰邦『秘録沖縄戦史』（沖縄グラフ社、一九五八年）である。同書はその後、全面改訂による『秘録沖縄戦記』（読売新聞社、一九六九年）、そして、その復刻版である『秘録沖縄戦記』（新星出版、二〇〇六年）が刊行されている。

山川泰邦は、一九〇八年に沖縄県国頭郡本部村（現本部町）で生まれ、戦前は「特高の警部として鳴らし[4]」、一九四四年八月には那覇警察署署僚（次席）となり、沖縄戦をくぐり抜けた。戦後は琉球警察学校校長、那覇警察署署長などを経て、一九五三年九月に琉球政府社会局長となる。一九五七年一〇月に社会局長を辞して、翌一九五八年三月の第四回立法院議員総選挙に第四区（本部町、伊江村）から立候補して当選するが、『秘録沖縄戦史』は出馬とほぼ同時期に刊行されている[5]。

後述するように、山川の戦記は、自身の警察署署僚としての経験や、戦後の警察部による戦没警察官調査や社会局での援護業務資料を用いて書かれており、一九七〇年頃までは、沖縄戦史における重要な戦記として位置づけられていた。ところが、一九八〇年代に入るとほとんど触れられなくなっていく。当該期の重要な戦記研究である、仲程昌徳『沖縄の戦記』（朝日新聞社、一九八二年）においても『秘録沖縄戦史』は分析対象として扱われていない。それは近年の鳥山淳[6]、屋嘉比収[7]のほか、前掲の拙稿や福間の研究においても同様である。

山川の戦記は、なぜ、どのように、沖縄戦研究、あるいは沖縄戦記を検討する場から「忘却」されていったのだろうか。本章では、『秘録沖縄戦史』が出版・改訂・復刻されるなかでの著者（復刻者）の意図、そして、そこに表れる沖縄と「本土」との関係性や、社会状況を追うことによって、多様な議論の可能性が「封殺」されていった過程を検討していく。

## 一　不可分な「軍隊の論理」と「住民の論理」――一九五〇年代

### 1　沖縄のなかの「軍隊の論理」

沖縄戦記は、まず「本土」側からの「軍隊の論理」として登場する。仲程昌徳が「戦記作品の先駆」とした、古川成美『沖縄の最後』（中央社、一九四七年一一月）、同『死生の門――沖縄戦秘録』（中央社、一九四九年一月）、宮永次雄『沖縄俘虜記』（雄鶏社、一九四九年一二月）などである。それに対する「沖縄人による戦争記録」が、沖縄タイムス社編『鉄の暴風――現地人による沖縄戦記』（朝日新聞社、一九五〇年八月）、仲宗根政善『沖縄の悲劇――姫百合の塔をめぐる人々の手記』(華頂書房、一九五一年七月)、大田昌秀・外間守善『沖縄健児隊』(日本出版共同、一九五三年六月)、金城和彦・小原正雄編『みんなみの巌のはてに——沖縄の遺書』(光文社、一九五九年四月)などとされる。(8)

一九五〇年代の「沖縄人による戦争記録」は、総じて、「本土」側の戦記・小説に対して、日記・手記・遺書や新聞記者による取材などに基づき体験記を綴ることによって、「沖縄戦」をめぐる表象をより原体験に引き戻そうとしたのだといえる。ただ、体験記は各自の経験の断片に留まらざるを得ず、未だ原体験が生々しい当時において、「住民の論理」に立って沖縄戦の全体像を検討する段階にはまだなかったのだと考えられる。(9)

一九五〇年代において、沖縄戦認識に大きな影響を与えたものとして、一九五三年一月に公開され未曽有の大ヒットとなった今井正監督『ひめゆりの塔』(東映)がある。(10)「唯一の地上戦」「悲惨な戦場」「幾多の悲劇」といったフレーズのなかで、日本ナショナリズムという安全装置がつけられた形で、「ひめゆり」は「日本人」の悲劇として心地よく需要された。(11)映画は沖縄でも公開されて大ヒットし、(12)そのイメージは沖縄住民にも共有されていく。

そして、もう一つ重大な影響を与えたのが、戦傷病者戦没者遺族等援護法(一九五二年四月制定、以下「援護法」)が、恩給法(一九五三年八月復活)とともに、米国統治下の沖縄にも適用されていくことである。一九五三年三月には、米国占領下の南西諸島への適用が公表されたものの、その後の認定作業は遅延する。一九五六年七月に、総理府恩給局長が沖縄を視察し、記録消失による未処理(約八割)の早期適用、戦闘協力者(約四万人)にもこれに準じた援護の検討を始めたことで事態は動く。一九五七年三—五月には「戦闘参加者」調査が行われ、厚生省は認定方針を決定、同年八月には申請手続きが開始された。(13)さらに、一九五八年には軍人・軍属だけでなく、「準軍属」として一般住民の戦闘協力者にも援護法が適用されることとなった。だが、いかに日本軍に協力したのかが適用基準とされ、当事者の沖縄戦認識までもが「軍隊の論理」によって「援護法のワク」をはめられていくことになる。(14)

ただ、沖縄側も当初から「軍隊の論理」に反発していたのかといえば必ずしもそうではない。むしろ「祖国復帰」

要求と結びつきつつ、積極的にそれを受け入れていこうとした側面がある。例えば、琉球政府、遺族会、沖縄教職員会などにより、援護法適用範囲の拡大を求める運動が展開されている。[15] 沖縄教職員会は一九五〇年代から祖国復帰運動の中核となった組織として知られるが、学徒隊や疎開船遭難者を含む、教育関係戦没者の扱いを「慰霊」や「顕彰」という形で「本土」側に求め、沖縄県護国神社の復興（一九五九年仮社殿建立、一九六五年本神社社殿復興）にも関わっていく。屋良朝苗沖縄教職員会会長は、一九五七年三月から一九六六年二月まで沖縄遺族連合会副会長を務めており、さらには、沖縄巡拝遺族を迎える会（一九五六年四月設立）、財団法人沖縄戦没者慰霊奉賛会（一九六〇年二月二四日設立）、社団法人沖縄県護国神社復興期成会（一九六二年二月一四日設立）には、いずれも沖縄教職員会幹部が関わっている。日本国民として祖国のために戦った沖縄住民に対する援護法の適用を、帰るべき祖国への紐帯として求め、その結果として適用者が靖国神社に祀られ、そのための沖縄側の社である沖縄県護国神社を再建する、という一連の流れは、祖国復帰を求めて日の丸を掲げることと同様に、当時においては「自然の流れ」として考えられていたのではないかと思われる。[16] 一九五〇年代の沖縄では、「軍隊の論理」と「住民の論理」は不可分のものとして存在していたといえる。

## 2　『秘録沖縄戦史』（一九五八年）

山川泰邦『秘録沖縄戦史』（沖縄グラフ社、一九五八年三月）が刊行されたのは、まさに援護法適用拡大が進められた時期だが、山川は琉球政府社会局長（一九五三年九月―一九五七年一〇月）としてその担当者であった。山川は「自序」において、次のように述べる。

かねがね私は、戦争の真相は各自の観点から、もっともっと明るみに出してしかるべきものだと思っていた。偶然といおうか、私は戦後公務を通じて数多くの人々の体験談や報告書に接する機会を与えられた。それというのは、終戦の翌年沖縄警察部が、戦没警察官の行動をつぶさに調査したことがある。当時その企画や蒐集した資料の整理に直接タッチしたのがこの私であった。その頃から、これをなんとかして記録しておきたいと念じていた。／はからずも一九五三年(昭和二八年)九月に、那覇警察署長から、琉球政府社会局長に転じ、援護業務を進めるために、再び沖縄戦の資料を広く集める機会に恵まれ、戦争の残した幾多の悲劇を知るに及んで強く心を動かされペンを執り始めたのである。／この記録は、前記の警察や社会局の資料と私自身の体験を、およそ二カ年がかりで幾度も検討しながら書き直したもので、いささかの誇張も、虚飾も無い赤裸の事実である。[17]

山川が初出馬した第四回立法院議員総選挙(一九五八年三月一六日執行)に刊行を合わせたとも考えられるが(奥付の発行日は三月一日)、「自序」の文末日付は「一九五七年五月」とあり、それに従えば、社会局長在任中に書き上げていたことになる。

章立て[18]に表れているように、警察幹部だからこそ知り得た情報による記述は、他の戦記にはないユニークなものである。加えて象徴的なのは、学徒隊や「集団自決」、「スパイ嫌疑による斬殺」などに多くの紙幅を用いているほか、さまざまな「戦闘協力」の方法を記載していることである。これは、「日本政府は「学徒は軍人でない」などといい、戦斗協力者の範囲もごく狭く限ろうとした」のに対し、社会局長として「沖縄は全土が戦場だった。全県民が戦った。「本土は戦場にならなかった。だから、そんなことを平気でいえるのだ」と(中略)激しく抗議した[19]」という山川にとって、かなり意図的な編集だったと考えられる。

捕虜収容所に対する敗残兵の掠奪に対して、「敗戦でやけくそになっているとはいえ、血を同じくする日本人だ[20]」と怒りをあらわにした山川に通底しているのは「日本人意識」であり、同胞だと思うが故の憤りであったといえる。言い換えれば、沖縄住民が「日本人」であることへの強烈な「承認要求」が、『秘録沖縄戦史』には示されているのではないか。

## 二　「本土」への再接近――一九六〇年代

### 1　「軍隊の論理」の膨張と保革の楔

一九五〇年代末以降、行政間での沖縄―「本土」間の人的交流は急激に増え、それまで主であった実務者や大学教員などに加えて、大臣、総務長官、国会議員の往来も多くなる。㉑ さらに、一九六〇―六一年、一九六四―六五年という二段階での渡航手続緩和によって、公務以外での往来も容易となり、「本土」からの観光入域者数も次第に増加していく。一九六二年以降には「霊域整備事業」が行われ、南部戦跡の整備も進められていく。㉒

そうしたなか、「一九六〇年代、沖縄を訪れた「本土」の政治家、「文化人」、「知識人」、慰霊巡拝客や観光客のあいだで、「沖縄病」と呼ばれる「病」が流行した㉓」。「最大の（最高の）沖縄病患者」とも評される佐藤栄作首相は、一九六五年八月に訪沖した際、到着直後にひめゆりの塔を訪れて落涙している。大江健三郎が「暴力的な涙」（『沖縄ノート』）と呼んだその涙は、政治生命を賭して「沖縄返還」を実現させる決意を強くさせるものともなるが、その内実は、個々の死を「日本人」同胞の「悲劇」としてナショナル・ヒストリーに包摂させるものであった。㉔ 一九六〇年代における南部戦跡での都道府県慰霊塔の乱立は、そのような「軍隊の論理」を可視化させる現象でもあったといえる。

佐藤訪沖以降、復帰／返還に向けた具体的検討が政府内で進められていく中、一九六七年九月には、復帰後の沖縄防衛についての検討を防衛庁事務当局が近く開始するとの報道がなされている。さらに、一九六九年一月以降、自衛隊配備に関する報道も常態化していく。㉕

一九六〇年代には、旧日本軍の戦闘記録の刊行物が顕著にみられるが、「グラフの山」は一九六八年となっている。㉖

同年には、防衛庁防衛研修所戦史室編『沖縄方面陸軍作戦』(朝雲新聞社、一九六八年)、防衛庁防衛研修所戦史室編『沖縄方面海軍作戦』(朝雲新聞社、一九六八年)、陸戦史研究普及会編『沖縄作戦(第二次世界大戦史)』(原書房、一九六八年)が刊行されており、「軍隊の論理」としての正史が形作られた時期だともいえる。一方、同年には、米国陸軍省編・外間正四郎訳『日米最後の戦闘　沖縄戦死闘の九十日』(サイマル出版会、一九六八年)が刊行されている。同書は、一九四八年に編纂された戦史を邦訳したものだが、日本軍の「軍隊の論理」を表裏で補完するものであったといえる。

一九六〇年代後半に復帰/返還が現実味を帯びてくるなかで、「復帰優先論」を掲げて超党派を前提に行われてきた復帰運動は、復帰のあり方をめぐって次第に先鋭化していく。沖縄県祖国復帰協議会に集う三政党(沖縄社会大衆党、沖縄人民党、沖縄社会党)や、沖縄教職員会をはじめとする諸団体は、保守政党・経済界との対立を深め、教公二法阻止闘争(一九六七年一—二月)から三大選挙(一九六八年一一—一二月)にかけてその分断は決定的となり、沖縄における保革対立軸が固定化されることになる。[27] そのような最中、一九六七年七月二〇日、社団法人沖縄県護国神社復興期成会を発展解消して創立された財団法人沖縄県護国神社奉賛会からは、これまで護国神社に関連するどの組織にも名を連ねていた沖縄教職員会幹部の名前が消える。[28] 保革対立軸が固定化されていく中、革新としての立場を明確にする必要があったものと考えられる。沖縄戦認識にも保革の楔が打ち込まれていく。

## 2 『秘録沖縄戦記』(一九六九年)

山川泰邦は、一九五八年三月から一九七〇年一〇月に国政参加選挙への立候補(衆議院選挙に自民党公認として出馬するが落選)に伴い辞職するまで、五期一二年半余、立法院議員となる。初当選後は保守系無所属議員が結成した「新政会」に属し、一九五九年一〇月の保守合同により沖縄自由民主党に籍を移す。一九六〇年一二月から一九六七年五月までは立法院副議長、一九六七年五月から一九六八年一一月までは立法院議長を務めた。『秘録沖縄戦史』を全面改訂する形で『秘録沖縄戦記』が出された一九六九年一二月は、立法院議長を退任して一立法院議員となっていた時期であり、一九六九年一一月の日米共同声明で「七二年返還」が明記された翌月にあたる。山川は「まえがき」で次のように述べる。

今回、各方面からその再版をすすめられ、全編稿を改めて出版することにした。この改訂版はわたくしの著書を家族全員で再検討したうえに、琉球政府の援護課や警察局の資料、米陸軍省戦史局の戦史などを参考にして全面的に書き改め、そのほかに米軍の沖縄上陸と戦闘の概況を付加したものである。[29]

「米陸軍省戦史局の戦史」が特筆されていることも注目されるが、章立てからは、旧版にはなかった「第三二軍の首里撤退と海軍部隊の玉砕」「第三二軍の最期」などが加わり、沖縄戦の全容を示そうという意図がうかがえる。一方で、慰安所設置に際しての軍と警察とのやり取りや軍人にかかわる醜聞などを扱った「守備軍夜話」の章は、改訂にともないどこにも組み込まれず削除されている。[30]

このことは、「祖国復帰」が現実味を帯び、自衛隊配備が新聞紙面でも取りざたされるなか、「読売新聞社版」として「本土」でも読まれることを含め、慎重な改訂がなされた結果であろう。そのことがより顕著に表れているのが、渡嘉敷島についての内容である。「集団自決」への軍命や「スパイ嫌疑による斬殺」については、旧版同様に維持されているのだが、日本軍もしくは赤松大尉個人を過度に貶めると判断されたと思われる内容は削除されている。全面改訂のため、残る文章も一言一句同じではないが、旧版の文章から新版で削除された箇所の例を取り消し線で示すと次のようになる。

百隻の舟艇を持った船舶隊は、住民の期待に背き一隻の出撃もせず、一発の魚雷も発射することもなく味方の手で葬られてしまったのである。／陸軍士官学校出、二十八歳の赤松大尉に「卑怯者！」の罵声が浴せられたのは当然であろう。[31]
勧告ビラがばらまかれてから三日目の八月十八日、赤松隊の知念副官が米軍のもとに軍使として投降の交渉にやってきた。／翌十九日には隊長赤松大尉が米軍本部を訪ねて降伏文に調印、二十二日には西村大尉の引率で赤松隊全将兵二〇〇名が山を下り、戦死した将兵の遺骨を先頭に渡嘉敷校々庭に集合、武装解除をうけた。／あれほど自分の口で玉砕を叫びながら、自らは壕の中に避難して住民には集団自決を命令、あるいはスパイの濡衣をかぶせて斬殺、暴虐の限りをつくした彼、赤松大尉は今や平然として降伏文に調印し、恥じる色もなく住民の前にその大きな面を現わしたのだ。その態度はあくまで傲岸で、すこしも自省の様子はみられなかった。その彼が武装解除され、皇軍の襟度も何もなく捕虜となり、米軍兵士に連れて行かれる姿を、住民たちは複雑な気持ちで凝視していた。[32]

赤松嘉次来島阻止事件が起こるのは刊行翌年のことだが、すでにそのような事態を想定し、「予防線」を張っていたともいえる。全面改訂された『秘録沖縄戦記』は、旧版と同様に、「援護法のワク」という「軍隊の論理」から逸脱しない形でまとめられていたが、社会状況および山川個人の立場から生じた自己規制による「予防線」は、さらにそのワクを狭めることになった。だが、次節でみていくように、その「予防線」すら簡単に飛び越えられ、「軍命」というその一点で山川の戦記は批判にさらされることになる。

# 三　「住民の論理」のワク――一九七〇年代―一九八〇年代初頭

## 1　『沖縄県史』の「沖縄戦通史」と「沖縄戦記録」

一九七〇年三月、「集団自決」や住民虐殺が起きた渡嘉敷島で二五周年慰霊祭が行われた際、それに参加しようとした赤松元隊長の来島を拒否する抗議運動が起こった。その際、赤松が自決命令を否定したことが、その後の論争の火種となる㉝。

一九七〇年四月二〇日の復帰協定期総会で決定された「一九七〇年度運動方針」の「当面の目標」には、前年度までの「自衛隊の来沖反対」に変わって、「自衛隊配備に反対する斗い」が設定されている㉞。沖縄住民の意思が尊重されずに日米両政府によって進行する沖縄返還とそれに伴う自衛隊配備の動きに対する反発と不信感は、沖縄戦における日本軍の行為を改めて問い直すきっかけともなっていく㉟。

一九七一年四月には『沖縄県史　第8巻　各論編7　沖縄戦通史』（琉球政府編集発行、以下「沖縄戦通史」）、同年六月には『沖縄県史　第9巻　各論編8　沖縄戦記録1』（琉球政府編集発行）が刊行される。一九七四年三月刊行の『沖縄県史　第10巻　各論編9　沖縄戦記録2』と合わせ、「沖縄戦記録」にのみ関心が集まるが、ここではまず「沖縄戦通史」の内容に注目しておきたい。

「沖縄戦通史」は、全三章（「第一章　太平洋戦争と沖縄戦」、「第二章　戦時体制下の生活」、「第三章　戦場下の沖縄県民」）および「沖縄戦史年表」からなる。このうち、「第三章　戦場下の沖縄県民」は、既刊の戦記に多くを依っており、全八節㊱すべてで山川泰邦『秘録沖縄戦史』からの引用がある。特に、「集団自決」や住民虐殺などを扱った「第七節　スパイ嫌疑と残虐」では、一三カ所の引用がなされており（次に多いのが、『鉄の暴風』と『沖縄の悲劇』の四カ所）、山川の戦記が重要な史料になっているといってよいだろう。

ただ、その後のインパクトとしては、「沖縄戦記録」のほうが圧倒的に大きかった。現実に進行する復帰に対する違和感、批判は、沖縄戦の記憶を語り出す重要なきっかけの一つであったとされる。また、冨山一郎は、「沖縄戦記録」編纂に向けた聞き取りが行われた際、基地周辺では爆音により会話が中断されたことについて、「聞き手はこの状況を、騒音が「ベトナムでの戦争を」示唆することにより、その爆音の合間に想起される沖縄戦の記憶が、ベトナムでの戦争と重なって聞こえるという事態として表現しようとしている」のであり、「騒音の合間に語られる戦争は、今の戦争状態を濫喩的に示し続けるのだ」と表現している。[37] 聞き取りの集積によって、渡嘉敷島、座間味島の集団自決、西表島への強制疎開(戦争マラリア)、住民虐殺など、日本軍の犯罪的行為がさらに明確となり、一部の問題ではなく、組織的問題であったことがはっきりしてくる。[38] 自衛隊配備を強く意識したなかで行われた沖縄県教職員組合による聞き取りも、この点に特化したものであった。[39]

『沖縄県史』編纂で沖縄戦が重視された意義は大きく、特に「沖縄戦記録」によって初めて本格的な沖縄戦研究が始まり、沖縄側から「住民の論理」による沖縄戦認識が打ち出されるようになる。そこでは、住民一人ひとりの「戦争体験」が重視された。[40] ただ、その過渡期である復帰／返還前後においては、日本軍の問題性に関心が集まっていく。それに対する批判として焦点化されていくのが、渡嘉敷島における「集団自決」であった。

## 2　「住民の論理」による沖縄戦通史の登場

曽野綾子『ある神話の背景』は、『諸君!』に一九七一年一〇月から一九七二年八月まで連載された後、単行本として一九七三年五月に文藝春秋から刊行される。[41] 曽野は、赤松元隊長や元隊員などへの聞き取りを行い、関連資料を再検討することで、赤松による「自決命令」は創られた「神話」であると断じた。その「神話」を広めた「沖縄関係の本」として冒頭挙げられたのが、中野好夫・新崎盛暉『沖縄問題二十年』(岩波新書、一九六五年)、上地一史『沖縄戦史』(時事通信社、一九五九年)、山川泰邦『秘録沖縄戦史』(沖縄グラフ社、一九五八年)、琉球政府編『沖縄県史　第8巻各論編7　沖縄戦通史』(琉球政府、一九七一年)、浦崎純「悲劇の沖縄戦」(『太陽』八七、平凡社、一九七〇年)であり、さらに「神話」の根源とされたのが、沖縄タイムス社編『鉄の暴風』(朝日新聞社、一九五〇年)である。[42]

曽野の批判によって、赤松による「自決命令」は伝聞に基づいて書かれたものであるとして、その根拠は否定される。『鉄の暴風』は改訂時の修正を余儀なくされた。実際には、史料や聞き取りについての「史料批判」が不十分であることなど、『ある神話の背景』には問題点も見られるのだが、「神話」を崩したことについては、その後の沖縄戦(記)研究のなかでも一定の評価をされている。[43]

しかし、曽野の議論の最大の問題点は、「私は、赤松隊長が正しかったというわけでもなく、三百余人の人々が死んだ事実を軽視するものではない」などと価値判断を棚上げする一方で、「軍隊が地域社会の非戦闘員を守るために存在するという発想は、きわめて戦後的なものである」として「軍隊の論理」を徹底して肯定するという、その立ち位置にあったといえる。[44]それゆえに、発表直後には多くの反論が起こったが、新たな証拠が出されるわけではなく、感情的な反発もあり、議論は「すれ違い」のままであった。それはまた、復帰／返還前後に成立する「住民の論理」と「軍隊の論理」とのすれ違いと見なすことも可能だろう。

「住民の論理」に基づく沖縄戦認識は、一九七八年にリニューアルオープンした沖縄県平和祈念資料館の新展示に県史などの成果が取り入れられることで、さらに一般に広く認知される。[45]ただ一方で、「軍隊の論理」もすれ違いのまま存続していくため、その後も歴史教科書問題などの火種となり続けていく。

そのようななかで、大田昌秀編『総史沖縄戦　写真記録』(岩波書店、一九八二年)をみると、本文中の注記に山川泰邦の戦記は一切出てこず、「沖縄戦参考文献」として『秘録沖縄戦記』が掲載されているのみとなっている。同書は、「沖縄戦通史」(一九七一年)以来、約一〇年ぶりの「日米両軍及び沖縄住民の総合的戦史」と位置づけられる。[46]沖縄戦

――沖縄を学ぶ100冊刊行委員会編『沖縄戦――沖縄を学ぶ100冊』(勁草書房、一九八五年)をみても、「第一部　沖縄戦――沖縄を学ぶ10冊」、「第二部　沖縄戦――沖縄を学ぶ100冊」のどちらにも山川の戦記は入っておらず、「付録　沖縄戦関係文献目録」に『秘録沖縄戦記』が掲載されているのみである。一方で、『鉄の暴風』と『沖縄の悲劇』(新版『ひめゆりの塔をめぐる人々の手記』)は前者の注記、後者の「第一部　沖縄戦――沖縄を学ぶ10冊」に入っている。『沖縄県史』の「沖縄戦通史」での位置づけと比較した場合、なぜ山川の戦記は主要文献ではなくなったのだろうか。

大城将保は、『秘録沖縄戦史』によって広まった、阿嘉島の少年義勇隊が敵陣に斬込んで全滅したという「八文半の軍靴」で知られるエピソードが、フィクションであることを指摘している。(47) 山川もまた「伝説」の創造に関わっていたことになる。ただ、それは山川の戦記や『鉄の暴風』に限るものではなく、沖縄戦記には多くの事実関係の誤記が散見されるのであり、「沖縄戦記録の問題点」だとされる。(48) だが、『鉄の暴風』は、引き続き重要な戦記としての位置づけを保っているのであり、このことが要因だとは言い難い。一つの仮定として考えられることは、「住民の論理」が定着していくなかで「総合的戦史」が約一〇年ぶりに編まれた際、「軍隊の論理」の色合いが濃く、その上で沖縄戦の全容を示そうとする山川の戦記は「住民の論理」のワクにはめることができず、そのために外されていくことになったのではないか、ということである。そして、そのような沖縄史研究の段階で書かれた仲程昌徳『沖縄の戦記』(朝日新聞社、一九八二年)においても、同様に山川の戦記は外されたということがひとまず可能であろう。

## むすびにかえて――二〇〇七年歴史教科書問題と『秘録沖縄戦記』(二〇〇六年)

「軍隊の論理」と「住民の論理」のすれ違いは、現在に至るまで続いており、一九八二年と二〇〇七年に生じた歴史教科書問題のように、たびたび大きな政治問題を起こしている。

二〇〇七年歴史教科書問題の発端は、同年三月に公表された高等学校歴史教科書検定結果において、沖縄戦における集団死・「集団自決」について記述した五社、七点に対し、日本軍による命令・強制・誘導などが「沖縄戦の実態について誤解する恐れのある表現」であるとして削除・修正させていたことが判明したことである。その背景には、二〇〇五年八月に提起された沖縄「集団自決」裁判（大江・岩波裁判）があった(49)。故赤松元戦隊長の弟と座間味島駐留部隊の梅澤元戦隊長が原告となり、「集団自決を命じたとする記述」が名誉棄損にあたるとして、大江健三郎と岩波書店を訴えた裁判は、二〇〇八年三月の大阪地裁判決で原告の請求棄却、同年一〇月の大阪高裁判決で控訴棄却となり、二〇一一年四月に最高裁が上告を棄却したことで原告敗訴が確定している(50)。本章に関わって興味深いのは、山川泰邦の『秘録沖縄戦史』（一九五八年）と『秘録沖縄戦記』（一九六九年）が被告側資料として使用されていることである(51)。「軍隊の論理」と「住民の論理」という二項対立図式が明確化し、多様な議論の可能性が「封殺」されるなかで「忘却」されてきた山川の戦記が、再び表舞台に登場したともいえる。

ところで、その『秘録沖縄戦記』は、二〇〇六年一〇月に復刻出版されている。山川泰邦は一九九一年に亡くなっており、長男・山川一郎による「復刻版の発刊にあたって」には、次のように書かれている。

> 私は父の「恒久平和を願う心」「二十万人余の諸霊にささげる心」「戦争を知らない世代に贈る心」等、もう一度沖縄戦の実相を世に広く知らせたく数年前から計画し復刻出版を決意したものです。／沖縄県には未だ米軍基地が集中し、いやがうえにも、基地問題で知事が苦悩し県民が翻弄されている状況は、日本の同胞に今一度沖縄が祖国防衛のために払った犠牲を思いおこして欲しいものです(52)。

沖縄「集団自決」裁判が提起された翌年に行われた復刻には、明確な意図があったと言わねばならない。それは、

「集団自決」の章の冒頭にのみ、次のような注記を付していることに示されている。

※本復刻版では「沖縄県史第10巻」(一九七四年)ならびに、「沖縄史料編集所紀要」(一九八六年)を参考に、慶良間列島における集団自決等に関して、本書元版の記述を一部削除した。なお、集団自決についてはさまざまな見解があり、今後とも注視をしていく必要があることを付記しておきたい[53]。

復刻版は、文章全体を改訂しているわけではないため、削除箇所がより明確に判別できる。一九六九年版の文章から復刻版で削除された箇所の例を取り消し線で示すと次のようになる。

米軍の砲弾は、島民がのがれた盆地にも炸裂し始めた。~~赤松隊は住民の保護どころか、無謀にも「住民は集団自決せよ！」と命令する始末だった。~~住民はこの期におよんで、だれも命など惜しいとは思わなかった。敵弾に倒れ、醜い屍をさらすよりは、いさぎよく自決したほうがいいと思い立つと、最後の死に場所を求めて、友軍陣地から三百メートルほどの地点に、約千五百人の島民が集まってきた。防衛隊員が二個ずつ手榴弾を持っていたので、それで死ぬことに決めた。一個の手榴弾の回りに、二、三十人の人々が集まった。「天皇陛下バンザーイ」の叫びが、手榴弾の炸裂音でかき消された。肉片が飛び散り、谷間はたちまち血潮でいろどられた。なかには、クワやこん棒で互いに頭をなぐりつけたり、かみそりで自分ののどをかき切って死んでいく者もあった。／こうして三月二十八日午後三時、三百二十九人の島民が悲惨な自決を遂げた。村民はこの盆地を、いまでも「玉砕場」と呼んでいる[54]。

艦砲のあとは上陸だと、おそれおののいている~~村民に対し、梅沢少佐からきびしい命令が伝えられた。~~／それは

「働き得る者は男女を問わず、戦闘に参加せよ。老人、子供は全員、村の忠魂碑前で自決せよ」というものだった。／従順な村民たちは、老人も子供もみな晴れ着で死の装束をすると、続々と集まってきた。間もなく忠魂碑前は、村民で埋まった。梅沢少佐と村長が来るのを待って、自決が決行されることになっていた。村民は一家そろって、村中の老幼が寄り合い、自らおのれの生命を断とうとしていた。／突然艦砲弾が忠魂碑に命中し、碑は轟音と共にくずれ去った。その瞬間、本能的にだれかが立ち上がって駆け出すと、つられるように全員が四散して逃げた。／こうしてつかの間の悲劇は防ぐことができたものの、住民の集団自決は、このあとつぎつぎに起こった。(55)

復刻版を刊行することで何を行いたかったのかは明白であろう。一九六九年版に続き、山川の戦記は、時代状況を色濃く反映した改変がなされたということができる。

二〇〇七年歴史教科書問題に話を戻すと、同年六月二二日には県議会が「教科書検定に関する意見書」を可決(七月一一日に再度可決)、六月二八日までに県内全四一市町村議会で検定意見撤回を求める意見書が可決する。そして、九月二九日には「教科書検定意見撤回を求める県民大会」(於宜野湾海浜公園、同実行委員会主催)が開催され、一一万六〇〇〇人(主催者発表、六〇〇〇人は宮古・八重山会場)が参加する。この県民大会が二〇一〇年、二〇一二年の「オール沖縄」県民大会の前提ともなる。(56)

超党派によって組織された県民大会実行委員会の委員長は、自民党の仲里利信県議会議長が務め、仲井眞弘多県知事も大会に参加した。一九九五年以来、しかも保守県政のなかで超党派による県民大会が行われたのである。ただ、仲里によれば、県議会で意見書を審査した際、「自民党会派では、二、三名の議員が相も変わらずに強硬に反対して」おり、「一向に態度を変える兆しが見られ」なかったという。(57)「二、三名の議員」の反対理由は、「大江・岩波裁判」が係争中という一点であり、自衛隊に近いという共通点もあった[58]。結局、この時には仲里の説得も功を奏して全会一致となったものの、「オール沖縄」への転換点といえる二〇〇七年県民大会において、楔が存在していたとみることも可能であろう。

戦後五〇年を経たころから、日本全体と軌を一にした、戦争をめぐる記憶継承の困難性、および、自衛隊認識の変化は、沖縄においても着実に生じてきているように思われる。基地認識を考える上でも、二〇一〇年頃から尖閣諸島問題を直接の契機として、県民世論にも新たな変化が生じているといえよう。沖縄戦認識と自衛隊認識が直結されなくなり、米軍基地の整理縮小は求めつつも、自衛隊配備やむなしとすることが同時に成り立つようになる。沖縄県民のアイデンティティの根幹、琴線となってきた沖縄戦認識は、新たな転換期を迎えているように思われる。そのようななかで、多様な議論の可能性が「封殺」されることで成り立つ単純な二項対立図式(「軍隊の論理」=「日本軍」・「加害」、「住民の論理」=「沖縄住民」・「被害」)によって選別(あるいは排除)するのではなく、一つひとつの事象そのものから歴史認識を丹念に培っていくことが、重要となってくるのではなかろうか。

(1) 嶋津与志『沖縄戦を考える』ひるぎ社、一九八三年、一二六―一二七頁。嶋津与志は大城将保のペンネーム。
(2) 拙稿「「沖縄戦」の戦後史」『立命館平和研究』一一、二〇一〇年。のち、拙著『沖縄の保守勢力と「島ぐるみ」の系譜』有志舎、二〇一六年に所収。
(3) 福間良明『焦土の記憶』新曜社、二〇一一年、二〇九―二一〇頁。
(4) 山川泰邦『我が回顧録とスピーチ』山川泰邦、一九八二年、一〇八頁。元は『読売新聞』一九六七年五月一四日。
(5) 山川の経歴については、前掲『我が回顧録とスピーチ』の「私の行政、政治活動の記録」(二五七―二六七頁)や「略歴」などを参照。特高という経歴を持つためか、山川自身は沖縄戦以前の履歴についてほとんど触れていない。
(6) 鳥山淳「沖縄戦をめぐる聞き書きの登場」『岩波講座　アジア・太平洋戦争6　日常生活の中の総力戦』岩波書店、二〇〇六年。
(7) 屋嘉比収「戦後世代が沖縄戦の当事者となる試み」『沖縄戦、米軍占領史を学びなおす』世織書房、二〇〇九年。初出は屋嘉比収編『沖縄・問いを立てる―4』社会評論社、二〇〇八年。屋嘉比収・近藤健一郎・新城郁夫・藤澤健一・鳥山淳編『沖縄・問いを立てる―1』社会評論社、二〇〇八年の「沖縄研究ブックレビュー」にも『秘録沖縄戦史』は取り上げられていない。

（8）仲程昌徳『沖縄の戦記』朝日新聞社、一九八二年、Ⅰ章・Ⅱ章を参照。

（9）前掲『沖縄の保守勢力と「島ぐるみ」の系譜』一八六―一八七頁。

（10）福間良明『「反戦」のメディア史』世界思想社、二〇〇六年、一六二―一七四頁。

（11）前掲『沖縄の保守勢力と「島ぐるみ」の系譜』一八七―一八八頁。

（12）世良利和『沖縄劇映画大全』ボーダーインク、二〇〇八年、一九頁。

（13）前掲「沖縄戦をめぐる聞き書きの登場」三八五頁。

（14）前掲『沖縄戦を考える』一二四頁。適用基準の二〇項目は以下の通り。「①義勇隊②直接戦闘③弾薬・食糧・患者等の輸送④陣地構築⑤炊事・救護等雑役⑥食糧供出⑦四散部隊への協力⑧壕の提供⑨職域による協力⑩区村長としての協力⑪海上脱出者の刳舟輸送⑫特殊技術者⑬馬糧蒐集⑭飛行場破壊⑮集団自決⑯道案内⑰遊撃戦協力⑱スパイ嫌疑による斬殺⑲漁撈勤務⑳勤労奉仕作業」（前掲『沖縄戦を考える』一九五頁）。

（15）前掲『沖縄戦を考える』一九三頁。

（16）前掲『沖縄の保守勢力と「島ぐるみ」の系譜』一八五、一九二―一九六頁。

（17）山川泰邦『秘録沖縄戦史』沖縄グラフ社、一九五八年、五―六頁。

（18）第一章　沖縄戦の序幕（一　学童疎開船「対馬丸」／二　十月十日の大空襲（那覇最後の日）／三　嵐の前の沖縄）
第二章　洞窟と戦場の八十三日（一　米軍の上陸／二　艦砲下の物資蒐集／三　洞窟の回想／四　洞窟から追い出される／五　形見の毛髪／六　壕を求めて散った人々／七　地獄の南部戦線／八　出てこい！／九　手榴弾を持つ女／十　ついに捕虜となる）
第三章　学徒従軍（一　沖縄健児隊／二　北部戦線の学徒兵／三　沖縄学徒看護婦隊／四　学徒隊の編成と戦死状況）
第四章　北部戦線の住民（一　北部山岳の避難民／二　帰らぬ巡査部長／三　女子青年の斬込み（伊江島の悲劇））
第五章　沖縄県最後の行政官（一　最後の沖縄県知事島田叡／二　疎開の恩人荒井警察部長／三　特高課長佐藤喜一）
第六章　捕虜生活（一　収容所風景／二　米船に乗せられて／三　米軍の医療サービス／四　掠奪／五　ぢいさんと米兵）
第七章　住民の悲劇（一　集団自決の渡嘉敷戦／二　座間味住民の集団自決／三　秘められた住民の戦い／四　敵中突破を企てた人々／五　スパイ惨話）
第八章　守備軍夜話（一　遊廓と兵隊／二　慰安婦も兵力／三　廃業願いあの手この手／四　大尉と琉装の美女／五　准尉の逢びきと警邏巡査）
第九章　戦闘のあらまし（一　軍の配備と彼我の損害／二　戦闘日誌）

(19)　前掲『我が回顧録とスピーチ』八三頁。元は『朝日新聞』一九六七年一一月一二日。
(20)　前掲『秘録沖縄戦史』二〇三頁。
(21)　前掲「沖縄の保守勢力と「島ぐるみ」の系譜」二四六―二四七頁。
(22)　拙著『沖縄観光産業の近現代史』人文書院、二〇二一年の第三章「一九六〇年代の沖縄観光」。
(23)　北村毅『死者たちの戦後誌』御茶の水書房、二〇〇九年、一三七頁。
(24)　同前、一六八―一七四頁。
(25)　小山高司「沖縄の施政権返還に伴う沖縄への自衛隊配備をめぐる動き」『防衛研究所紀要』二〇―一、二〇一七年。
(26)　吉浜忍「沖縄戦後史にみる沖縄戦関係刊行物の傾向」『史料編集室紀要』二五、二〇〇〇年、五八頁。
(27)　拙著『沖縄の復帰運動と保革対立』有志舎、二〇一二年を参照。
(28)　前掲「沖縄の保守勢力と「島ぐるみ」の系譜」一九五頁。ただし、屋良朝苗は行政主席として、一九六九年以降の例大祭などには参加している(沖縄県護国神社編『沖縄県護国神社の歩み』沖縄県護国神社、二〇〇〇年、参照)。
(29)　山川泰邦『秘録沖縄戦記』読売新聞社、一九六九年、六頁。また、「これからもアジアの安全保障のかなめ石として、重荷を負うて苦難の道を行くのであろうか。この十字架が国民的要請であるのならば、全国民がひとしく背負うべきである。また苦難や不安から解放される自由は、沖縄をふくめて全国民がひとしく享受すべきものであると信じる」(五頁)という文章には、沖縄保守政治家としての立場性がうかがえる。
(30)　沖縄戦の序幕(一、疎開/二、学童疎開船「対馬丸」/三、十月十日の大空襲/四、米機動部隊来攻前の沖縄)
米軍の沖縄上陸(一、米機動部隊の来襲/二、米軍の嘉手納上陸/三、死闘の首里戦線/四、第三二軍の首里撤退と海軍部隊の玉砕/五、第三二軍の最期)
学徒従軍(一、学徒動員/二、首里戦線の学徒隊/三、首里から摩文仁へ死の後退/四、悲惨な南部戦線/五、北部戦線の学徒隊)
学徒看護婦(一、従軍のいきさつと入隊/二、ひめゆり学徒看護婦隊/三、白梅学徒看護婦隊/四、昭和高女の看護婦隊/五、積徳高女の看護婦隊/六、首里高女の看護婦隊)
集団自決(一、渡嘉敷村民の集団自決/二、座間味村民の集団自決)
洞窟と戦場の八十三日(一、洞窟の回想/二、洞窟から追い出されて/三、地獄の南部戦線)
捕虜収容所(一、君は兵隊だろう/二、糞尿譚収容所版/三、米船に乗せられて/四、安谷屋収容所/五、手榴弾を持つ女/六、略奪/七、じいさんと米兵)
北部戦線と伊江島の戦闘(一、北部地区の守備隊/二、北部山岳の惨状/三、本部半島の戦闘/四、伊江島の戦闘)
県民の戦闘協力と悲劇(一、県民の戦闘参加/二、沖縄警察の最期/三、スパイ容疑で殺された人々)

沖縄県最後の行政官(一、最後の沖縄県知事・島田叡/二、疎開の恩人荒井警察部長/三、特高課長佐藤喜一)付録　戦闘日誌　第三二軍の配備　日米の損害(一、戦闘日誌/二、軍の配備　日米の損害)

(31)　前掲『秘録沖縄戦史』二一六頁、前掲『秘録沖縄戦記』一四七頁。

(32)　前掲『秘録沖縄戦史』二二六頁、前掲『秘録沖縄戦記』一五三―一五四頁。

(33)　前掲『焦土の記憶』二〇二―二〇四頁。

(34)　『祖国復帰のために　総会決定集　第十一号』沖縄県祖国復帰協議会、一九六九年、一七頁、『祖国復帰のために　総会決定集　第十二号』沖縄県祖国復帰協議会、一九七〇年、二三頁。「自衛隊配備発表と沖縄の反応」については、成田千尋「沖縄返還と自衛隊配備」『同時代史研究』一〇、二〇一七年を参照。

(35)　前掲「沖縄戦をめぐる聞き書きの登場」三九九頁。

(36)　第一節　十月十日の空襲/第二節　沖縄本島へ米軍上陸―中部の戦闘―/第三節　飢餓線上の避難民―北部戦況―/第四節　戦火に追われて―南部の激突と敗退―/第五節　学徒出陣/第六節　郷土防衛/第七節　スパイ嫌疑と残虐/第八節　終戦―捕虜収容所生活―

(37)　冨山一郎「沖縄戦「後」ということ」歴史学研究会・日本史研究会編『日本史講座10　戦後日本論』東京大学出版会、二〇〇五年、三一六頁。

(38)　ただし、「沖縄戦記録」で、「慶良間諸島」や「西表島」が扱われるのは、沖縄県編『沖縄県史　第10巻　各論編9　沖縄戦記録2』沖縄県、一九七五年においてである。

(39)　沖縄県教職員組合戦争犯罪追及委員会編『これが日本軍だ――沖縄戦における残虐行為』沖縄県教職員組合、一九七二年。沖縄教職員会は、一九七一年九月に沖縄県教職員組合へと改組している。

(40)　ただし、琉球政府編『沖縄県史　第9巻　各論編8　沖縄戦記録1』琉球政府、一九七一年の「編集趣旨ならびに凡例」には、留意したこととして、「1　陣地構築協力(飛行場、陣地構築など)/2　増産諸統制ならびに供出(野菜、芋、家畜など)/3　疎開(九州、北部)/4　防衛召集(戦闘、前線への弾薬、食糧運搬、負傷兵の後送、船舶特攻隊の後方任務など)/5　一般県民の戦闘中の後方任務(前線へ弾薬、食糧運び、負傷兵の看護、炊事など)/6　壕生活(水、食、生理、出産、スパイ嫌疑、その他特異な生活)/7　友軍将兵に壕を追い出されて(とくに親子連れなど)/8　米軍の砲爆撃と死体の状況/9　県民の生死観(人間性の喪失、動物的心情など)/10　投降(投降心理の推移)/11　収容所(負傷者、食糧問題、死体埋葬、軍民の分離、その他)/12　村への復帰(食、衣、住、遺骨収集、農作物の異常繁殖、協同作業、復興など)」が示されており、依然としてこの段階での認識枠組としての「援護法のワク」を感じさせる。

(41)　前掲『沖縄の戦記』一四四頁。

(42) 曽野綾子『ある神話の背景』文藝春秋、一九七三年、九―一六、三八―四一頁。
(43) 前掲『沖縄の戦記』、前掲『沖縄戦を考える』など。
(44) 前掲『ある神話の背景』二五九、二四五頁。二つの引用箇所は、どちらも大江健三郎『沖縄ノート』岩波新書、一九七〇年を批判する際のものである。
(45) 前掲『沖縄戦を考える』一二六―一二七頁。
(46) 同前、一一〇―一一三頁。
(47) 同前、一一九―一二四頁。
(48) 同前、一一四―一一八頁。
(49) 拙著『沖縄現代史』中公新書、二〇一五年、二九六―二九七頁。
(50) 岩波書店編『記録・沖縄「集団自決」裁判』岩波書店、二〇一二年、二五三―二五七頁。
(51) 同前、三五九、三六一頁。
(52) 山川泰邦『秘録沖縄戦記〔復刻版〕』新星出版、二〇〇六年、九頁。山川一郎は、沖縄県庁幹部職員を経て、翁長雄志那覇市長時代に助役を務めた人物である(同書巻頭の稲嶺惠一および翁長雄志の序文による)。
(53) 前掲『秘録沖縄戦記〔復刻版〕』一七二頁。「「沖縄史料編集所紀要」(一九八六年)」は、大城将保「座間味島集団自決事件に関する隊長手記」『沖縄史料編集所紀要』一一、一九八六年のことだと思われる。
(54) 前掲『秘録沖縄戦記』一四八―一四九頁、前掲『秘録沖縄戦記〔復刻版〕』一七九頁。
(55) 前掲『秘録沖縄戦記』一五六頁、前掲『秘録沖縄戦記〔復刻版〕』一八七頁。
(56) 前掲『沖縄現代史』二九七―二九八頁。
(57) 仲里利信『沖縄から伝えたいこと』琉球新報社、二〇一九年、五七頁。
(58) 仲里利信氏への聞き取り(二〇一八年八月一一日)。

# 第III部

# 冷戦後の社会と前景化する記憶

第7章

# 被害と加害を再編する結節点としての「戦後五〇年」

## ――国境を越えてゆく戦後補償の運動と言説

玄武岩

## 一　「正義の分断」に帰結した戦後補償運動

二〇一八年一〇月三〇日の新日鉄住金(旧新日本製鉄、現日本製鉄)に対する元「徴用工」への損害賠償を確定した韓国大法院(最高裁)の判決は、冷戦の終結とともに始まる戦後補償運動の転換点といえる。帝国日本の植民地支配のもとで行われた企業の強制動員・強制労働が「反人道的な不法行為」であることを認定する判決が、被害者を顧みない「戦後処理」のくびきを解いたのだ。法理的には日本政府も責任を免れず、およそ二年後の二〇二一年一月八日、ソウル中央地裁は、他国の主権行為を裁けないとする「主権免除」の原則を適用せずに、元日本軍「慰安婦」が日本政府に損害賠償を求めた訴訟の裁判で慰謝料の支払いを命じた[1]。

しかしこれらの判決は戦後補償運動の限界も示している。冷戦が解体する一九九〇年以降、「徴用工」や日本軍「慰安婦」、「女子勤労挺身隊」など帝国日本に戦時動員された韓国およびアジア各国の被害者が日本の政府・企業を相手取って謝罪と損害賠償を求めた。「証言の時代」ならびに「裁判の時代」が幕を開けたのだ。ところが、日本での戦後補償裁判が行き詰まると、被害者および支援団体は韓国での訴訟に活路を見出すことで、政治権力のみならず、司法の領域においても埋めがたい日本と韓国の歴史認識の溝を刻印する「正義の分断」に帰結した。

もっとも国際関係の構造が転換したからといって、自ずと戦後補償への道が開かれるわけではない。日韓のあいだには、植民地支配の問題は解決されたとする日韓請求権・経済協力協定（一九六五年）の呪縛がつきまとい、今日まで両国が尖り合う根源をなしている。その呪縛を解きほぐすべく日韓の「連帯」が市民レベルで台頭すると、こうした異議申し立ては日本人の戦争被害者による補償の要求へと飛び火した。そういう意味で、「戦後五〇年」は、「被害」と「加害」の再編を促すことによって、国家権力が関与した「反人道的な不法行為」を問いただす「戦後日本の戦争責任論」の結節点であったといえる。

そこで、本章ではまず、戦後補償運動が本格化する一九九〇年代に遡り、戦後補償裁判をめぐる日韓「連帯」の数々の経験をとおして、日本の市民社会の取り組みが、どのように被害者との相互作用をへて国家暴力に対するトランスナショナルな抵抗へと転化してきたのかについて考察する。さらに、強制動員被害者の尊厳の回復がナショナルな枠組みに回収されることで日韓を隔てる「正義の分断」に帰結したことにも注目する。日韓「連帯」というコンタクト・ゾーンの双方向性の系譜をたどれば、一九九〇年代以降の裁判をテコにして国境を越えてゆく戦後補償の運動と言説の現在的意味を浮き彫りにすることができるだろう。

## 二　戦後補償裁判の前史――「戦後日本の戦争責任論」と「日韓連帯」

被害と加害の結節点としての「戦後五〇年」を特徴付ける「裁判の時代」は、冷戦後の「記憶のグローバル化」（アンリ・ルソー）もさることながら、それを実践的に突き動かす日韓の市民社会の「連帯」なくして語れない。日本各地で戦後補償裁判を展開するうえで欠かせない「支援」と「協力」は、「戦後日本の戦争責任論」の変化のなかでその下地が用意されていった。一般の「日本人の戦争観」においても、一九七〇年代から八〇年代にかけて、対外的配慮を優先させるかたちではあるが戦争の侵略性や加害性が明白に認識されていく(2)。

一九八七年に民主化を成し遂げた韓国では戦後補償を求める声が臨界点に達していた。一九七〇年代には孫振斗(ソンジンドゥ)手帳裁判やサハリン残留者帰還請求訴訟などが日本の弁護士や市民団体の支援によって行われていたが、それは戦争責任論の問題提起に裏付けられた歴史問題というより、喫緊の解決を要する個別具体的な「救済」の課題であった。もっとも裁判で問われたのは、かつて帝国臣民として動員した朝鮮人が戦後になると「外国人」だとして援護措置から排除されたことの「不条理」であった。韓国の戦争被害者や遺族団体が日本の国家賠償と謝罪を求めて自ら提訴するのは「裁判の時代」になってからのことである。

歴史学者の赤澤史朗は、敗戦後から一九九〇年代までの「戦後日本の戦争責任論の動向」を四つの時期に分けて論じている。「国際化の波が押し寄せ、こうした外からの衝撃を受けて日本の国内でも新たな戦争責任論が台頭してくる」一九八九年以降は第四期に位置付けられる(3)。その第四期の特徴として、戦争責任論が人権侵害問題として認識されたことや、その担い手として法律家やフェミニストが台頭したこと、また、戦争被害者の個人補償要求を意味する「戦後補償」論という言葉が多く用いられるようになったことを挙げている。

「戦後日本の戦争責任論」の一角を占める戦後補償裁判は、戦後補償に向けた運動・実践の理想型ではない。実際、援護措置の拡大や被告企業との和解、補償立法や行政措置による救済など、曲がりなりにも前進してきた戦後補償運動の成果は積極的に評価されるべきであろう。「正義の分断」が起きている現在から「戦後日本の戦争責任論の動向」の第四期を眺めれば、戦後補償裁判の歴史的意義はいっそう明確な政治性を帯びて迫ってくるはずだ。

一方、一九七〇年代以降、前述した「救済」の取り組みのほか、韓国の民主化運動へのコミット、社会問題(貧困・公害輸出・買春観光)への関心、在日コリアンの社会的・法的権利をめぐる市民運動など「日韓連帯」の流れが存在した。この時期の「日韓連帯」は、歴史学者の和田春樹がいうように、「先進的民主主義国の日本人がおくれた独裁国の韓国人を援助するというようなものではな」く、「われわれが生まれかわるための連帯」であることを見据えていた[4]。とはいえ、韓国の詩人金芝河(キムジハ)が日本の救命運動について「あなたがたの運動は私を助けることができない。しかし、私はあなたがたの運動を助けるために、私の声を加えよう」と応答したように[5]、「日韓連帯」はかならずしも嚙み合っていなかった。

やがて、韓国の市民社会が成長することで、「日韓連帯」は双方向的・自己変革的な関係へと進化した。舞台は「反独裁民主化」から「歴史問題」へと移り、戦後補償裁判を日本の市民社会が支え、それが「戦後日本の戦争責任論」にも変容を促した。ところで、韓国の民主化とともに「日韓連帯」という概念は過去のものとなった。当時、「日韓連帯」といえば、韓国の民主化をターゲットにした概念と考えられていたからだ。しかし、トランスナショナルな戦後補償運動こそが、和田が先見的に提唱した「日本人と朝鮮半島の人々との間の歴史をすべての面で問い直し、根底から作り直すための連帯」を体現したものであると考えるならば[6]、「日韓連帯」の意味も捉えなおす必要がある。したがって、本章では「連帯」が本来的な意味を発揮する一九九〇年代以降の日韓市民の共働を日韓「連帯」として位置付ける。

戦後補償運動における日韓「連帯」は、市民団体や法律家による戦後補償裁判への取り組みと、それらの裁判を強制動員の事実発掘および調査研究の面で裏付ける真相究明の活動に大別できる。そこで分析の対象として、戦後補償裁判にかかわる市民団体としては「日本の戦後責任をハッキリさせる会」(東京)および「戦後責任を問う・関釜裁判を支援する会」(福岡)を、強制動員真相究明の展開については「朝鮮人・中国人強制連行・強制労働を考える全国交流集会」(一九九〇—二〇〇四年)および「強制動員真相究明ネットワーク」(二〇〇五年—)を選択した。これらは、数ある一九九〇年代以降の日韓「連帯」の一例であるが、その持続性・専門性の面において重要である。

## 三　戦後補償裁判の時代へ

### 1　孤高の活動家・宋斗会が訴えた「不条理」

一九九一年一二月に韓国の太平洋戦争犠牲者遺族会(以下、遺族会)が主体となって、元日本軍の軍人・軍属および元日本軍「慰安婦」が日本国に賠償を求めたアジア太平洋戦争韓国人犠牲者補償請求訴訟は、東京地裁への提訴からおよそ一〇年後の二〇〇一年に一審判決が言い渡され、二〇〇四年に最高裁で原告の敗訴が確定した。およそ一五年にわたる裁判闘争を支えたのが「日本の戦後責任をハッキリさせる会」である。ところで、遺族会は、前年の一九九〇年にも個人訴訟を提起している。この公式陳謝・賠償請求訴訟に至る過程で協力したのが「日本国に朝鮮と朝鮮人に対する公式陳謝と賠償を求める裁判をすすめる会」(以下、すすめる会)であるが、まずはその成り立ちについて見てみよう。

一九六九年に日本国籍確認訴訟を起こして敗訴した宋斗会(ソンドゥフェ)は、一九七三年に法務省前で外国人登録証を焼き捨てるパフォーマンスを披露したことで知られる、在日朝鮮人の「孤高の活動家」である。宋斗会は一九七四年には樺太抑留朝鮮人帰還請求訴訟を起こし、「裁判の時代」に入ると遺族会の公式陳謝・賠償請求訴訟(一九九〇年)や光州(クァンジュ)千人訴訟(一九九二年)、浮島丸事件訴訟(同)、朝鮮人ＢＣ級戦犯訴訟(一九九五年)、朝鮮人元日本兵シベリア抑留訴訟(一九九六年)など立て続けに提起した。これらの提訴は場当たり的にも見えるが、日本国籍の確認を求め、「不条理」を訴えるという姿勢は一貫している。

日本国籍を求めるという、当時はタブー視された主張をする宋斗会に民族団体は辟易するが、その一貫性が一九九〇年代の「裁判の時代」を切り開く発火点になった。このとき重要な役割を果たしたのがすすめる会の事務局長を務めた青柳敦子である。一九八五年に宋斗会が作成した小冊子「小菅から」を読んだ青柳は、幾許かのカンパを送り、それがきっかけで宋斗会と文通を重ねた。(7)「少しのんべの主婦」だった青柳は、宋斗会と出会うことで「日本人にとっての朝鮮人問題とは何か」について思考を深めることになる。

二人は文通を始めて半年後の一九八六年五月に福岡で対面する。そこには、のちに弁護士となって戦後補償裁判に深く関わる若き山本晴太の姿もあった。宋斗会が一九八八年に、朝鮮と朝鮮人に対する日本政府の謝罪を求める意見広告の『朝日ジャーナル』への掲載を決めると、(8)青柳らは「朝鮮と朝鮮人に公式謝罪を百人委員会」(すすめる会に改称)を結成し、一九八九年には韓国の戦争被害者遺族に「公式陳謝と賠償を求める裁判」を呼びかけるため訪韓する。(9)

このとき韓国でも、戦時動員の被害者たちに新たな動きがあった。一九七二年に発足した遺族会前身の太平洋戦争遺族会は、一九七一年に成立した「対日民間請求権申告に関する法律」により死亡した軍人・軍属および労務者に限って直系遺族(八五五二人)を対象に慰労金を支給し、金額もわずか三〇万ウォン(一九万円)に過ぎなかったことに憤慨した。日本領事館への抗議も阻まれるなど、軍事政権下で活動が制約された遺族会は、民主化後に組織を立て直し、一九九〇年六月に現在の名称で再発足した。日本では一九八七年に特別立法として、台湾の戦死傷者に一律二〇〇万円を支給する法律が制定されたことも弾みとなった。さらに、昭和天皇の死去により被害の歴史が葬られるのではないかという危機意識も作用しただろう。

一九八九年一一月の韓国での現地調査で青柳は被害者と接触していないが、携行した意見広告の韓国語訳が遺族会の目に止まり、先方から連絡をもらっている。(10)国を提訴する経験などなかった遺族会にとって、在日コリアンの指紋押捺撤廃運動を経験したメンバーからなるすすめる会の呼びかけは一縷の希望に見えただろう。ただし、遺族会には、日本国を提訴するにあたり「過去の恥辱を乗り越えて韓国人のプライドをかけた重大な訴訟に日本人が深く関与していることが気がかりだ」という戸惑いもあった[11]。それでも、韓国政府や世論の無関心のなかで日本の市民団体に頼るしか方法はなかった。

遺族会は世論を喚起するため一カ月間の全国徒歩大行進を展開するなど、問題解決に向けて積極的に活動し、一九九〇年八月には、青柳事務局長と小野誠之弁護士、田中宏愛知県立大教授（当時）らを迎え、「対日謝罪および賠償請求裁判に関する韓・日共同説明会」をソウルで開催した。こうして同年一〇月に原告のうち一〇人が来日し、東京地裁への提訴にこぎつけたのだが、これは原告代理人を立てない本人訴訟であった。「朝鮮人に多大の犠牲を強い、戦後放置してきたことを朝鮮人総体に対して公式に陳謝」を求めることに主眼を置く訴状には[12]、日本政府の「不条理」を訴える宋斗会の意思が反映されていた。

こうした訴訟のかたちは、実質的な成果を望む遺族会としては納得できるものではなかったのだろう。提訴後に原告団や日韓の支援団体が分裂する。しかし、同訴訟はサハリン残留韓国人補償請求訴訟（一九九〇年）とともに、「裁判の時代」を切り開く訴訟として画期的であった。どちらにも宋斗会が直接または間接に絡んでいることも見逃せない。

## 2　「リベラル戦後責任」と「ラディカル戦後責任」

フリージャーナリストの臼杵敬子は、訪韓中の一九九〇年六月、たまたま全国徒歩大行進を展開していた遺族会を取材した。その後、同年一〇月の東京での提訴記者会見も取材している。遺族会から協力を要請された臼杵は、周辺に呼びかけて一九九〇年一二月に新たな支援団体「日本の戦後責任をハッキリさせる会」（以下、ハッキリ会）を立ち上げた[13]。ハッキリ会は一九九一年四月に初の訪韓調査に乗り出した。このとき、提訴に向けた相談に応じたのが高木健一弁護士であった。そして一九九一年八月に元日本軍「慰安婦」の金学順（キムハクスン）が実名で名乗り出ると元「慰安婦」らも原告に加わり、高木が主任弁護士を務める原告代理団を結成して、同年一二月にアジア太平洋戦争韓国人犠牲者補償請求訴訟を起こした。同訴訟が「人道に対する罪」に対して国際法による救済を求める「人的損失等の損失補償ないし損失賠償請求」であることからもわかるように[14]、問われるべきはまさしく日本の「戦争責任」だった。

高木弁護士は一九七五年にサハリン残留者帰還請求訴訟に関わって以来、サハリン残留韓国人の帰還実現に向けて尽力してきた。そのきっかけは、一九七三年に宋斗会の訪問を受けたことであった。訴訟は一九八九年に取り下げられるが、ついで未帰還者や永住帰国者などが原告となり、強制連行・強制労働および帰還させる義務の不履行が「人道に対する罪」に該当するとして提訴したのが前述のサハリン残留韓国人補償請求訴訟である。

一方、臼杵は一九七六年の初訪韓以来、民主化運動や「キーセン観光」の取材のためたびたび韓国を訪れていた。一九八二年には一年間の語学留学も経験している。その過程で元日本軍「慰安婦」に接触し、一九八四年に日本のテレビ放送で初めてその存在を伝えた[15]。当時は戦後補償についての意識は希薄だったというが、ハッキリ会結成以降、積極的に遺族会の訴訟を支えた。裁判の費用や原告の滞在費などを工面しただけでなく、関係省庁前でビラを撒き、また、「ハッキリ通信」を発行して運動の輪を広げた。遺族会会長からは「物心両面にわたってわが遺族に理解と協力を惜しま」なかったと評価されている[16]。

同訴訟の日本側の支援活動が、すすめる会ではなくハッキリ会によって営まれたのは、このとき被害者が問いただしたのが、「戦後責任」よりも「戦争責任」だったからにほかならない。もっとも日本の「戦後責任」が「戦争責任」を前提として、それと密接不可分のものであることはいうまでもない[17]。法学者の大沼保昭がいうように、「戦後責任」を「アジアからの視線を受けとめ、それに応えるという意識をもって市民運動の中で育まれ定着した実践を伴う思想」と捉えるならば[18]、「責任」における主体の当事者性の有無や発生時期の戦時か戦後かをもって「戦争責任」と「戦後責任」とを区別するのは妥当性を欠くだろう。

したがって、以下では、帝国日本の朝鮮半島に対する植民地支配を「合法」とみなしながらも（＝戦前と戦後の連続性）、戦後、戦時動員された被害者を各種援護の施策から排除する「国籍条項」に異を唱える（＝憲法の普遍性）立場を「リベラル戦後責任」と呼ぶ。そして、植民地時代を「日帝強占期」と定義づけ（＝戦前と戦後の断絶性）、帝国日本の加害行為に対する事実の認定と責任の所在を徹底して追及する（＝植民地支配の不法性）立場を「ラディカル戦後責任」と呼ぶことにする。

## 四　戦後補償の運動と言説

### 1　関釜裁判を支援する会——被害者に寄り添う「ラディカル戦後責任」

一九九二年一二月、釜山（プサン）地域の元日本軍「慰安婦」および元「女子勤労挺身隊」の被害者が、山口地裁下関支部に日本国の公式謝罪と賠償を求めて提訴した。「関釜裁判」と称される釜山朝鮮人従軍慰安婦・女子勤労挺身隊公式謝罪等請求訴訟は、その後の追加提訴を含めて一〇人が日本国と争うことになる。一九九八年四月の一審判決では、他の戦後補償裁判がことごとく原告の敗訴に終わるなか、初めて一部勝訴を勝ち取った。元「慰安婦」に限られたものの、戦後の国の不作為を認める画期的な判決であった。しかし、二〇〇一年四月の広島高裁判決ではそれも取り消され、二〇〇三年三月に最高裁が上告を棄却することで敗訴が確定した。

遺族会の提訴に刺激され、被害者が届け出ていた挺身隊問題対策釜山協議会の金文淑（キムムンスク）会長は、一九九二年五月、遺族会光州支部の光州千人訴訟の準備のため訪韓中の山本晴太弁護士に面会を申し入れた。元「慰安婦」による証言集会がたびたび開かれた九州では、「「従軍慰安婦」問題を考える福岡の会」も活動を展開しており、山本弁護士が同会に裁判支援を呼びかけたのである。その後、同会は裁判に備えて「戦後責任を問う・関釜裁判を支援する会」（以下、関釜裁判を支援する会）の準備会を立ち上げ、一九九三年四月に原告らを迎えて結成集会を開いた。同会の公式活動は、二〇一三年九月に解散するまで二〇年続く。

およそ一二年に及ぶ裁判を関釜裁判を支援する会が支えた。来日する原告の裁判闘争の支援のほか、ニュースレター「関釜裁判ニュース」を発行し、講演会・学習会を開催した。また、裁判のたびに行う報告集会や街頭デモ、意見広告の掲載や国内外の現地調査および資料収集、各種交流会への参加、戦後補償の立法要求など、その活動は多岐にわたる。訴訟が終了しても、韓国での裁判傍聴や、元原告への見舞い、葬儀への参列などで交流を重ねた。関釜裁判を支援する会は、「私達自身の生きざまを問いつつ、戦後責任を問うこの裁判を自分自身の問題として」取り組んだ[19]。

関釜裁判一審判決で一部認容を導いたのは、「原告らを含む多数の朝鮮人に多大な犠牲を強い、かつ、戦後放置してきたことを、国会及び国連総会において公式に謝罪せよ」と求めた請求趣旨のうち、「戦後放置してきた」ことの予備的請求の「立法不作為」の部分であった。判決文は「立法不作為による国家賠償を認めることができる」と解し、一連の戦後補償裁判で原告の主張を退ける際に用いられてきた「国家無答責」や「除斥期間」の壁を揺るがした[20]。

山本弁護士がいうように、同訴訟は、そもそも勝訴することよりも、裁判の過程で実態として謝罪と賠償すべき現実が明らかにされることを期待して提訴されたものであった。それらを根拠付ける法律が見当たらなければ日本の立法・行政のあり方が問われ、そうした問いが戦後補償の実現の力になると思われたからだ[21]。そういう意味で、一九九〇年代の戦後補償裁判は「リベラル戦後責任」的な要素を戦略として必要としていた。真っ先に国際法に依拠して帝国日本の「人道に対する罪」を問おうとしたアジア太平洋戦争韓国人犠牲者補償請求訴訟やサハリン残留韓国人補償請求訴訟を率いる高木弁護士の戦略とは異なっていたのだ。

これには、サハリン残留韓国人問題の場合、韓国人被爆者の問題とともに日韓両政府による「救済」への道が開か

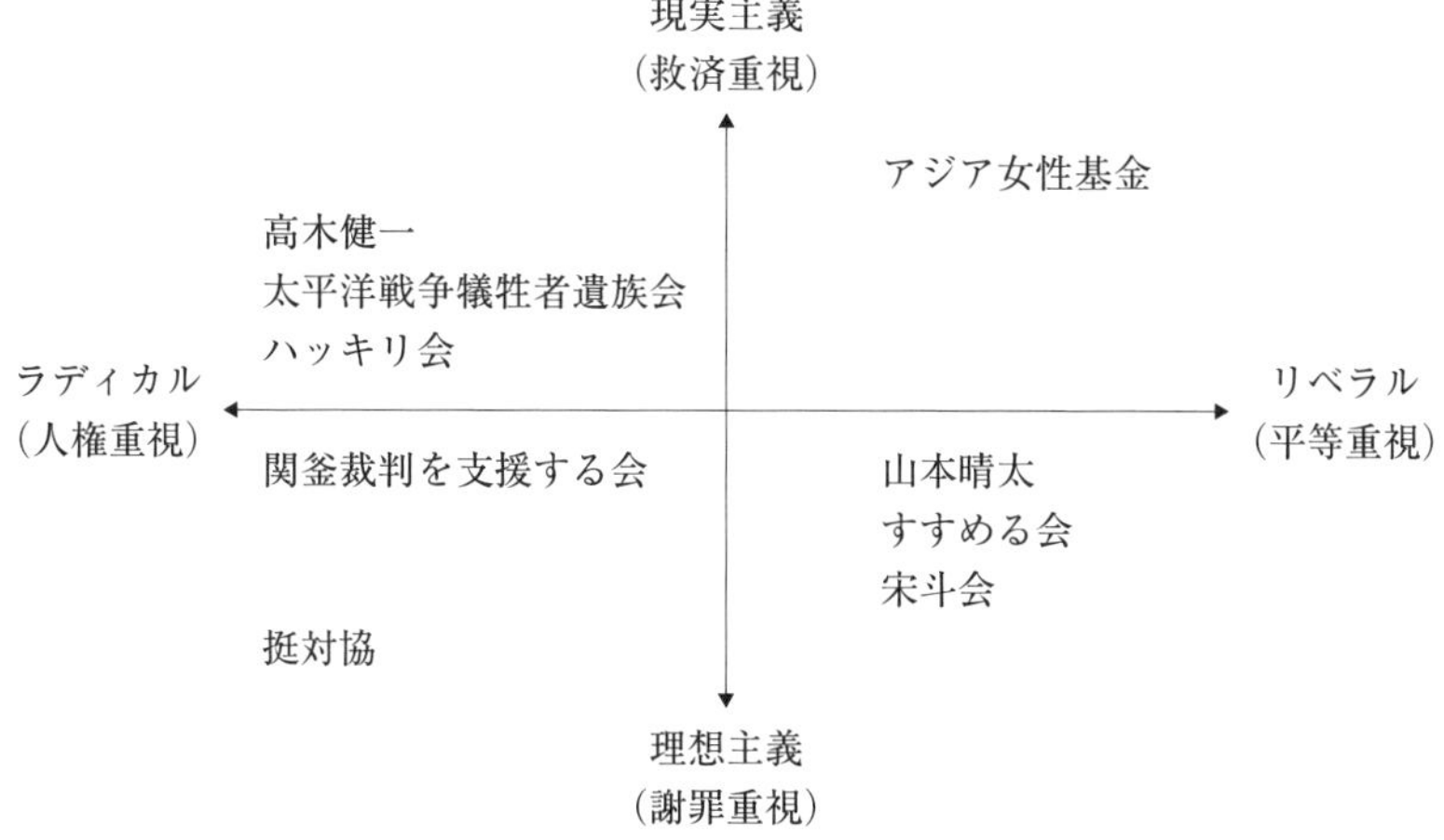


図1　戦後補償論の類型図

れていたことを考慮すべきであろう。高木弁護士はサハリン残留韓国人のための国家予算の編成を「戦後補償の第一号」と捉え、韓国人被爆者向けの総額四〇億円の拠出を「ある種の個人補償」とみなしていた[22]。山本弁護士にはこうした「成功体験」はなく、九大生で支援活動に関わり勝訴した孫振斗手帳裁判は、むしろ戦後補償には国籍条項の突破がカギになることを思い知らされ、日本国憲法を請求の根拠にすることとなる[23]。

つまり、この時期、高木弁護士は「救済」を重視しながら「ラディカル戦後責任」を、山本弁護士は「謝罪」にこだわりながら「リベラル戦後責任」を基底にしたといえる。しかし、こうした弁護団の戦略を支援団体はそのまま踏襲したわけではない。アジア女性のための平和国民基金(以下、アジア女性基金)をめぐっては、ハッキリ会も関釜裁判を支援する会も、「民間基金」方式の撤回を強く要求し戦争被害者への「国家責任による個人補償」を訴えたように、「ラディカル戦後責任」を志向した。ただし、ハッキリ会の場合、事務局員をアジア女性基金に派遣することを決めたことが内部で激しい議論を巻き起こした[24]。のちに、アジア女性基金のフォローアップ事業にも参加する。

一方、関釜裁判を支援する会は、関釜裁判一審判決の一部認容を「慰安婦」問題への画期的判決だとして積極的に受け止めた。花房俊雄元事務局長は二〇一五年の「慰安婦」問題をめぐる日韓合意について凍結を表明した韓国政府の二〇一八年の「新方針」に対し憂慮を表明してもいる。日本の支援団体は、韓国挺身隊問題対策協議会（挺対協）など韓国の運動団体とかならずしも立場が一致せず、「ラディカル戦後責任」を志向しながらも、実質的な「救済」を求めて被害者に寄り添う姿勢を見せていた。このように、戦後責任におけるリベラル／ラディカル、救済重視／謝罪重視の軸をもって戦後補償論の類型を示すと図1のようになる。

## 2　強制動員真相究明の三〇年

韓国強制動員被害者の戦後補償裁判を支える日本の市民や法律家は、とりわけ「裁判の時代」の初期において、現地調査と資料収集にも取り組まなければならなかった。とくに関釜裁判は、国の責任を問う「女子勤労挺身隊」の被害者による唯一の裁判として、その歴史的事実を明らかにする使命を負っていたが、「弁護士にまとまった時間がなく、基礎的な資料の収集に困難を来して」いた㉕。そうした状況で山本弁護士は、ニュースレターの読者に調査の協力を呼びかけたり、女子勤労挺身隊資料の開示を被告（日本国）に求めたりした。幸い、動員先企業のひとつである不二越の所在地（富山）での資料発掘は、企業責任を問う不二越一次訴訟を支援する現地の市民団体に頼ることができた。

強制動員・強制労働の現場は、鉱山、ダム、鉄道・道路のトンネル、港湾、製鉄所、造船所、発電所、地下壕・軍需工場など、日本の各地に分布している。そのため、市民による調査活動が全国的に存在していなければ、歴史的事実の発掘や資料収集は困難であったといえる。一九七〇年代には在日朝鮮人と日本の市民による朝鮮人強制連行真相調査団による調査報告書が発刊されている。一九八〇年代にはアジアへの加害責任を問う声が強まり、さらに多くの地域で民衆の歴史を掘り起こす活動が始まっていた。

一九九〇年には、各地の団体が集う「朝鮮人・中国人強制連行・強制労働を考える全国交流集会」（以下、交流集会）

が開催されることになる。交流集会は、第一回の愛知県を皮切りに、兵庫、広島、奈良、長野、大阪、岐阜、島根、石川、九州と年一回のペースで第一〇回まで続いた。ハッキリ会の臼杵敬子代表も第二回交流集会に出席し、会の活動について紹介している。集会の拠点となったのが、後述する強制動員真相究明ネットワーク（以下、真相究明ネット）の飛田雄一共同代表が理事長を務める神戸学生青年センターである。

交流集会は、広範な地域における分厚い実態調査の集積を可能にした。ところが、全国交流が実現すると帝国史をめぐって各地域グループの認識における溝が浮き彫りとなり、集会は一時中断を余儀なくされた。以降、二〇〇〇年から二〇〇四年までの四回は各地の調査グループが主催し、そこに有志が参加するかたちで「強制連行調査ネットワーク」が開催された。

この後、転機となったのが、韓国で二〇〇四年に「日帝強占下強制動員被害真相糾明等に関する特別法」の制定を受け、政府機関として「日帝強占下強制動員被害真相糾明委員会」（以下、真相糾明委員会）が発足したことである。これに呼応して、日本では二〇〇五年七月に前述の真相究明ネットが結成された。その結成において中心的役割を果たしたのが、事務局長を務めた文化人類学者の福留範昭である。真相究明ネットは、「特に日本における調査が、実りあるものになるためには、日本の政府と民間の強い助力が必要とされ」ることから、「強制動員に関わる様々な活動を行ってきた人たちを繋いで資料を集約する」ことを目的とし[26]、国家機構であることに留意しつつ、韓国の真相糾明委員会と積極的に連携した。

こうして真相究明ネットは、二〇〇六年から強制動員真相究明全国研究集会を毎年開催してきた。交流集会の活動期間と合わせれば、これらの全国的な交流の場は三〇年にわたり継続されてきたといえる。実際、真相究明ネットの「全幅的な協力がなければ、委員会の所期の目的も達成しえなかった」と、元真相糾明委員会の関係者はいう。韓国の政府機関が頼らざるをえないほど、その調査研究の水準は卓越していたのだ。関釜裁判を支援する会も、傘下組織となる強制動員真相究明福岡県ネットワークを結成して調査活動を展開した。

福留は真相究明ネットの設立にあたり、真相究明運動を「私たちが直視してこなかった歴史を、日本がそして日本人がアジアの人々に対して、とりわけ朝鮮人〔に〕対して行ってきた行為を明らかにすることによって、私たち自身を知るためにする」ものだと唱えている。(27)

## 五　到達点と限界点の「戦後五〇年」

### 1　交差する被害と加害――「被害者認識」を研ぎ澄まして

戦後補償運動をとおしてアジアの戦争被害に遭遇する日本では、「外部からの衝撃」ではなく、自らの問題として喚起される「加害者認識」が「戦後日本の戦争責任論」を大きく転換させた。ただし、「加害者認識」は「被害者認識」の廃棄や反転によって生成するのではない。社会学者の奥田博子がいうように、戦後日本の「被害者」としての権利意識の希薄さが戦争の「加害者」としての自己認識を妨げているとするならば、(28)「加害者認識」の生成は「被害者認識」を基底にした国家的言説から個々の体験をすくいあげ、それを国家権力による暴力構造のなかに置きなおすことで可能となるはずだ。普遍性を伴う「被害」の実態は共感力を備えているため、「加害」と「被害」の対立的な構図が再編される可能性がある。

「戦後五〇年」にあたる一九九五年は、村山談話やアジア女性基金などに代表されるように、「戦後日本の戦争責任論」が「加害者性」に向き合うことでピークを迎えた。このとき、普遍性を伴う「被害」の実態としてもっとも共感されたのが、アジアに対する日本の植民地支配や戦争を謝罪した広島市「平和宣言」や「那覇・広島・長崎ピース・トライアングル・サミット」のアピールであろう。ジャーナリストとして韓国人被爆者の取材を重ねた経験をもつ当時の広島市長・平岡敬は、日本人の被害と加害の両面性を象徴する「被爆問題」を追い続けた。この問題が日本の「加害者認識」を育ませることに期待をかけたのだ㉙。

このように「被害」と「加害」の交差によって研ぎ澄まされた「被害者認識」が新たな展開を呼び起こした。アジアからの戦後補償の要求を横目に、中国残留孤児、広島・長崎の被爆者、東京・大阪の大空襲被害者、沖縄戦被害者、シベリア抑留者、南洋戦等の生存被害者が二〇〇〇年代以降、国の謝罪と賠償を求めて相次いで提訴したのだ。

そもそも戦後補償裁判において戦争被害を支配国／非支配国で区分することはできない。被爆者に対しては、元軍人・軍属と同様に国家補償措置をすべきであるという判決を下した一九七〇年代の孫振斗手帳裁判の司法判断は、「国と特別な関係があった者」だけを補償対象にしていた国に大きな衝撃を与えた㉚。また、二〇〇〇年代の中国残留孤児国家賠償請求訴訟は、国の政策の違法性を問いただし、帰国後にも「普通の日本人として生活していけるための必要な施策を実施してこなかった国の責任を問う」ために提訴された㉛。

日本人の戦争被害に対する国家賠償請求訴訟も最終的に原告の敗訴が確定する。これらの判決は国の加害責任や被害実態を認定しているが、多くの場合、戦争という国の非常事態においては、生命・身体・財産の犠牲を余儀なくされたとしても、国民は等しく受忍しなければならないとする「戦争被害受忍論」に阻まれたかたちだ。先述のアジア太平洋戦争韓国人犠牲者補償請求訴訟においても、原告の訴えを退けた根拠のひとつは、「戦争被害受忍論」だが、日韓請求権協定にのみ注目すると「帝国臣民」として受忍を強いられる日韓の戦争被害者の交差点が見えなくなる。政治家が呪文のように唱える「日韓請求権協定により解決済み」は、「受忍論」というパンドラの箱に近づくことを防ぐ結界として機能しているのだ。

## 2　岐路に立つ戦後補償裁判

「戦後五〇年」は戦後補償運動への反動として、日本の戦争責任・戦後責任を否認する露骨なナショナリズムが台頭する時期でもあった。しかし、戦後補償運動への影響は、ネオナショナリズム自体によるもの以上に、そうしたバックラッシュに飲み込まれるようにして日韓がすれ違っていったことによるほうが大きい。戦後補償裁判は、日本での勝訴の見込みが厳しくなると、二〇〇〇年代以降、韓国の司法に訴える方法を模索するようになった。

「日韓のすれ違い」とはむろん、請求権問題は「完全かつ最終的に解決された」として原告の賠償請求を退けることである。ただ、一九九〇年代の戦後補償裁判は被害の内容や事実としての背景、請求の法的根拠、裁判の進行程度がさまざまである。[32] 裁判所が原告の請求を棄却する際の根拠も、「国家無答責」「時効・除斥期間」のほか、「国際慣習法の成立如何」「国際法における個人の主体性」「別会社論」「戦争被害受忍論」「立法裁量論」など多岐に及ぶ。日韓請求権協定(および財産権措置法)による「請求権の消滅」も、未払い賃金など「財産、権利および利益」という実体的権利を否定する場合に用いられた。

ところが日本政府は国会答弁の場で、日韓請求権協定により消滅したのが「外交保護権」であることを否定できなくなっていく。[33] さらに、関釜裁判で「国家無答責」「時効・除斥期間」の法理的根拠が揺れ、米国において日本政府や企業を相手に集団訴訟が行われると、一九九〇年代末から二〇〇〇年にかけて、日本政府は原告の「請求権の消滅」ではなくそれに応ずる義務がないことを主張するようになった。すなわち、「被害者は権利があっても裁判では請求できない」ということだ。[34] 司法の判断も国側の主張を追従するようになる。

日本の裁判で救済の見込みがないことを知った原告らは韓国の裁判所に提訴する。三菱広島徴用工訴訟が広島地裁で敗訴すると(一九九九年三月)、原告らは控訴する一方、二〇〇〇年五月に同一の趣旨の請求を韓国の裁判所にも提訴した。また、二〇〇五年二月には、日鉄大阪製鐵所元徴用工損害賠償請求訴訟の原告らが敗訴確定後に韓国で裁判を起こした。この日本製鐵徴用工訴訟の最終(再上告審)判決が冒頭の二〇一八年韓国大法院判決だ。

三菱重工と新日鉄住金を相手取ったこれら二つの訴訟は、いずれも二〇〇九年までにそれぞれ釜山高裁とソウル高裁で棄却された。韓国政府は二〇〇五年八月に日韓会談文書を公開し、その後続対策として「民官共同委員会」を設置して見解をまとめた。そこでは、日本軍「慰安婦」やサハリン残留韓国人、韓国人被爆者については日韓請求権協定の対象に含まれないとして日本政府に対応を求める一方、強制動員の犠牲者には韓国政府に道義的な責任があるとした。韓国政府は救済に乗り出し、二〇〇七年に「太平洋戦争前後国外強制動員被害者等支援法」が制定された。

二〇〇八年に李明博(イミョンバク)政権が発足すると、韓国の「過去事清算」の動きが後退する。韓国で争われた戦後補償裁判は、韓国政府の不作為を問いただすものが主流であった。日韓会談文書の公開を受け、元「慰安婦」など日韓請求権協定の対象に含まれないと伝えられた被害者らは、日本政府に仲裁を申し入れるなど積極的に働きかけない韓国政府の不作為について憲法裁判所に憲法違反の審査を求めたところ、二〇一一年八月三〇日、「違憲」と判断された。

この違憲判決は、これまで日本の判例に追従してきた韓国での戦後補償裁判に影響した。二〇一二年五月二四日、高裁まで棄却となった三菱重工と新日鉄住金に損害賠償を求める訴訟で、大法院は、日本の判決が「大韓民国憲法の核心的価値と正面から衝突する」ものだとして下級審判決を破棄し、それぞれ高裁に差し戻す画期的な判決を下した。二〇一八年大法院判決は、この二〇一二年大法院判決を受けて翌年原告の主張を認容したソウル高裁の差し戻し控訴審に被告企業が上告したことに対して、被告企業の敗訴を確定したものである。こうして韓国の司法が「リベラル戦後責任」から「ラディカル戦後責任」へと舵を切ることで、韓国では帝国日本の「反人道的な不法行為」に対する損害賠償(慰謝料)請求の道が開かれたのだ。

朝鮮の植民地支配を「不法」とみなせば、これまでの日本の戦後補償裁判で用いられた法理が反故になる。実際、日本の裁判所で敗訴が確定し、同一の趣旨の訴訟を韓国で起こした三菱名古屋勤労挺身隊訴訟(二〇一二年)や不二越勤労挺身隊訴訟（二〇一三年）でも、二〇一二年大法院判決を受けて、原告の主張を認容する判決が下されている。その帰結である二〇一八年大法院判決が、日本政府に元日本軍「慰安婦」への損害賠償金の支払いを命じた冒頭のソウル中央地裁判決にあるように、国を相手取った訴訟にも波及している。

## 3　戦争被害受忍論に抗う日韓「連帯」

日韓請求権協定が韓国における戦争被害者の声を遮る壁であることは確かだ。しかしそれだけが問題ではない。日韓請求権協定の壁の先には、日本政府が救済すべき者としない者を分け隔てる「戦争被害受忍論」が待ち構えている。さまざまな戦後補償裁判の判決で日韓請求権協定について言及されるのは、原告がその無効性や不完全性を持ち出し、被告がそれに論駁する構図が繰り返されるからだ。しかし戦後補償裁判の判決文を綿密に検討すると、日韓請求権協定は判決における決定的な要素とはいえないことがわかる。たとえば、長崎地裁で一九九七年一二月に下された金順吉（キムスンギル）裁判一審判決では、被告企業と旧企業との同一性を否定する「別企業論」を持ち出し、「財産権措置法適用の可否の問題について判断するまでもな」く、旧三菱重工業の債務は被告企業に継承されていないと判断されている。[35]同じく大阪地裁での日鉄大阪製鐵所元徴用工損害賠償請求訴訟の一審判決（二〇〇一年三月）でも「別企業論」が用いられ、日韓請求権協定についての判断は示されなかった。[36]もっとも広島高裁で逆転敗訴となった関釜裁判控訴審判決でさえ、請求権についての法律的根拠の有無は、裁判所で個別具体的に判断するものとしている。[37]

そしてこの「別企業論」以上に、多くの判決で共通して登場するのが「戦争被害受忍論」である。「受忍論」を最高裁判決として最初に提示したのは、一九六八年一一月二七日、戦後引揚者が提起した在外財産補償請求訴訟における最高裁判決（カナダ在外資産補償請求訴訟に関する最高裁大法廷昭和四三年一一月二七日判決）である。この判例は、その後、空襲被害者訴訟、中国残留孤児訴訟、シベリア抑留者訴訟においても用いられた。そして、先述したアジア太平洋戦争韓国人犠牲者補償請求訴訟や、二〇〇一年の韓国人元BC級戦犯公式謝罪・国家補償請求訴訟の最高裁判決など、一九九〇年代以降の旧植民地出身者による戦後補償裁判でも「受忍論」は援用された。また、「受忍」という言葉を直接使わなくても、「昭和四三年一一月二七日判決」を判例に用いる判決は少なくない。

しかも「受忍論」は日韓請求権協定の不当性を訴える原告の主張を退ける根拠にもなる。富山地裁は不二越二次訴訟一審判決(二〇〇七年九月)で、「昭和四三年一一月二七日判決」を判例として、「第二次世界大戦の敗戦に伴う国家間の財産処理といった事項は、本来、憲法の予定していないところであり、そのための処理に関して損害が生じたとしても、その損害に対する補償は、戦争損害と同様に憲法の予想しないものというべきであるから」として、日韓請求権協定は憲法違反に当たらないと述べている[38]。

アジア太平洋戦争韓国人犠牲者補償請求訴訟一審判決においても、「受忍論」は、軍人・軍属の「憲法の平等原則に基づく補償請求」のみならず、日韓請求権協定および「財産権措置法」が個人請求権を消滅させることは憲法違反だとする原告の主張を退けるために適用された。「国の分離独立というがごときは本来憲法の予定していないところであって(中略)韓国の国民の損害が生じたとしても、それは戦争被害と同様に誠にやむを得ない損害」とされたのである[39]。「受忍論」は同訴訟最高裁判決(二〇〇四年一一月二九日)でも念を押された。「請求権の消滅」の論理を越えてもなお「受忍論」というもうひとつの障壁が立ちはだかっているのだ。

戦後補償の実現は、民間人の戦争被害に対する国家の補償責任を否定する最後の砦である「受忍論」を打ち破ることによって可能となる。このことは、旧植民地出身者にとっても同じことである。そして「受忍論」を打ち破るには、日韓の戦争被害者が連帯することが望ましく、また、それは可能であるはずだ。戦争被害者の問題を、戦争被害と犠牲に対する補償の次元で議論するとき、国籍の区分は実際には無意味であるからだ。それができていないところに、「被害」と「加害」の再編を阻む、最大の「日韓のすれ違い」がある。

## 六　「互いの本質をコミュニケートする」戦後補償運動へ

「戦後五〇年」に出された広島市「平和宣言」のメッセージがアジア各国に向けて発信されても、原爆投下による惨禍を「絶対悪」ではなく民族解放の呼び水とみなす「原爆解放論」が幅を利かせる韓国でそのメッセージが共感をもって受け止められる余地は限られていた。それでも一九九〇年代の越境する戦後補償運動を通じて、「戦後六〇年」になると韓国では「原爆解放論」を乗り越えられる兆しが見えてきた。

自らが経験した苦難を、戦争に対する国家の責任と補償という普遍的人権と価値のなかに位置付けるためには、韓国は「原爆解放論」として表れるような「被害者優越意識」から脱し、日本の戦争被害者に対して、普遍的な人権の視点からその苦痛に共感することが求められる。日本の戦争被害者は共感力を備えた「被害者認識」をもって旧植民地出身者の戦後補償運動と連帯することで、その共同の目標である「受忍論」に挑むことができるのである。

二〇一八年韓国大法院判決が日韓における新たな政治関係の枠組みを復元できるかどうかについては、険しい道のりが予想される。越境する戦後補償運動はこうした日韓の「正義の分断」を克服するカギである。

一九七〇年代に和田春樹が述べた「われわれが生まれかわるため」の「日韓連帯」の流儀、一九八〇年代に「日本人にとっての朝鮮人問題とは何か」を問うた青柳敦子の覚醒、一九九〇年代にハッキリ会・関釜裁判を支援する会が「裁判を自分自身の問題として」取り組んで築いた被害者との絆、二〇〇〇年代に福留範昭が「私たち自身を知るため」だとして真相究明ネットに込めた情熱が示すように、戦後補償運動の思想と行動にはそれを綿々と貫く問題意識がある。遡れば、それは植民地朝鮮に生まれた作家の森崎和江が一九六〇年代から先鋭的に問い続けた「日本民衆にとって、朝鮮問題とは何なのか」という一節に行き着く(40)。

そして森崎が喝破したように、日韓の市民社会が国家権力を媒体にすることなく、直接的に「互いの本質をコミュニケートする」ことになれば、加害と被害に割り切れない戦争犠牲者の多面性と抵抗性をすくいあげることができるのだ。こうしてバージョンアップされた日韓「連帯」というトランスナショナルな公共圏は、歴史問題で混迷をきわめる両国において、権力関係に翻弄されない新たな関係性を見出す契機をつくりうるはずである。

「戦後五〇年」には見出しえなかった「受忍論」を打破する共同の課題への取り組みが、「戦後一〇〇年」に向けた日韓関係の土台となる。日韓の市民社会が、互いの「被害者認識」への共感にもとづいて「受忍論」を打ち破る共闘を展開したとき、反独裁民主化運動の「日韓連帯」から進化した戦後補償運動における日韓「連帯」は、両国の越境的な市民社会の公共性と親密性を指し示す一般名詞としての日韓連帯へともう一皮剝けるだろう。

（1）一方、二〇二一年四月二一日にソウル中央地裁は、元「慰安婦」による別の訴訟で「主権免除」を認め賠償請求を却下したように、同様の案件で正反対の判決内容となった。このように、下級審が大法院判決と異なる判決を下すことも相次いでいる。
（2）吉田裕『日本人の戦争観——戦後史のなかの変容』岩波現代文庫、二〇〇五年、二二四頁。
（3）赤澤史朗「戦後日本の戦争責任論の動向」『立命館法学』二七四号、二〇〇〇年、一六〇—一六一頁。第一期は「戦争責任論の沸騰と退潮」（一九四五—一九五四年）、第二期は「主体的戦争責任論の提起」（一九五五—一九六四年）、第三期が「天皇と国民の戦争責任と「戦後責任」」（一九六五—一九八八年）、そして第四期「外からの衝撃と「戦後補償」論」（一九八九年以降）である。
（4）和田春樹「韓国の民衆をみつめること——歴史のなかからの反省」青地晨・和田春樹編『日韓連帯の思想と行動』現代評論社、一九七七年、五七頁。
（5）李美淑「一九七〇年代から八〇年代の「日韓連帯運動」から考える「連帯」のあり方」玄武岩・金敬黙編『新たな時代の〈日韓連帯〉市民運動』寿郎社、二〇二二年、一七頁。
（6）前掲「韓国の民衆をみつめること」。
（7）宋斗会・青柳敦子『一葉便り——宋斗会＝青柳敦子　往復書簡集』早風館、一九八七年。
（8）『朝日ジャーナル』一九八九年六月二日、一〇五頁。

（9）宋斗会『満州国遺民――ある在日朝鮮人の呟き』風媒社、二〇〇三年、三三四頁。
（10）西岡力「「慰安婦問題」とは何だったのか」『文藝春秋』一九九二年四月号、三〇二頁。
（11）『東亜日報』一九九〇年八月二一日。
（12）「公式陳謝・賠償請求訴訟」（東京地裁一九九〇年一〇月二八日）。本章における戦後補償裁判の訴状・判決文は、山本晴太弁護士が制作・管理するインターネットサイト「法律事務所の資料棚（アーカイブ）」より入手した。http://justice.skr.jp
（13）「ハッキリニュース」五七号、一九九七年一二月一〇日、八頁。
（14）「アジア太平洋戦争韓国人犠牲者補償請求訴訟一審判決」（東京地裁 二〇〇一年三月二六日）。
（15）『朝鮮日報』二〇一五年七月一五日。
（16）「ハッキリニュース」五七号、一九九七年一二月一〇日、六頁。
（17）高橋哲哉『戦後責任論』講談社、一九九九年、三〇頁。
（18）内海愛子・大沼保昭・田中宏・加藤陽子『戦後責任――アジアのまなざしに応えて』岩波書店、二〇一四年、xii頁。
（19）「関釜裁判ニュース」一号、一九九三年四月三〇日、二頁。
（20）「関釜裁判一審判決」（山口地裁下関支部 一九九八年四月二七日）一五―一九頁。
（21）「関釜裁判ニュース」三号、一九九三年九月三〇日、八―九頁。
（22）『朝日新聞』一九九四年九月一二日。
（23）花房俊雄・花房恵美子『関釜裁判がめざしたもの――韓国のおばあさんたちに寄り添って』白澤社、二〇二一年、一九―二四頁。
（24）「ハッキリニュース」四三号、一九九五年九月一二日。
（25）「関釜裁判ニュース」八号、一九九四年一二月一七日、一一頁。
（26）「「強制動員真相究明ネットワーク」への加入のお願い」二〇〇五年六月二日。
（27）「Re: 真相究明ネットについて」福留範昭より山本直好あて、二〇〇五年四月二三日、『強制動員真相究明ネットワーク①』神戸学生青年センター所蔵。
（28）奥田博子『原爆の記憶――ヒロシマ／ナガサキの思想』慶應義塾大学出版会、二〇一〇年、六二頁。
（29）本庄十喜「日本社会の戦後補償運動と「加害者認識」の形成過程――広島における朝鮮人被爆者の「掘り起し」活動を中心に」『歴史評論』七六一号、二〇一三年、五二頁。
（30）栗原俊雄『戦後補償裁判――民間人たちの終わらない「戦争」』ＮＨＫ出版新書、二〇一六年、四五頁。
（31）井出孫六『中国残留邦人――置き去られた六十余年』岩波新書、二〇〇八年、一八六頁。
（32）藍谷邦雄「戦後補償裁判の現状と課題」『季刊 戦争責任研究』一〇号、一九九五年、二頁。

(33) 一九九一年八月二七日参議院予算委員会における柳井俊二外務省条約局長の答弁など。
(34) 山本晴太「日韓の戦後処理の全体像と問題点」『法と民主主義』五三七号、二〇一九年、九頁。
(35) 「金順吉裁判一審判決」(長崎地裁 一九九七年一二月二日)八一―八二頁。
(36) 「日鉄大阪製鐵所元徴用工損害賠償請求訴訟一審判決」(大阪地裁 二〇〇一年三月二七日)。
(37) 「関釜裁判控訴審判決」(広島高裁 二〇〇一年三月二九日)九六―九七頁。
(38) 「不二越二次訴訟一審判決」(富山地裁 二〇〇七年九月一九日)一四六頁。
(39) 「アジア太平洋戦争韓国人犠牲者補償請求訴訟一審判決」、前掲資料、八八―八九頁。
(40) 森崎和江『異族の原基』大和書房、一九七一年、一〇〇頁。

# 第8章 ネット時代の「歴史認識」
## ――「慰安婦」「靖國」の争点化から「ネット右翼」へ

森下　達

## はじめに

アジア・太平洋戦争の敗戦から五〇年を迎えた一九九五年ごろから、新聞紙上では、具体的なマンガ作品を取り上げて戦争を考える類の記事が増加していった。例えば『朝日新聞』では、記事検索データベース「聞蔵Ⅱ」を用いて「戦争」と「マンガ（漫画、コミックも含む）」の語句で検索を行い、同時代の戦争を扱った諷刺画等を除いて該当記事を数えたところ、九四年までは八件しか見当たらなかったのに対し、九五年から二〇一五年にかけては五五件がヒットした。恣意的な判断を免れない調査ではあるが、近年、こうした観点からポピュラー・カルチャーに注目が集まっていることは疑いない。

ちょうど同じころから、近現代の歴史的な事柄の取り扱いに関して問題視されるポピュラー・カルチャー作品も登場するようになっている。その嚆矢となったのが、マンガ家の小林よしのりが一九九八年に発表した『新ゴーマニズム宣言SPECIAL　戦争論』（幻冬舎。以下『戦争論』と略記。なお、『新ゴーマニズム宣言』は九五年に、これに先立つ『ゴーマニズム宣言』は九二年にスタートしている。本章では、『新ゴーマニズム宣言』については『新ゴー宣』と、シリーズ全体を指すときは「ゴー宣」と、それぞれ略記する）である。「日本には自衛のため　さらには欧米列強によるアジアの全植民地化を防ぐという「正義」がある！」（二八四頁）[1]とアジア・太平洋戦争を肯定し、ベストセラーになった『戦争論』は[2]、さまざまな場所で論争の的になった。その後、歴史修正主義的かつ排外主義的な主張を主としてインターネット上で展開する「ネット右翼（ネトウヨ）」の存在が注目を集めたあとでは、小林は「ネトウヨの生みの親」と位置づけられてすらいる[3]。

山野車輪が二〇〇五年に発表した『マンガ嫌韓流』（晋遊舎）も、『戦争論』と同様に議論を招いたポピュラー・カルチャー作品である。このマンガでは、「日本の正しさを主張するいずれも若年のキャラクター集団」が、在日韓国・朝鮮人や市民運動家、韓国人などから成る「日本を糾弾する反日キャラクター集団」に対峙する[4]。彼らの論争を通じては、過去の清算は日韓基本条約ですべて終わっている、韓国併合は朝鮮人自身も望んでいたことだった、などの主張が「正解」として提出される。これらの著作のヒットやネット右翼の台頭からは、現代日本において、大衆的なメディアの受容に関わって垣間見える歴史認識が、公的なそれとの乖離を見せていることが窺える。

とはいえ、これらの動きは決して一枚岩的なものではない。二〇〇〇年代半ば以降、小林よしのりはネット上でユーザーの攻撃対象に転じているし、彼もまたネット右翼嫌いを公言している[5]。さらに、「嫌韓」的なスタンスはネット右翼を特徴づける要素のひとつだが、『戦争論』をはじめとする小林の著作では、いわゆる「従軍慰安婦」問題を除き日韓関係が取り上げられることはほとんどない。この点では、『戦争論』よりも『マンガ嫌韓流』の方がネット右翼的なありようには近い。

また、『戦争論』と『マンガ嫌韓流』には、歴史的な事柄を取り上げる際の手つき自体にも相違が見られる。周知のように、「ゴー宣」では小林本人が実質的な主人公となり、関係者にインタヴューなども行いながら問題に切りこんでいく。その果てに、彼が「ごーまんかまして」意見を表明する場面が各章の見せ場になる。これに対して、『マンガ嫌韓流』はフィクション上の登場人物どうしの議論が主であり、基本的に著者本人の出番はない。

こうしたちがいには、いったいどのような意味があるのか。次節で詳述するが、大衆的なメディアにおける歴史認識を問題にする先行研究では、『戦争論』からの連続性が強調されることが多い。しかし、そこにあるのは必ずしもスムーズな移行ではない。この点を重視しつつ、本章では、両作の内容に加えて、一九九〇年代後半から二〇〇〇年代半ばにかけての社会の動きを議論の俎上に載せる。そうすることで、『戦争論』から『マンガ嫌韓流』、さらにネット右翼へと至る流れを明らかにすることが、本章の目的である。

## 一　「歴史ディベート」の連続性

二〇一〇年代以降、在日韓国・朝鮮人に対するヘイトスピーチが社会問題化し、その主要な担い手であるネット右翼にも注目が集まった。計量的調査に基づく近年の研究は、社会経済的に弱い立場の若者がその構成員になるという従来のネット右翼観を問い直している[6]。実際には、インターネット上で「嫌韓」的なふるまいを行う者の中には、都市部の中堅層に属する年長者も多く含まれる。諸外国でも同様の動きが観察されることも指摘され、いくつかの著作は、空間的な広がりや歴史的視点を意識しつつ、それに抗う術を模索している[7]。

こうした中、日本の社会状況やメディア環境を問題にし、歴史修正主義的なスタンスが広がっていく過程を叙述する研究も現れている。代表的な論者としては、社会学者の倉橋耕平とメディア研究者の伊藤昌亮が挙げられよう。

このうち倉橋は、教育やビジネス、マンガなどの領域で展開されたディベートという方法論と、歴史修正主義との繋がりを一貫して問題にしている。『戦争論』発刊以前の一九九六年九月、『新ゴー宣』で「従軍慰安婦」問題を扱う際、小林は読者の意見を募って投稿で紙面を構成した。このように、「ゴー宣」は歴史修正主義的な「参加型文化」

のひとつとして位置づけることができる[8]。この種の「「参加型文化」と文化消費者の評価を重視してできあがっていく「集合知」が、インターネットという技術的後押しを得て強化されてい[9]」った。すなわち、「文化生産者による評価が重視される歴史」から「文化消費者による評価が重視される歴史」への移行が、歴史修正主義の蔓延をもたらした[10]。

そして伊藤は、さまざまなクラスタが絡み合う重層的なものとして近年の保守・右派層を捉え、その歴史を動的に描き出している。一九八〇年代以降、自民党内の右派勢力によって「東京裁判史観」の見直しが進んでいった。九七年には「日本の前途と歴史教育を考える若手議員の会」が結成され、既成の歴史教科書への異議申し立てが行われている。この会の代表を務めたのが安倍晋三元首相である。安倍をはじめとする政治家や、彼らと関係の深い宗教関係者や文化人の中には、戦前エスタブリッシュメントの系譜に連なる者も多かった。この種の復古主義的な勢力を、伊藤は「バックラッシュ保守クラスタ」と名づけている。

他方、冷戦体制の終結後、「政治思想としてのリベラリズムと社会運動としての市民主義とが結び付」き、「「リベラル市民主義」とでもいうべき考え方が成立するに至」った。対して、一九九〇年代には『SAPIO』（小学館、一九八七—二〇一九年）をはじめ経済誌寄りの保守派の雑誌が台頭し、これに反発する動きも目立ってくる。こうして形成された新保守論壇において、反リベラル市民的なスタンスを鮮明にしたのが、小林や小説家の井沢元彦、民俗学者の大月隆寛ら、反権威主義的パーソナリティーの持ち主だった。彼らのように、サブカルチャーを重視しながら「リベラル派の言説の空疎さや尊大さをあぶり出すこと」を目指した存在が「サブカル保守クラスタ」である[11]。

このふたつのクラスタが、一九九〇年代後半に合流していく。小林は九七年一月に設立された「新しい歴史教科書をつくる会」の呼びかけ人のひとりとなり、これによって、「バックラッシュ保守クラスタ」で重視されていた歴史修正主義アジェンダが、小林の「信者」のコミュニティーを中心にネット上の「サブカル保守クラスタ」内でも一般化していった。とりわけ対韓国におけるそれが顕在化していくが、これには、二〇〇二年の日韓共催ワールドカップを機に、日韓のネットユーザーが交流する掲示板が設置されたことが関係している。『マンガ嫌韓流』の作者である山野は、ネット掲示板「2ちゃんねる」のごく初期からのユーザーであり、同書はここで培われたものの集積という側面を強く持っている。

このように、大衆的なメディアにおける歴史修正主義の台頭については、すでにかなりの程度が明らかになっている。倉橋の強調する「歴史ディベート」的な側面に目を向けたとき、「ゴー宣」と『マンガ嫌韓流』、さらにネット右翼とは明確な連続性を見せる。『マンガ嫌韓流』がディベート的であるのはもちろん、嫌韓を謳う書籍の中にも「反日勢力」撃退のためのマニュアル本という形式をとるものが多数存在し[12]、ネット右翼はこれらの「成果」を援用しているからだ。

とはいえ、すでに述べたように、小林とネット右翼とのあいだに相容れないものがあることも確かである。『戦争論』と『マンガ嫌韓流』も、等号で結べるものではない。にもかかわらず、これらのズレがいかに生じたかについては、先行研究では十分に論じられていない。

伊藤がまとめているとおり、ネット掲示板は嫌韓アジェンダを育んだ場所として重要であり、かつ、この種の動きに関わった者の多くは『戦争論』の読者でもあった。そうであるならば、ネット右翼的なありようを論じる上でも、「サブカル保守クラスタ」内部の変容を考えることは不可欠だろう。こうした問題意識のもと、本章では『戦争論』と『マンガ嫌韓流』に目を向け、メディア的な変化を念頭に置きながら、それぞれを受容した共同体の質的な相違を論じる。さらに、論壇の動きも視野に入れ、この相違をもたらした力学を検討していく。『世界』(岩波書店)と『論座』(朝日新聞社)が批判的な特集を組むなど、『戦争論』はさまざまに取り上げられた。ネット右翼の勃興を含むその後の動向を考えるに、これらの批判は有効に機能しなかったわけだが、それはなにゆえのことだったのか。以上の点を問題にすることで、ネット時代の歴史認識を問い直していきたい。

## 二　『新ゴーマニズム宣言SPECIAL　戦争論』再考

まずは、あらためて『戦争論』を見ていこう。

前節でもちらと触れたが、『戦争論』の出発点になったのは、いわゆる「従軍慰安婦」問題をめぐる議論だった。一九九〇年代、冷戦の終結を経て、アジア・太平洋戦争時の日本の加害を問う声が主として東アジアから発せられていく。「慰安婦」問題に関していえば、九一年には当事者の女性がはじめて名乗り出て、日本政府に謝罪と補償を要求した。これを受けて九二年、訪韓した宮澤喜一首相が謝罪し、九三年には河野洋平内閣官房長官が慰安所の設置への官憲の関与を認める談話を発表している。さらに九六年には、国連事務次長のラディカ・クワラスワミによって、日本政府に被害者個人への賠償責任があることを強調する報告書が提出されている。

小林が『新ゴー宣』にて「慰安婦」問題を取り上げたのは、こうした動きを受けてのことだった。「慰安婦」に関しては『戦争論』でも言及され、「日本軍に強制連行され性奴隷にされた者などいない　自発的な娼婦とやむなき娼婦が日本兵を相手に商売していただけの話だ」（一八〇頁）と主張されている。[13] 加えて同書では、「第11章　反戦平和のニセ写真を見抜け」という章が設けられ、南京虐殺をはじめとする日本軍の戦争犯罪の有無にも焦点があてられている。描き下ろし単行本という性質上、投稿こそ取り上げられていないものの、章題からもわかるように読者への働きかけが意図されており、消費者評価を重視する「歴史ディベート」的な要素を持つと見てよい。

こうした試みにページが割かれたことの背景には、中国・韓国やそれと結託した国内左派勢力との「情報戦」が進行しているという小林の現状認識があった。マンガの中で、彼はこのように絶叫する。

銃火を交える戦闘だけが「戦争」ではない　「情報戦」「宣伝戦」という戦争もある　平和といわれる現在でもこの戦争は常に続いている　日本では戦後　情報の発信基地であるマスコミと教育の大半が「反日情報宣伝軍」となり情報戦争に連戦連敗を続けている　それが現状だ　情報の受け手ひとりひとりが「よき観客」となり反日情報に対抗せよ！　ニセ写真などの洗脳情報を的確に見抜きツッコミを入れるんだっ！（一六八頁）

「情報戦」という認識自体は、新保守論壇に由来するものである。[14] この時期の小林の著作には、論壇と問題意識を共有しつつ、情報戦に勝つためのマニュアルを一般層に供給する側面が色濃くあった。「慰安婦」問題と並ぶ新保守論壇のアジェンダとして靖國神社参拝問題があるが、小林は二〇〇五年、『新ゴーマニズム宣言ＳＰＥＣＩＡＬ　靖國論』（幻冬舎）を発表している。一九八五年、中曽根康弘首相の公式参拝が国際的な批判を受けて以降、歴代首相は靖國神社参拝を控えてきたが、「バックラッシュ保守クラスタ」に属する政治家たちはしばしばこれに反する動きを見せてきた。そして、〇一年には小泉純一郎首相が八月一三日に参拝を行う。これを受け、二〇〇〇年代初頭には靖國神社をめぐる議論が盛り上がったのであり、小林の著作はこうした状況を見据えたものと見なすことができる。

マニュアル的性質は『マンガ嫌韓流』にも継承されていくわけだが、『戦争論』は情報戦のための「歴史ディベート」のみで構成されてはいないため、その点では異なっている。では、「サブカル保守クラスタ」におけるディベートへの傾斜はなぜ生じたのか。この問いに答えるのは後まわしにして、今は『戦争論』の分析を続けよう。

『戦争論』は、『朝日新聞』の社説で閣僚の靖國神社参拝と関連づけて言及されるなど、[15] 発表当時から今に至るまで、「大東亜戦争肯定」を主題とする著作として批判され、あるいは称賛されている。この読解自体は、むろん誤りではない。だが、テキストとしての『戦争論』が、アジア・太平洋戦争に関する話題で幕を開けて<u>いない</u>ことには注意しておくべきだろう。本書では開巻早々、小林自身が現代日本を覆う平和の空虚さを憂えてみせる。

平和である　なんだかんだ言っても…日本は平和である〔中略〕家族はバラバラ　離婚率も上昇　主婦売春　援助交際という名でごまかす少女売春　中学生はキレる流行にのってナイフで刺しまくり　若者はマユ剃って化粧してパックしてお顔のお手入れに余念のない昨今…　平和だ…　あちこちがただれてくるよな平和さだ（七―九頁）

ここからは、彼があくまで現代社会を問題にしていることが見えてくる。後の頁では、「子供の「個」は家族や地域　学校などの「公」の中で作られる〔中略〕「個」は「公」という制約の中で育まれる　もし制約のない無限自由の中に個を浮遊させたら他者の手ごたえがないので自分の「個」の性質を規定できず…人のワクが溶けて獣がしみ出てくる」（一〇〇頁）と述べられ、「獣がしみ出て」きた具体例として、一九九七年に発生した未成年の凶悪犯罪である「酒鬼薔薇事件」や少女売春、官僚の腐敗に言及されている。

この「浮遊する個」問題の解決を図るべく、小林は強固な「公」感覚の確立を訴える。そのために推奨されるのが、歴史や郷土との繋がりを得ることである。ここから、「祖父たちが作ってきた歴史」（二〇一頁）として「大東亜戦争」を肯定するというテーゼが浮上する。さらに、特攻隊員を筆頭に、郷土のために無私の思いで生命を捧げた兵士たちは、強固な「公」意識を持った人間として理想化される。[16]「公」の確立と「大東亜戦争肯定」は本来的に異なる事柄だが、『戦争論』では両者がなし崩し的にまとめられていく。

とはいえ、『戦争論』が「浮遊する個」という問題意識に貫かれていること自体は、疑う余地のないことである。「大東亜戦争肯定」のモチーフは、論理構成上、「浮遊する個」問題を解決する手段として要請されている。それは、ある意味で「ためにする」議論なのだ。

この問題意識は、小林自身の経験とも密接に関連していた。初期の『新ゴー宣』で、彼は、血友病患者が非加熱の血液凝固因子製剤のためにＨＩＶに感染した「薬害エイズ問題」を積極的に取り上げた。自立した「個の連帯」を提唱し、「ＨＩＶ訴訟を支える会」の代表として活躍した小林だったが、左派の運動家や革新系政党も運動への影響力を強め、その結果、当初は和解を成立させたら集まりを解散する予定だった知人の若者たちの中にも、特定の団体と関係を持ちつつ市民運動を続ける者が現れる。責任を感じた彼は、『新ゴー宣』にて、学生を日常へ帰すよう大人たちに訴えたが、すると学生からの連絡まで途絶えてしまった。こうして小林は、「個の連帯は幻想だった」と痛感し、地に足のついた「個」を確立するためには「公」こそが重要だ、との考えに至る[17]。

こうした小林の転換を、伊藤は、「サブカル保守」的な反権威主義者であればこその、リベラル派の議論やふるまいに見られる「正しさ」の押しつけや特権意識への反発と解釈している。実際に、『戦争論』でもリベラルな「正しさ」は槍玉にあげられている。

あの戦争の記憶が風化しているという　戦争体験を語り伝えねばという時…　実は悲惨な話しか伝えてはいけないことになっている　インチキではないか！　泣きごとと悲惨な話だけではないだろう　ほんとうは「痛快な話」があるはずだ　血沸き肉躍る戦争体験があるはずだ　誇らしい日本軍の快進撃があるはずだ（二〇七頁）

このように、リベラルへの反発は「大東亜戦争肯定」の主張とも一体になっている。

もっとも、それが、あくまで反権威主義的な立場からの違和感を基調としていることは見過ごされるべきではない。小林が具体的に賞賛の対象にするのは主として一般の兵士であり、政治家や軍部ではない。「参謀本部は自国の兵に対して責任がある　作戦の失敗で兵の命をもてあそんだ罪は重い」（二〇五頁）、「作戦効果のほとんどない死に兵を追いやるのは戦争指導者たちの犯罪でしかない」(二八〇頁)と、アジア諸国への加害ではなく一般兵に対する責任の文脈ではあるが、体制に批判的な記述も『戦争論』には見出すことができる。事実誤認や論理の飛躍が横行していることは否めないものの、言葉遣いの極端さやマンガというヴィジュアル表現のために増幅された過激な印象を脇に措くならば、『戦争論』から浮かび上がってくる主張そのものは意外に穏当なものだ。

さらに、こうした反権威主義がある種のアイロニズムの形をとっているのが、『戦争論』の特徴である。例えば、マスメディアによる「洗脳」を取り上げたあと、小林は結論部分で「もちろん「そう言ってる小林よしのりこそが洗脳しようとしているのでは?」と疑いながらでいいんだ」(一九四頁)との断りを入れている。戦時中の日本のプロパガンダ写真をそのまま受け入れるなど、彼の議論は確かに一面的だが、反発すべき「権威」の対象に自分自身をも含ませ、読者に対して開かれた態度を見せていることは否定できない。

この種のアイロニズムは、大々的に展開される「歴史ディベート」の切実さを脱臼させてもいる。「大東亜戦争肯定」の主張を行っていく中、小林は、「でも動機はインドネシアに石油とりに行ったんでしょ?」、「大東亜共栄圏って後づけでしょ?」、「アジアの民に差別感情も持ったでしょ?」等の論理的に正当な反論をあえて記載したのち、彼自身を戯画化した絵とともに「じつはわしいつも金もうけのことしか考えてないのに　いつの間にか人助けしてるんだ」、「じつはわし女をだまして利用してるだけなのに　女が喜んでるんだよ」などと嘯いてみせる。「動機なんかいくら不純でもいい　結果が良ければいい　結果主義だ!」という訴えがなされるのは、そのあとのことだ(一四六―一四七頁)。

『マンガ嫌韓流』がそうであるように、結果こそが重要だとの主張を冷静に展開し、ディベートとしての勝利を演出することも、小林には当然できたはずである。だが、『戦争論』はそうはせず、結論の「結果主義だ!」が一種の開き直りであることはあからさまにされ、露悪的なギャグとして処理されている。これは、論理の破れ目を笑いに転化するメタなギャグであると見ていい。

この種の姿勢は、社会学者の北田暁大が指摘する「ポスト八〇年代」におけるアイロニーの自己目的化と親和的なものである。一九八〇年代のＴＶ文化の発達を受けて、視聴者は、メディア・リテラシーを生かして「お約束」を嘲笑する態度を身につけた。そして「ポスト八〇年代」においては、マスメディア自体が、「権力の番人」「市民の代弁者」を気取っている存在と見なされるに至る。彼らの「お約束的な態度」を嗤い飛ばす場として浮上したのが、インターネット掲示板だった[18]。

『戦争論』では、すでに見たとおり、情報戦に警鐘を鳴らす文脈でメディア・リテラシーの強調とマスメディア批判とが一体化されていた。反リベラルの姿勢も、「お約束的な態度」への反発と見なすことができよう。このような反権威主義に貫かれていればこそ、「ゴー宣」には小林自身が「正しさ」を体現することへの躊躇が散見される。ここで取り上げたメタなギャグは、そうした屈託ないし照れの表出として捉えられる。伊藤は、「サブカル保守クラスタ」の「ナイーヴな反権威主義の精神」は、「まさにそのナイーヴさのゆえに」、「バックラッシュ保守クラスタ」の「老獪な権威主義の精神に取り込まれてしまうことにな」ったと分析するが[19]、作品論的なレヴェルでは事態はそう単純ではない。「サブカル保守クラスタ」的なナイーヴさは、よくも悪くも『戦争論』でも保持され、「大東亜戦争肯定」の議論やみぶりの中にも紛れこまされているというべきだろう。

## 三　ナイーヴさの喪失と読者共同体

ここまでの議論をまとめておこう。『戦争論』の内容は、三つの要素が絡み合ったものとして理解することができる。

一つ目は「浮遊する個」という問題意識である。その解決策として、小林は強固な「公」感覚の確立を訴える。ここから、二つ目の要素として「大東亜戦争肯定」の議論が生じる。父祖と繋がって「公」を確立するために、過去の歴史は肯定されなければならないわけだ。さらに同書は、過剰な戦前・戦中期批判の横行は、中国・韓国と国内左派が結託し、歴史をめぐる情報戦を仕掛けていればこそのことだという認識を披瀝する。これに対抗するため、メディア・リテラシーの獲得が強調され、「歴史ディベート」的に事例分析が行われる。

以上の議論を踏まえて『マンガ嫌韓流』に目を向ければ、「歴史ディベート」の方向性が継承される一方で、「浮遊する個」の問題意識は棄却されていることがわかる。戦前・戦中期の日本を肯定する姿勢に関しても、父祖の歴史と繋がって己を肯定するというモチーフは出てこない。さらに、同書は、登場人物たちのディベートを通じて特定の歴史認識を「正解」として提出するものであり、そのような構成が採られている以上、著者自身を疑うことを促す言葉や、議論を破綻させかねないメタなギャグの出番がないことも明らかだ。すなわち本書は、『戦争論』が保持していたナイーヴさを徹底して欠くものとなっている。

両著作の姿勢のちがいからは、一九九〇年代末から二〇〇〇年代半ばにかけての「サブカル保守クラスタ」そのものの変容が見えてくる。メディア研究者の瓜生吉則は、「ゴー宣」を論じるにあたり、小林が読者への信頼を強調して知識人の批判を退けていることに着目し、強固な作者―読者共同体の存在こそが商業出版としての「ゴー宣」を支えていると指摘する。『戦争論』にも見られるアイロニズムは、この点からもきわめて重要だ。まず押さえておくべきは、小林が「様々な議題に対する「意見（メッセージ）」を提示する」主人公キャラであり、その存在感は、彼が「「マンガ家でしかない」のに「知識人」たちと堂々と渡り合」っていることと不可分だということである[20]。これは、作者と読者が共有する諒解事項だといえる。そして、当の小林は、『戦争論』で主張を行うにあたり、読者に与えられる情報や論理が自らに都合のいいものである可能性を隠さない。また、彼はしばしば自分自身にも諧謔の視線を向けてみせる。

読者の側からは、こうしたふるまいは小林の誠実さを示すものとして受け取ることができるだろう。アイロニカルな姿勢は、「ウラのない」存在としての小林像を成立させるものであり、読者との紐帯を強化する機能を持つ。

しかし、この種のアイロニカルさを欠いているのが『マンガ嫌韓流』だった。逆にいえば、『マンガ嫌韓流』は作者と読者の紐帯を前提とする著作ではない、ということになる。

マンガやアニメ等のキャラクター文化において、近年、キャラクターを個人の創作物ではなく集団の共有物として扱う態度が一般化していることが、ここに関連してくる。[21] 特権的な作者の脱落は、ポピュラー・カルチャー領域全般で起こっている。

『マンガ嫌韓流』は「2ちゃんねる」で展開された対韓国の議論の集積としての側面を持っていた。付言すれば、キャラクターを集団で共有する姿勢も、ｐｉｘｉｖなどのインターネットメディアでとりわけ顕著なものである。そうである以上、こうした変化の背景にはネットメディアの影響が想定できよう。『戦争論』が発表された一九九八年時点では、人口あたりのネット普及率は一三・四%に過ぎなかったが、『マンガ嫌韓流』刊行の年である二〇〇五年には六六・八%にまで拡大している。[22]

情報社会論やメディア論を専門とする濱野智史は、二〇〇七年にサーヴィスを開始したニコニコ動画に注目し、コンテンツの内容そのものよりもそれをネタにしてコミュニケーションすることの方を重視する「繋がりの社会性」の顕在化を論じている。ネットが普及した結果、二〇〇〇年代半ばにかけてネットユーザーの多くはフリーライダー化し、消費者としてふるまうようになっていった。その匿名性ゆえに、ネットでは社会的通念からすれば問題となる行為すら一般化し得ることは、〇二年に公開されたファイル共有ソフト「ウィニー」の流行や、個人情報を流出させた電機メーカー社員のプライヴェート写真が大量に閲覧された〇六年の事件などからも明らかだ。[23]

ネット掲示板も、このような消費者たちが集う場になっていった。旧来的な作者は往々にして自らの問題意識にこだわるが、消費者は必ずしもそうではない。ネタを共有し、消費することに重きを置く彼らは、自分自身への問い直しに向かうこともない。そして、メンバーがみな似た感性を有しており、さらに自らは匿名でいられるという安心感から、そこでは敵性対象への侮蔑や攻撃的言辞が横行し、主張の極端化すら容易に生じてしまう。

ネット掲示板上の「サブカル保守クラスタ」は、ｐｉｘｉｖでキャラクターが共有されるように、歴史的な「事実」そのものを共有する消費者共同体としての性格を強めていった。この「事実を元手にした連帯」㉔からは、特権的な作者はすでに脱落している。『マンガ嫌韓流』は『戦争論』とは異なり、この種の共同体に依拠する著作だった。それゆえに、同書からは「サブカル保守クラスタ」的なナイーヴさが失われたのだった㉕。

## 四　「情報戦」下における「敵」の可視化

ナイーヴさを喪失した「サブカル保守クラスタ」は、日韓共催ワールドカップに伴うインターネットユーザーの交流を受けて、日韓の歴史を扱う「歴史ディベート」に傾斜していく。これ以降のネット右翼に至るまで、彼らは、自らの議論の仮想敵として韓国人だけでなくリベラル層全般を想定しているといっていい。実際に、『マンガ嫌韓流』のディベートの相手役にも市民団体の構成員が含まれていた。

『戦争論』でもマスメディア批判が展開されており、この種の姿勢は「サブカル保守クラスタ」ならではの「お約束的な態度」への反発に起源を持つ。だが、『マンガ嫌韓流』にて、作中の議論をリードする登場人物が左翼活動家を評し、「彼らはマッチポンプ的に事件をでっち上げるんだ　慰安婦問題の捏造なんか良い見本さ」㉖と嘲っているように、二〇〇〇年代半ばにかけてリベラルへの侮蔑意識が増幅されていったとおぼしいことは見逃せない。

なぜ、リベラルは一枚岩的な「敵」として扱われるようになったのか。ここには、討論それ自体の大衆化がまずは影響している。「ゴー宣」でも小林は知識人と論戦を繰り広げていたし、同時期には、『朝まで生テレビ！』(テレビ朝日)や『たかじんのそこまで言って委員会』(読売テレビ)など、研究者や評論家を含む参加者が特定の議題について討論を繰り広げるＴＶ番組が人気を博していた。

一九九〇年代末から二〇〇〇年代初頭にかけて、『戦争論』が雑誌や新聞といった公的な場所で批判されたことも、ここに関わってくるだろう。これもやはり、疑似的な形ではあれ、リベラル層とのあいだで実際に行われたディベートと見なすことができるからだ。知識人による『戦争論』批判は、同時期の「サブカル保守クラスタ」の変容といかなる関係を取り結ぶのか。『戦争論』を扱った主要な論考や著作を時系列順にまとめたのが表1である。これをもとに、批判の中身に分け入りながら考えていきたい。

これらの論考のほとんどが、『戦争論』が展開する「大東亜戦争肯定論」を懸念し、それに批判を加えている。イデオロギッシュなものが多いが、ときに学術的な視点から、歴史的事項の扱いに関する誤謬や論理の飛躍の指摘も行われている(表の中の「内容的な特徴」の項に丸を付しているものが該当する。その後の議論においても同様)。『戦争論』の議論は非常に恣意的であり、こうした批判が特に正当かつ有意義であることは間違いない。

といって、小林は、前節で検討したように、悲惨な話が戦争のすべてではないし、郷土のために生命を捧げた兵士たちの想いは肯定されるべきだと、ある種の反権威的な感覚に立脚して主張を展開してもいた。イデオロギッシュな批判はもちろん実証主義的な指摘も、この種の「正しさ」までをも退けるものではない。

さらに、「大東亜戦争肯定論」には「浮遊する個」問題解決の「ためにする」議論という側面があった。こうした問題意識を踏まえていない批判は、『戦争論』読者の目には根本的な批判たり得ないものに映ったはずだ。何人かの論者は、『戦争論』に対し、自らの生に不安を抱えた若者が口当たりのよい国家の物語にハマることを危惧していたが、訴求力のなさに関していえばこちらも同様である。『戦争論』では、不安定な「浮遊する個」に足場を与えるた

**表1**　主要な『戦争論』批判論考および著作のリスト

| 著者名・タイトル | 出版社および発行年月（論考の場合は掲載誌と掲載頁も記載） | 内容的な特徴 | | | | 備考 |
|---|---|---|---|---|---|---|
| | | 歴史的事項の扱いに関する誤謬や論理の飛躍の指摘 | 「公」観に対する異議申し立て | レトリックや表現方法への疑義・批判 | 保守派による歴史修正主義的な動きの中への位置づけ | |
| 上杉聰『脱ゴーマニズム宣言　小林よしのりの「慰安婦」問題』 | 東方出版，1997年11月 | ○<br>26-50頁，55-93頁 | — | ○<br>15-17頁 | ○<br>101-143頁 | 『新ゴー宣』での「従軍慰安婦」問題の取り扱いを批判．2002年6月に新装改訂版が発行 |
| 切通理作「小林よしのり『戦争論』が説く「公の道」」 | 『諸君！』30-10，文藝春秋，1998年10月，178-187頁 | — | ○<br>179-182頁 | — | — | |
| 趙景達「ユートピアなき世代の国家主義」 | 『世界』656，岩波書店，1998年12月，86-93頁 | — | ○ | — | — | |
| 小熊英二「「左」を忌避するポピュリズム　現代ナショナリズムの構造とゆらぎ」 | 同上，94-105頁 | — | ○ | — | ○ | |
| 中西新太郎「「小林よしのり」というメディア」 | 同上，106-111頁 | — | — | ○ | — | |
| 野田正彰「過剰代償と攻撃性」 | 同上，112-117頁 | — | ○ | ○ | ○ | |
| アーロン・ジェロー「図像としての『戦争論』」 | 同上，118-123頁 | — | — | ○ | — | |
| 小菅信子「プロパガンダに利用された追悼のナラティヴ」 | 同上，124-127頁 | — | — | ○ | — | |
| コリーヌ・ブレ「平和のなかの「個」」 | 同上，127-129頁 | — | ○ | — | — | |
| 荒川章二「強弁にすぎぬ「物語」に読者を誘い込む仕掛けの巧みさ」 | 『論座』44，朝日新聞社，1998年12月，192-197頁 | — | ○<br>193-194頁 | ○ | — | |
| 川本隆史「「直観と理屈」に均衡を取る努力を放棄したゴーマニズムの方法的破綻」 | 同上，198-203頁 | — | ○ | — | ○ | |
| 宮崎哲弥「水木漫画で否定されていたロジック「意義ある死こそ生を意味づける」」 | 同上，204-209頁 | — | — | — | — | 自分の本質が空っぽであることを知り，あるがままに生きることを推奨．小林の主張に対するラジカルな反論 |
| 与那原恵「「多様で複雑な重層性」示しているか　平和運動の側にもほしい「戦争論」」 | 同上，210-215頁 | — | — | — | — | ひとつの試みとして『戦争論』を評価し，戦争をさまざまな角度から考えることの必要性を強調 |
| 大月隆寛「私の『戦争論』」 | 同上，216-219頁 | — | — | — | — | 自らの生に不安を抱えた若者が口当たりのよい国家の物語にハマることを危惧 |
| 小林よしのり，田原総一朗『戦争論争戦』 | ぶんか社，1999年1月 | — | ○<br>20-26頁，35-43頁 | — | — | 対談本．該当するのはすべて田原の発言 |

| | | | | | | |
|---|---|---|---|---|---|---|
| 大江健三郎，井上ひさし「世紀末びっくりしたこと」 | 『週刊朝日』104-1，朝日新聞社，1999年1月8日，30-36頁 | — | ○ | — | — | 対談記事 |
| 保科龍朗「ノストラダムスそして戦争論へ 若者魅了する破壊ドグマは永遠」 | 『AERA』1212，朝日新聞社，1999年1月11日，22頁 | — | — | — | — | 自らの生に不安を抱えた若者が口当たりのよい国家の物語にハマることを危惧 |
| 宮台真司「「情の論理」を捨て，「真の論理」を構築せよ」 | 『戦争論妄想論』教育史料出版会，1999年7月，11-56頁 | — | ○<br>18-27頁 | — | — | |
| 姜尚中「『戦争論』の虚妄」 | 同上，57-84頁 | — | ○<br>59-68頁 | — | — | |
| 中西新太郎「現代日本の「戦争」感覚 「ゴーマニズム」に揺れるこころ」 | 同上，95-134頁 | — | ○<br>111-121頁 | ○<br>121-129頁 | — | |
| 若桑みどり「『ゴーマニズム宣言』を若者はどう読むか」 | 同上，135-154頁 | — | — | ○ | — | |
| 梅野正信「戦争論言説を超えて」 | 同上，235-294頁 | ○<br>245-248頁，263-264頁 | ○<br>238-245頁 | ○<br>253-259頁 | ○<br>271-272頁，285-290頁 | |
| 吉本隆明，田近伸和(聞き手)『私の「戦争論」』 | ぶんか社，1999年8月 | ○<br>108-118頁 | ○<br>49-67頁 | — | — | 吉本自身による「公」観の展開は，吉本，田近(聞き手)『超戦争論』上(アスキー・コミュニケーションズ，2002年10月)でも反復されている |
| 高嶋伸欣『ウソとホントの戦争論――ゴーマニズムをのりこえる』 | 学習の友社，1999年8月 | ○<br>42-44頁，46-53頁，74-92頁 | ○<br>95-98頁 | ○<br>9-32頁 | — | |
| 大日方純夫「『戦争論』は何をどう語っているか」 | 大日方ほか『君たちは戦争で死ねるか！ 小林よしのり『戦争論』批判』大月書店，1999年9月，11-56頁 | — | — | ○ | ○<br>20-23頁 | |
| 山田朗「『戦争論』の虚構と歴史の真実」 | 同上，57-97頁 | ○ | — | — | — | のち，山田朗『歴史修正主義の克服 ゆがめられた〈戦争論〉を問う』(高文研，2001年12月)にも収録 |
| 山科三郎「戦争のなかの生と死をどうみているか 個の尊厳を尊重する平和な未来の礎を築くために」 | 同上，101-145頁 | — | ○ | — | — | |
| 石山久男「『戦争論』に未来を託せるか」 | 同上，147-187頁 | — | — | — | ○<br>149-162頁 | |
| 山本弘「小林よしのり『戦争論』 歴史的事実無視のベストセラー」 | 『トンデモ本の世界R』太田出版，2001年9月，12-19頁 | ○ | — | — | — | 著者の山本はSF作家．政治的スタンスを抜きにした，ポピュラー・カルチャーの側からの『戦争論』批判として貴重 |

めにこそ、国家の物語を通じた「公」の確立が訴えられていた。この種の危惧は、「浮遊する個」という問題意識を小林と共有しているにもかかわらず、それを救済するための対案を用意しないものである。したがって、小林の主張に説得力を覚えた『戦争論』の作者―読者共同体に届くものではないだろう。

むろん、小林の「公」観自体を議論の対象とする批判も多数にのぼっている。論者自身の「公」観を披露するものだけでなく、小林の論理に内在する問題を指摘する論考も存在する。この種の批判を代表するものとして、社会学者の小熊英二の議論を取り上げよう。小熊は、小林が「公」＝「国」と短絡させていると指摘する。

ここで注目すべきなのは、彼がミーイズムの対抗価値として持ち出してくる公共性や共同性の場としてもっぱら国家しか想定せず、「個」か「国家」か、ミーイズムかナショナリズムかの二者択一という枠組みを設定していることである。おそらく小林や、彼を支持する若年層の脳裏には、家族や学校を、公共性や共同性の場として期待するという感覚が希薄になっているのではないか。[27]

だが、『戦争論』の議論には繋がりが曖昧な箇所も多く、解釈には必然的に幅が生じる。このことを前面に出し、小林に随伴した保守派の論客の西部邁は以下のように反論する。

普通に考えて、小林君はとりあえず「国家」にまつわる戦争のマンガを描いているわけです。そこで言わんとする意味は、もちろん「家族」と「学校」と「コミュニティー」「国家」は一直線にリニアに繋がりはしないけれども、少しずつずれながらもつながっているという認識が小林よしのりという人にあって、「家族」の問題を振り返るためにも、ずれながらも一つながりになっている「国家」の問題についてしっかり考えられないような人間は、「学校」についても「家族」についても、きちんと考えられないだろうと言っている。それは、『戦争論』を見ればすぐわかることです[28]。

小熊の批判は妥当なものではあるが、『戦争論』から引き出し得る最良の論理を退けるものではない。このように、『戦争論』の議論を超克する主張を行うことは、実はきわめて難しい。三つの要素が絡み合った多面的な著作であることもあって、批判し切れない残余が発生してしまうからである。

それならば、『戦争論』の議論の内容ではなく方法をこそ取り上げればクリティカルな批判になるかというと、残念ながらそうではない。小林のレトリックや表現に目を向け、二元論的思考やイメージ操作によって偏った見解が一方的に押しつけられていると非難する論考はいくつもあるが、これに関して、前節でも取り上げた瓜生は、「だが、『ゴー宣』を批判する論者だけはその巧妙な手口を知っていて、「精神的・知的に弱い読者が小林の論法に騙される」と啓蒙主義的に指摘するにとどまるならば（また、その裏返しとして〝メディア・リテラシー〟の獲得を強調するだけならば）、「今度は読者の方をけなすわけね。これはもう読者が『違う』と言えば終わりでしょう」（『新ゴーマニズム宣言スペシャル個と公」論』六五頁）といった小林の揶揄に、根本的な応答ができなくなってしまう[29]」とまとめている。この種の議論は、作者—読者共同体の強固さの前には空回りするしかない。

以上のように、『戦争論』批判は、作者—読者共同体にとって、根本の問題意識には応答しようとしない一方で「ためにする」議論にのみ応じ、論難を行っていると感覚されるものになっている。加えて、伝えられる情報や論理がご都合主義的である可能性を隠さない小林に対し、知識人たちは自らの議論や主張の偏りを露悪的に示すことはない。彼らは、小林とはちがって「ウラのある」存在なのである。したがって、読者と小林とのあいだの紐帯は、『戦争論』批判によって揺るがされることはない。むしろ、この種の動きは、上から目線を崩さない知識人に対する反発をこそ強化するものとして働いただろう。

最後に、何人かの論者は、「バックラッシュ保守」の存在や一九八〇年代からの歴史修正主義の動きを指摘し、小林が保守反動勢力に利用されている側面を強調している。これに関しては、客観的な認識として妥当性がないわけではない。しかし、小林自身の理解としては、当然ながら自らの意志で「新しい歴史教科書をつくる会」に合流したわけであり、批判としては意味がない。そればかりか、この指摘は、国内左派勢力が中韓に利用されているとする小林の議論の裏返しであるため、歴史をめぐる情報戦が進行しているという現状認識を補強しさえする。

いうまでもなく、小林や『戦争論』読者が、みな、批判の内容を詳しく検討したわけではないだろう。しかし、批判が盛んだとの印象は共有されただろうし、その中のいくつかを実際に手に取ってみるだけでも、それが『戦争論』の作者―読者共同体に寄り添うものでないことは感じられたはずだ。「サブカル保守クラスタ」にとって『戦争論』批判は、目下の「敵」の存在――中国・韓国と結託した国内左派勢力であり、己が特権性を維持しようとするリベラル――を可視化するものとして機能したのではないか。

## おわりに

はじめに提起した小林とネット右翼とのズレは、これらの『戦争論』批判に対する「作者」と「消費者」の反応のちがいに起因すると解釈できる。

二〇〇〇年代に入り、小林は、9・11テロやイラク戦争への自衛隊参加の評価をめぐって、親米的傾向の強い「バックラッシュ保守」との対立を深めた。〇二年には「新しい歴史教科書をつくる会」も退会する。著作としては、〇五年の『新ゴーマニズム宣言ＳＰＥＣＩＡＬ　沖縄論』（小学館）で戦後の沖縄の民族的ナショナリズムを評価し、さらに一二年の『ゴーマニズム宣言ＳＰＥＣＩＡＬ　脱原発論』（小学館）では「公」としての郷土を蝕む原子力発電に否をつきつけており、新保守論壇の価値観に囚われず執筆活動を行っている。

これらは、『戦争論』にも見られた「公」とナショナリズムの重要性という論点を追求していったものと受け取れる。前節の内容を踏まえて考えれば、彼がこうした方向に進んだ背景には、『戦争論』の問題意識が正当に受け止められなかったとの思いがあったのではないかと考えることができる。小林は、状況への苛立ちから、いわば「作者」として自らの問題意識を深めていったわけだが、それに伴ってアイロニーの姿勢が後景化していることは注目に値する。ギャグやジョークこそ頻繁に繰り出されてはいるものの、これらの著作からは、自らの展開する議論そのものを脱臼させるような姿勢はほとんど窺えない。

これに対し、インターネット上の「サブカル保守クラスタ」は、情報の「消費者」として「歴史ディベート」に興じる方向に進んだ。知識人による『戦争論』批判は、中韓と結んだ国内左派勢力という「敵」を可視化し、歴史をめぐる情報戦が進行しているという現状認識に「お墨つき」を与えることでこれを後押しした。こうして彼らは、集合知としての「事実」を元手に「敵」であるリベラル層や韓国を「叩く」方に向かっていった。

そんな彼らにとって、アイロニズムを後退させた小林は上から目線でお説教を仕掛けてくる存在であり、可視化された「敵」のカテゴリーに入るものだったのではないか。その主張が親米という保守層の基本線からズレたこともさることながら、小林がいわば「知識人」化したことこそが、両者のズレを顕在化させた。そう理解することができるだろう。

先行研究で指摘されているように、「文化生産者による評価が重視される歴史」から「文化消費者による評価が重視される歴史」への移行が、歴史修正主義の蔓延を生んだ。小林と「ゴー宣」は、このうちの後者のみに属するものではなく、過渡期的な存在として位置づけられるべきだろう。既存の文化生産者の議論を退けるために「歴史ディベート」が煽られているという形式面では消費者評価が重視されているものの、内容面では、意見を発信する「作者」の存在が強調されるとともに、個を確立していない消費者が批判の対象になっているからだ。

なお、その後のネット掲示板では、反リベラル的な姿勢は議論の前提と化した側面すらある。ゲーム『艦隊これくしょん』(二〇一三年)にまつわる批評に対するネット上の反応は、その典型だろう。このゲームは、プレイヤーが、主としてアジア・太平洋戦争期の大日本帝国海軍の艦船を擬人化した複数の女性キャラクターと親交を深め、敵と戦う内容であり、その是非が社会的にも問題視された。『朝日新聞』紙上で何度か取り上げられたのち、二〇一五年四月一一日付け朝刊に掲載された「耕論「右傾化」」では、評論家のさやわかが、『ガールズ&パンツァー』(二〇一二―一三年)や『永遠の0』(二〇〇六年)と並べて同作を論じている。本作が右傾化の証だとは思わないが、これらの作品にはイデオロギー的なものが脱落しているという特徴があり、そうした「真空状態にかえって排外主義的な思想が入り込む危険性(30)」がある、というのがさやわかの指摘だった。

穏当な主張だが、これに対してネット掲示板では、『艦隊これくしょん』がただの娯楽であることを前面に出して冷笑する傾向が見られた。そこでは、「何で朝日新聞社なんぞに娯楽の楽しみ方を指南されなきゃならんのだ？　バカなのか朝日の記者と編集者は？」、「と戦争中に翼賛していた新聞社が言っておりますw」、「戦争をきちんと描かずサヨクのようなお花畑の戦争を気軽に描かれるのは怖いよなw(31)」などの言葉すら飛び交っている。

ここにおいては、反リベラル的な言辞が、アジア・太平洋戦争をどう捉えるかという「歴史認識」ともほとんど関係のない、同好の士と戯れるためのクリシェと化している。この種の、いわば「敵」を「叩く」こと自体が目的化したふるまいは、ネット右翼の言動の中にも確認することができるだろう。このような相手とは、もはやコミュニケーションのとりようがない。対話の糸口そのものが見つけられないからだ。

そうであればこそ、逆説的ないい方になるが、自分自身の主張を展開しようとしている論者に対しては、その問題意識を汲みとって対応することが求められる。相手を一枚岩的な「敵」扱いせず、さらに、こちらが一枚岩的な「敵」ではないことも示しながら、議論を通じて妥協点を探っていく。当たり前ではあるが、こうした知的なふるまいこそがきわめて重要であろう。『戦争論』から『マンガ嫌韓流』、そしてネット右翼へと至る流れは、歴史修正主義的な動きに対峙するにあたってどのように働きかけていけばよいかを、われわれに教えてくれるものでもあるはずである。

（1）テキストとしては、二〇一五年六月一五日発行の第五九刷を使用した。第四六刷以降は、本文で後述する「歴史ディベート」的な事例紹介に関する描き足しが行われているが、論旨そのものには変更がない。なお、マンガ作品からの引用の際は読みやすさを考慮し、適宜空白を追加するなどしている。

（2）同書の発行部数は一九九八年一二月時点で五二万部に到達し、この年の単行本の売り上げの第一一位にランクインしている（『出版指標年報　1999年版』全国出版協会・出版科学研究所、一九九九年、七七頁）。また、二〇〇一年と〇三年に発行された続巻と合わせたシリーズ全三巻の累計発行部数は一六〇万部に達する。

（3）古谷経衡「ネット右翼の「思想的苗床」となった『戦争論』を再検証する」（『現代ビジネス』https://gendai.ismedia.jp/articles/-/52990 二〇一七年一〇月三日更新、二〇二一年二月九日最終閲覧）、梶田陽介「ネトウヨの生みの親・小林よしのりが右傾化を憂えている！　安倍とネトウヨを徹底批判」（『本と雑誌のニュースサイト　リテラ』https://lite-ra.com/2015/03/post-946.html 二〇一七年一二月一九日更新、二〇二一年二月九日最終閲覧）など。こうした認識が政治的な右／左の立場を超えたものであることがわかる。

（4）中西新太郎「マンガ表現から見た〈嫌韓流〉――キャラクター操作を通じてのレイシズム」田中宏・板垣竜太編『日韓　新たな始まりのための20章』岩波書店、二〇〇七年、一八頁。

（5）小林自身の認識として、『ゴーマニズム宣言SPECIAL　新戦争論1』幻冬舎、二〇一五年、一〇〇―一〇一頁。

（6）辻大介「計量調査から見る「ネット右翼」のプロファイル　2007年／2014年ウェブ調査の分析結果をもとに」『年報　人間科学』三八、大阪大学大学院人間科学研究科社会学・人間学・人類学研究室、二〇一七年、二一一―二二四頁、樋口直人ほか『ネット右翼とは何か』青弓社、二〇一九年。また、右派の評論家からの異議申し立てとして、古谷経衡『ネット右翼の逆襲　「嫌韓」思想と新保守論』総和社、二〇一三年。

（7）高原基彰『不安型ナショナリズムの時代　日韓中のネット世代が憎みあう本当の理由』洋泉社新書、二〇〇六年、山崎望編『奇妙なナショナリズムの時代　排外主義に抗して』岩波書店、二〇一五年、清原悠編『レイシズムを考える』共和国、二〇二一年など。
（8）倉橋耕平『歴史修正主義とサブカルチャー——90年代保守言説のメディア文化』青弓社、二〇一八年、一五四—一八四頁。
（9）倉橋耕平「ネット右翼と参加型文化」前掲『ネット右翼とは何か』一一二頁。
（10）倉橋耕平「「歴史」はどう狙われたのか？——歴史修正主義の拡がりを捉える」前川一郎編著『教養としての歴史問題』東洋経済新報社、二〇二〇年、六一頁。
（11）伊藤昌亮『ネット右派の歴史社会学　アンダーグラウンド平成史　1990—2000年代』青弓社、二〇一九年、八六、一〇九頁。
（12）桜井誠『嫌韓流実践ハンドブック』一・二、晋遊舎、二〇〇五—〇六年、『反日韓国人撃退マニュアル』晋遊舎ブラック新書、二〇〇九年など。桜井は、二〇〇六年に設立された「在日特権を許さない市民の会」の初代会長でもある。
（13）なお、小林は慰安所への日本軍の関与を裏づける文書を取り上げ、業者の横暴を取り締まる「よい関与」を示すものと解釈するが、この主張は歴史学的には成り立たない。このことについては、永井和「陸軍慰安所の創設と慰安婦募集に関する一考察」『二十世紀研究』一、二十世紀研究編集委員会、二〇〇〇年、七九—一一二頁を参照。
（14）前掲『ネット右派の歴史社会学』三七—八二頁。
（15）「「国民の物語」の危うさ　靖国参拝（社説）」『朝日新聞』一九九八年八月一六日付朝刊、五面。
（16）いうまでもなく、こうした見方は単純に過ぎる。特攻に関しても、作戦への参加は強制性と無縁ではなかった。栗原俊雄『特攻——戦争と日本人』中公新書、二〇一五年、四六—四八、一四二—一四七頁。
（17）小林よしのり『新ゴーマニズム宣言SPECIAL　脱正義論』幻冬舎、一九九六年。
（18）北田暁大『嗤う日本の「ナショナリズム」』NHKブックス、二〇〇五年、二〇三—二〇四頁。
（19）前掲『ネット右派の歴史社会学』一四七頁。
（20）瓜生吉則「〈マンガ〉のリミット——小林よしのり＝『ゴーマニズム宣言』をめぐって」宮原浩二郎・荻野昌弘編『マンガの社会学』世界思想社、二〇〇一年、二二六、二三二頁。
（21）足立加勇「人間の表象としてのキャラクターとファンのコンテクストとしてのキャラクター　消費者集団の社会活動が生み出すキャラクターの二面性」永田大輔・松永伸太朗編著『アニメの社会学　アニメファンとアニメ制作者たちの文化産業論』ナカニシヤ出版、二〇二〇年、二〇四—二二〇頁。
（22）『平成18年版　情報通信白書』（総務省の情報通信統計データベース https://www.soumu.go.jp/johotsusintokei/whitepaper/h18.html 二〇二一年二月一〇日最終閲覧）一七頁を参照。
（23）濱野智史『アーキテクチャの生態系　情報環境はいかに設計されてきたか』NTT出版、二〇〇八年。

(24) この点に関しては、鈴木謙介『ウェブ社会の思想〈遍在する私〉をどう生きるか』NHKブックス、二〇〇七年、一六六―一八三頁を参照。
(25) 伊藤は、初期の「2ちゃんねる」では主知主義的な姿勢が顕著だったことを強調している(前掲『ネット右派の歴史社会学』三八一―四〇一頁)。しかし、二〇〇〇年代半ばまでのネット言論の集積というべき『マンガ嫌韓流』にも、主張の極端化や野蛮化は妥当する。こうした変化の根底には作者の脱落があるのであって、筆者は、初期のネットとのちの「ネット右翼」に関しては連続性をこそ強調すべきだと考える。
(26) 山野車輪『マンガ嫌韓流』晋遊舎、二〇〇五年、九七頁。
(27) 小熊英二「「左」を忌避するポピュリズム　現代ナショナリズムの構造とゆらぎ」『世界』六五六、岩波書店、一九九八年、九七頁。
(28) 小林よしのり・福田和也・佐伯啓思・西部邁『国家と戦争』飛鳥新社、一九九九年、二一八頁。
(29) 前掲「〈マンガ〉のリミット」二三四―二三五頁。
(30) さやわか「事なかれの真空　危うい」『朝日新聞』二〇一五年四月一一日付朝刊、一五面。
(31) 「朝日新聞「艦これファンは戦争讃美と見なされかねない作品だということを受け入れつつネトウヨとは違うとはっきり言えなくてはいけない」」(まとめサイト『くまニュース』(http://blog.livedoor.jp/qmanews/archives/52127837.html)を参照。二〇一五年四月一三日更新、二〇二〇年一月一四日最終閲覧。現在はリンク切れ)。

# 第9章 原発災害後のメディア言説における「軍事的なもの」
## ――「感謝」による統合とリスクの個人化

山本昭宏

## はじめに

二〇二一年二月、一四の地方紙が連携して原発に関するアンケート調査を実施した。協働企画「#311jp」の一環として行われたこの調査は、二〇二一年二月八日から一七日までのあいだに行われ、四七都道府県の六二四八人が回答した(1)。このアンケートは無作為抽出ではなく、地方紙一四紙が紙面や通信アプリLINEなどを使って呼びかけたもので、呼びかけに応じたのはエネルギー政策と原発への関心を持つ人びとだと考えられる。この点に留意したうえで、結果を確認しよう。

原発政策についての回答では、「運転延長は控え、基数を減らしながら活用」「積極的に廃炉とし、脱原発を急ぐべきだ」「すぐにでも廃炉に」の各項目を合わせた「脱原発」の意見が八二・三%に上った。

また、この調査では、この一〇年間での、原発に対する考え方の変化も尋ねている。結果は、「今も変わらず反対」(四四・八%)、「賛成でも反対でもなかったが、反対に傾いている」(一三・九%)、「賛成だったが、一定程度縮小してもよい」(一二・三%)、「賛成だったが、今は反対だ」(一〇・二%)。

原発災害後の一〇年間で、九基の原発（高浜原発の三・四号基、大飯原発の三・四号基、伊方原発の三号基、川内原発の一・二号基、玄海原発の三・四号基）が再稼働したことは無視できないが、一四の地方紙が行った調査の結果からは、根強い脱原発の意思を確認できる。前述したようにこの調査はエネルギー政策や原発に関心が高い人が母集団になっていると考えられるが、他の世論調査の結果を考慮に入れれば、もう原発はこりごりだという意識は定着していると言えそうだ(2)。

では、二〇一一年からの一〇年間の日本社会は、原発災害をどのように受け止めてきたのだろうか。この巨大な問いに答えるための手がかりとして、本章ではこの一〇年の原発政策を概観したうえで、原発災害に関する多様な言説・表象を、「社会の分断および統合」という観点から振り返り、検証する。具体的には、低線量被ばくのリスクの個人化と軍事的な言説・イメージに基づく統合との同時並行性を辿ることを目的とする。

もっとも、社会内の諸集団は常に分断と統合とを繰り返している。本章が第一に注目するのは、原発災害以降の各種の不安の言説・表象であり、原発災害がなければ生じなかった分断である。とりわけ、放射線汚染および汚染水をめぐる不安の噴出とそれへの冷笑および非難、相互不信を取り上げる。これらは分断のパートとして検討する。

次に、統合のパートとして、象徴天皇と「軍事的なもの」に関する緩やかな期待の言説・表象と、東京五輪に関わる凝縮された期待の言説・表象について考察する。具体的には、原発対応と災害復興にかかわる自衛隊と、自衛隊を「トモダチ作戦」で支援した米軍に関わる言説・表象を指す。

日本社会が原発災害をどのように受け止めたのかという巨大な問いに答えるための手がかりを得るには、対象が直近の過去であることに鑑みて、一種の現代日本社会論という形式で記述する方法が有益だと筆者は考える。とはいえ、二〇一一年の原発災害に関わる現代日本社会論は百家争鳴である。そこで、現代日本社会論については適宜、註などで触れるとして、ここでは本章が依拠した主な先行研究を整理しておきたい。

まず、理論社会学から震災後日本の「論争空間」を分析した井口暁『ポスト3・11のリスク社会学』（ナカニシヤ出版、二〇一九年)が挙げられる。井口は同書の第七章で低線量被ばくに関する論争がすれ違う様相を緻密に分析している。原発災害後の社会不安を論じた本章の第二節は、井口の議論に多大な刺激を受けている。井口の議論に対して本章は、同時代の日本社会に流通していた言説・表象から他の論点(象徴天皇や「感謝」などの統合の側面)を付け加えることで、より包括的な現代社会論を目指している。

思想史研究としては、佐藤嘉幸・田口卓臣『脱原発の哲学』(人文書院、二〇一六年)が挙げられる。佐藤と田口の議論の特色の一つは、近代日本社会における資本による構造的暴力の連続性のなかに原発災害を位置づけた点にある。これに対して本章は、社会のより表層の部分としてのメディア言説・表象を取り上げていく。

この点で本章が参考にした研究が、日高勝之『「反原発」のメディア・言説史』(岩波書店、二〇二一年)である。日高は「3・11」以後にあふれたメディア言説・表象を的確に整理しているが、分析については気になる点もある。[3] 日高の研究に対して本章では、メディア言説のみを論じるのではなく、それを手掛かりに原発災害後の一〇年で進んだ分断と統合という、より基底的なコンテクストを論じることにする。

# 一　一〇年間の原子力政策

## 1　民主党政権下の原子力政策

まず、原発災害後の一〇年間の原子力政策を振り返る。

発災当初はその対応に追われていた民主党・菅直人首相だったが、二〇一一年の五月から、相次いで原発に関する新方針を打ち出した。まず五月六日に中部電力浜岡原発の運転停止を要請すると、五月一〇日にはエネルギー基本計画の見直しを発表した。さらに、七月七日、すべての原発には再稼働前のストレス・テストが必要だという方針を明らかにする。ストレス・テストとは、原発の安全性評価を指し、過酷な状況下でも原発が安全かをチェックする作業である。

菅直人の政治的信条がもっとも鮮明に表れたのは、七月一三日の「脱原発宣言」だった。菅はエネルギー基本計画を白紙撤回したうえで、次のように述べた。「原発に依存しない社会をめざすべきだと考えるに至った。計画的、段階的に原発依存度を下げ、将来は原発がなくてもやっていける社会を実現していく」と。

さらに、菅は八月八日の衆議院予算委員会で「脱原発宣言」について説明し、この宣言が使用済み核燃料の再処理や高速増殖炉もんじゅの問題も視野に入れていると述べた。核燃料サイクルの見直しに含みを持たせたわけである。

現職の首相による強いメッセージは大きく報じられ、一定の波及力を有していた。しかしそもそも「脱原発宣言」には、脱原発の具体的な道筋が示されていなかったという点については留意が必要であろう。内閣全体の意見ではなく、あくまで菅直人の個人的な意思表明の域を出なかった。すでに辞意を表明していた菅にしてみれば、退任前に国民に対して直接的なメッセージを発することで、その後の原発政策を方向付けようと試みたのかもしれない。日本の原子力開発史においては重要な意義があったものの、国民の意識にどれほどの影響を与えたのかは、検証の余地が残る。

## 2　潜在的核保有

ここで注目すべきは、「脱原発宣言」そのものよりも、それが提起した核燃料サイクルの見直しへの反対意見の噴出である。反対意見のなかには、潜在的な核抑止力としての「原子力平和利用」を明言する言論が散見された。

『読売新聞』は二〇一一年八月一〇日の社説で、「日本は、平和利用を前提に、核兵器材料にもなるプルトニウムの活用を国際的に認められ、高水準の原子力技術を保持してきた。これが、潜在的な核抑止力としても機能している」

と主張した。『読売新聞』は九月七日の社説でも、日本は核不拡散条約でプルトニウムの利用が認められているとし、「こうした現状が、外交的には、潜在的な核抑止力として機能していることも事実だ」と繰り返している。

こうした主張は『読売新聞』にとどまらない。当時自民党の政調会長だった石破茂は、雑誌『ＳＡＰＩＯ』(二〇一一年一〇月五日号)で、「原発を維持することは、核兵器を作ろうと思えば一定期間のうちに作れる「核の潜在的抑止力」になっている」と述べた。大手新聞社や影響力のある政治家から提起された潜在的核保有論は、核エネルギーの民事利用が軍事利用と不可分であるという核開発の歴史を思い起こさせる。

核兵器保有の可能性を完全に閉ざすことは避けたいという政治的な意図は、二〇一二年六月に成立した原子力規制委員会設置法についても指摘できる。原子力規制委員会設置法は、長らく求められてきた原子力の規制機関の独立を実現したものと評価される。しかし、その附則第一二条で、原子力基本法の一部までもが「改正」されたと問題視された。[4]

そもそも、一九五五年一二月に制定された原子力基本法の第二条には、「原子力の研究、開発及び利用は、平和の目的に限り、民主的な運営の下に、自主的にこれを行うものとし、その成果を公開し、進んで国際協力に資するものとする」とある。「平和の目的に限り」という文言は、核技術の軍事転用を禁じるものだ。「改正」では、原子力基本法の第二条に次の条項が追加された。「前項の安全の確保については、確立された国際的な基準を踏まえ、国民の生命、健康及び財産の保護、環境の保全並びに我が国の安全保障に資することを目的として行うものとする」という条項である。このうち、「我が国の安全保障に資する」という文言は自民党の主張を取り入れたものだった。これは、明言されていないものの、潜在的核保有の可能性を確保する文言だと理解できる。

つまり、原発災害後の核燃料サイクルおよび原子力政策は、少なくとも言説の面では、潜在的核保有を否定はしないのであり、結果的に、戦後日本の平和主義を骨抜きにする論理を生み出す根拠になっているのである。軍事を忌避する戦後日本の平和主義については多様な意見があるが、それを正面から取り上げることをせずに有名無実化しようとする政治エリートの意図が可視化されたのが原発災害後の言論の一つの特徴であると指摘できる。

この傾向は、二〇一二年年末の衆議院選挙で自民党が大勝したことによって、拍車がかかった。第二次安倍内閣が進めたいわゆる「平和安全法制」の整備については紙幅の都合もあり取り上げないが、潜在的核保有論がもはやタブーではなくなったという前述の問題と合わせて、原発災害後の日本社会の論点になり得るだろう。

## 3　原発災害の矮小化

第二次安倍政権の原子力政策についても、要点を整理しておきたい。「憲政史上最長」を記録した安倍政権の最大の「成果」は、経済政策にあるのではなく、原発災害を矮小化し、忘却を促進し続けた点にこそあると言える。それを代表する言動が、二〇一三年秋にアルゼンチンで開かれた国際オリンピック委員会の総会における五輪招致演説である。広く知られているように、演説で安倍首相は次のように述べた。「フクシマについて、お案じの向きには、私から保証をいたします。状況は、アンダーコントロールされています」と。

原発災害の矮小化という点では、それ以前の民主党政権時代に策定された「革新的エネルギー・環境戦略」の見直しも同様である。見直しを踏まえて自公政権下の二〇一四年二月に発表された「エネルギー基本計画政府案」は、原子力政策の時計の針を戻すものだったからだ。

「エネルギー基本計画政府案」は、好循環に入りつつあるとされた経済状況とオリンピック・パラリンピックというイベントを念頭に、それらを支えるためには安定したエネルギー需給構造が必要だと述べる。さらに、原子力政策の方向性については、慎重な留保を重ねつつ「原子力規制委員会により世界で最も厳しい水準の規制基準に適合すると認められた場合には、その判断を尊重し原子力発電所の再稼働を進める」と明記し、原発を再びベースロード電源と位置付けるものだった。

以上、原発災害後の一〇年間の原子力政策について、要点のみを整理してきた。以上を踏まえたうえで、次節では同時代に進展していた原発災害による「分断と統合」の諸相について論じたい。なお、以下の記述の一部は、韓国日本学会のジャーナル『日本學報』(一二九号、二〇二一年)に掲載された拙稿の記述を踏襲していることをおことわりしておく。

## 二　原発災害と日本社会の「分断」

### 1　「放射脳」と「欠如モデル」

放射線汚染および汚染水をめぐる不安の噴出とそれへの冷笑および非難については、酒井隆史の簡にして要を得た論考「「放射脳」を擁護する」(『現代思想』二〇二一年三月号)が、手がかりを与えてくれる。酒井は「3・11をきっかけにした諸力の動向を表現する、言説・イメージ上の結節点ともおもわれる独特の形象」である「放射脳」に注目している。「放射脳」という言葉とそこから呼び起こされるイメージが、反原発派の「過剰」な部分に向けられているとしたうえで、酒井は「原発に疑問をもつ人間を良きものと悪しきものに「分断」する傾向の表現」だと指摘した⑤。

「放射脳」という言葉について、明確な定義があるわけではない。インターネット上のスラングとして使用されることが多いものの、雑誌ジャーナリズムでもときおり使用されているようだ。

大宅壮一文庫のデータベースで検索すると、次のような記事が該当した。「煽り派の暴走はもはや犯罪だ　日本列島を覆う「放射脳」の脅威」(『週刊ポスト』二〇一二年三月一六日号)や、「「一度目は悲劇二度目は喜劇」「東日本の米はカンパ禁止」という「沖縄へリパッド」反対派の放射脳」(『週刊新潮』二〇一六年一二月八日)などである。

インターネット上での使用例や、雑誌記事、そして酒井の論考から、「放射脳」という言葉が指すところの意味を抽出すると、次のようになるだろう。「放射脳」とは、原発災害および原発(あるいは原子力関連施設)が生み出してしまう放射線に対して「過剰」に反応する人びとを、揶揄や蔑視を交えて否定的に総称する呼称である、と。

何が「過剰」であるのかを決めるのは、「放射脳」という言葉を使用する側なのであり、その恣意性もまたこの言葉の特徴である。ただし、「放射脳」という言葉の意味について考えるとき、「過剰」な状態であるかどうかという判定から恣意性を払拭できないという一般論や、日常復帰を望む強い同調圧力の存在を指摘するような一般論で事足りとするわけにはいかない。人びとの不安が「過剰」視され、そこから揶揄や蔑視が生じる原因には、「科学知に基づく欠如モデル」が関係しているからだ。

「欠如モデル」については、原発災害後に多様な議論が行われており、以下は先行研究に基づいて記述する。そもそも「欠如モデル」とは、確かな知と情報を持っている科学者と、そうではない場合もある市民という「不均衡」な対比を前提にして、科学者は市民を「善導」できるしそうすべきだというコミュニケーション・モデルを指す(6)。近年、「欠如モデル」は、権威主義的な科学観に基づいたものとして理解され、批判の対象になることもあった。また、放射線の安全に関する議論もまた「欠如モデル」が表面化した例として言及されてきた(7)。

放射線リスクは、健康被害とその原因との因果関係を厳密には証明できないことを特徴とする。したがって、リスクが不可視化されやすく、「リスクと感じるかどうか」「それへの対処法」は個人の受け止め方に委ねられるという傾向が強い。そうした確率的不確実性があるために、恐怖や心配を払拭することは困難である。

ここで、先に確認した「放射脳」に戻ろう。「放射脳」という言説・イメージは、実は「欠如モデル」と相性が良いことに気づくだろう。「専門家による科学的知見」に基づいた「安心論」は、不安の表出を「過剰」視する土台を準備する機能を果たしてしまっている。それは、「放射脳」の「脳」という語が端的に示すように、社会的不安を個人化し、原子力関連施設への連関をも断ち切ってしまいかねないものだ。つまり、社会が常に繰り返す分断という作用によって集団間の対立が生じること自体に問題があるのではなく、その分断が別の何か（本章の場合は「欠如モデル」という問題と原子力関連施設をめぐる議論）を見えにくくすることが問題なのである。

## 2　処理水と補償金

言説とイメージの結節点という意味では、汚染水と処理水の問題もある。

一—三号機の原子炉で溶け落ちた核燃料を冷却するために、現在もなお、水が注がれ続けている。建屋の破損した部分などからは地下水や雨水が流れ込み、それも汚染水が増える要因になっている。では、放射性物質に汚染された水はいったいどれくらいのペースで増えているのか。事故から九年目の二〇一九年度には、一日あたり平均で一八〇トンもの汚染水が生まれていると公表された。

当然ながら、汚染水を減らす努力はなされてきた。たとえば「凍土壁」計画というものがあった。地中に氷の壁をつくって建屋を囲み、汚染水の流出を阻止するという計画である。約三四五億円を投じ、二〇一六年に実施されたが、効果不明のまま年十数億円の維持費を使っているという状況だ。

いまのところ、汚染水対策としては「セシウム除去装置」「淡水化装置」「多核種除去設備」などの装置によって放射性物質を除去する方法が採用されている。しかしながら、処理したあとにもトリチウムという放射性物質が残っている。そのため、処理済み汚染水として保管されているのだが、保管タンクの建設は急ピッチで進められたため、タンクから処理済み汚染水が漏れるという事態も起こった。こうした問題を抱えながら、増え続けたタンクの数は一〇〇〇を超えている（二〇二一年四月時点、東京電力の処理水ポータルサイトより）。

汚染水の貯蔵タンクの容量に限界があるため、放射性物質が法令の基準値以下になった場合は処理水を海に流すという「海洋放出」が提案され、二〇二一年四月、政府は海洋放出を決めた。二〇一五年に全国漁業協同組合連合会と「関係者の理解を得ながら対策を行い、海洋への安易な放出は行わない」という点で合意していたにもかかわらず、である。海洋放出への反対意見と、それに対するさらなる反対および非難は、原発災害後の低線量被ばくのリスク評価問題の再演でもあった。

汚染水を処理し、さらに希釈すれば人体や環境に影響はないと述べる専門家および日本政府と、風評被害を恐れて海洋放出に反対する地元漁協との対立の構図は、おそらく今後漁協に支払われるであろう補償金の問題を惹起させる。

用地買収から災害時の補償、電力会社と原発立地自治体との癒着など、原子力にはカネの問題がつきまとうが、ほとんどの場合、カネは地域の分断を生んできた。たとえば、原発災害によって、約八万人の避難指示区域内の住民は強制避難を余儀なくされたが、この約八万人に対しては、東京電力から賠償金と慰謝料が支払われている。賠償金の額は、不動産、家族構成、家財、減収分などに応じて決まった。他方、精神的苦痛に対する慰謝料の支払いは、一人あたり月一〇万円だった(これは二〇一八年三月分で終了)。一般的に、慰謝料や賠償金は、もらえる人ともらえない人とのあいだに線引きが行われる。原発災害の場合は、道一本を隔てて、もらえる人ともらえない人の違いが生まれ、地域コミュニティに深刻な亀裂が走った例もある(8)。問題「解決」のための補償金が、新たな問題を生むという典型的事例である。

## 三　「感謝」する共同体

### 1　象徴天皇の存在感

東日本大震災は、その後の一〇年間の合計で、死者と行方不明者が一万八四二五人、避難生活のなかでの「震災関連死」は三七〇〇人以上を数える大災害だった。こうした大量の死を背景として抱え込みながら、多様な復興支援の従事者たちへのねぎらいも、諸個人による死者への追悼も、「ありがとう」という同じ「感謝」の言葉で表されることが多い。

ここで問題にしたい「感謝」とは、諸個人のあいだで交わされる返礼の言葉を指しているのではなく、メディア上で不特定多数に向けて配信される「感謝」の言葉を指している。それは、あらゆる種類の敵対性を緩和し、ときに霧消させる強い機能を持っている。原発災害後の日本社会において、一方では先に確認した「分断」があり、他方では「統合」が進展していたと考える本章にとって、この「感謝」の機能を考慮することは必須の課題である。

そもそも、メディア言説としての「感謝」は、CMやポピュラー音楽などのマス・メディアから、啓発ポスターや標語まで多様なところに登場する。その意味で、通常の社会にも見出すことのできる特徴ではあるが、とりわけ「感謝」は社会が危機に直面した際にせり出してくる傾向がある(同様の表れ方をする言葉として、「感謝」とは別に「絆」がある)。

たとえば、災害支援を行った海外諸国への謝意や、福島第一原発で事故対応に当たった従業員たちへの謝意の言葉がメディア上に表れるとき、「感謝」の言葉を実際に発しているのは広告主や広告代理店か、あるいは両者が選抜した人間やキャラクターである。しかし、それを目にする視聴者や読者は、いつしか自分も「感謝」の言葉を発する集団の一員になっていることに気づくだろう。比喩的な言い方になるが、「感謝」の手紙を書いたわけではないのに、その手紙の送り主の一人になっている、という状態だろうか。

「感謝」の気持ちには基本的に異論がないと感じる者も、特段「感謝」の念を抱いてはいないがそれに異論をはさむ余地がないと感じる者も、ひとまずは一様に「感謝」しているかのような一体感を醸成できてしまうところに、現代日本の「感謝」というメディア言説の特徴がある。その事例として、以下では象徴天皇と自衛隊への「感謝」を取り上げよう。

震災後の日本社会では、それ以前よりも天皇・明仁の存在感が増した（以下、天皇・明仁については天皇と記す）。その直接的原因として次の二点が挙げられる。第一に、天皇が原発災害を含む大震災の被害を強く憂慮したこと。第二に、二〇一六年八月八日に退位の意向を表明したことである。

二〇一一年三月一六日、天皇によるビデオ・メッセージがテレビ放映された。天皇が会見というかたちではなく、テレビカメラを通して国民に語りかけたのは、初めてのことだ。被災者を見舞い、関係者をねぎらいつつ、原発にも言及している。「現在、原子力発電所の状況が予断を許さぬものであることを深く案じ、関係者の尽力により事態の更なる悪化が回避されることを切に願っています」という文言がそれである。(9) さらに、天皇は二〇一二年一月一日の「新年の感想」で「原発事故によってもたらされた放射能汚染のために、これまで生活していた地域から離れて暮さなければならない人々の無念の気持ちも深く察せられます」と述べた。これ以降、天皇は五年連続で「新年の感想」のなかで原発に言及している。

そもそも、平成時代の天皇はその職務について、信念を感じさせる行為が目立った。天災が起これば被災地を訪れ、ハンセン病患者を慰問し、老人ホームを訪問し、戦死者の慰霊のために沖縄やサイパンへの旅を繰り返した。慰霊という形式で過去の戦争への深い反省を体現しつつ、現代社会における戦争・軍事とは完全に切り離されているところに、象徴天皇の特徴があると言える。

では、日本社会は天皇の発言をどのように受け止めたのか。作家でリベラルな知識人としても知られる池澤夏樹の言葉をみてみよう。池澤は、平成の天皇と皇后について「我々は、史上かつて例のない新しい天皇の姿を見ているのではないだろうか」と述べて次のように続けた。「今上と皇后は、自分たちは日本国憲法が決める範囲内で、徹底して弱者の傍らに身を置く、と行動を通じて表明しておられる。お二人に実権はない。いかなる行政的な指示も出されない。もちろん病気が治るわけでもない。しかしこれほど自覚的で明快な思想の表現者である天皇をこの国の民が戴いたことはなかった」[10]。

池澤の言葉は、ビデオ・メッセージで国民に呼びかけた天皇に対して多くの人びとが抱いた感情を表しているように思える。その感情とは、畏敬と「感謝」である。原発災害以降の数年間は天皇の意思が明確に意識された時期だったが、「感謝」の共同体としての国民の再統合が、ほとんど意識されないままに進んでいたとも言えるのではないか。

## 2 「軍事的なもの」のせり出し

もう一つの「感謝」の宛先として、自衛隊および米軍の存在を指摘することができる。

そもそも、原発災害後の日本の論壇では、「原発大国」となっていた現代日本の構造を、戦争を遂行した一九三〇年代から四〇年代前半の日本との類比で捉えるという議論が起こっていた[11]。戦争を遂行する国家との類比は現代を批判的に検討するためには重要な論点だが、ここではより明示的な軍事として、自衛隊と米軍を取り上げる。

まず、「トモダチ作戦（Operation TOMODACHI）」に注目する。これは、アメリカ軍による日本の災害支援作戦の通称であり、形式的には自衛隊の災害復興を支援するという作戦だった。東日本大震災翌日の三月一二日に始まり、約二万四〇〇〇人の兵士、一八九機の航空機、二四隻の艦船を動員した大規模なものだ。生活必需品の輸送、がれきの撤去、仙台空港の復旧、原発対応などで自衛隊の支援活動に従事した。

報道によれば、当時の自衛隊内には、想定を上回る米軍の支援に対し、各種の活動が米軍主導にみえないか警戒する意見もあったという[12]。それでも、いわゆる「日米同盟」に基づく自衛隊と米軍の協力関係は、災害対応に限っていえば日本社会に好意的に受け止められたようにみえる。

もっとも、日米の協力関係以上に、原発への対応にあたった自衛隊への感謝の念がマス・メディアでは目立った。

水投下 届いてくれ
福島第一 3号機 機長判断で決行

図1 『朝日新聞』2011年3月17日，10頁．

最初期の例として、自衛隊による原発への注水決行への感謝がある。二〇一一年三月一七日、自衛隊は二機のヘリコプターによる原発上空からの放水をおこなった(図1)。三号機に対して四度にわたり、計三〇トンの水を投下した。放水直前に計測した放射線量は、高度九〇メートルで一時間当たり八七・七ミリシーベルトという非常に高い値を示していたという[13]。さらに自衛隊は、地上から三号機への放水活動も行った。

このときの自衛隊の活動について、翌日の『朝日新聞』の社説は次のように述べる。

> 自衛隊や警察にとっては、およそ想定していなかった仕事だ。しかし、事態がここまで進んだいま、私たちは、そうした人たちの使命感と能力を信じ、期待するしかない。〔中略〕
>
> 私たちは、最前線でこの災禍と闘う人たちに心から感謝しつつ、物心の両面でその活動を支え続けなければならない。
>
> 電気を使い、快適な生活を享受してきた者として、そしてこの社会をともに築き、担ってきた者として、連帯の心を結び合いたい[14]。

「感謝」と連帯を呼びかける社説の善意と良識は疑うべくもないが、「感謝」による国民の統合と、先に確認した象徴天皇の存在感上昇による間接的統合とがほとんど同時並行的に進んでいたことに留意しておきたい。

最後に、「感謝」が持つ強力な機能を示す事例を、再び『朝日新聞』から拾い上げてみたい。自衛隊による放水・注水活動の決定を受けた当時の首相菅直人の様子について、『朝日新聞』の連載記事「プロメテウスの罠」(二〇一三年一月九日)は次のように「再現」している。以下は取材に基づいてノンフィクション形式で書かれた「描写」であり、実態とは異なる可能性があることに留意しつつ、確認しよう。


午後三時五八分、防衛大臣の北沢俊美が執務室に入ってきた。ヘリ放水案のペーパーを手にしている。

「犠牲が出ないように万全の態勢で放水作業をする案をつくりました。いかがでしょうか」

「ありがたい、ありがたいです」

菅は感謝を繰り返した。

北沢に同行した自衛隊トップの統合幕僚長、折木良一が素案に沿って説明し、言い添えた。

「国民の命を守るのがわれわれの仕事ですから、命令があれば全力を尽くします」

「ありがたいです」

菅はまた繰り返した。⑮

この表象から読み取るべきは、緊迫した状況と自衛隊の決断に対して一国の首相であっても「ありがたい」としか言えない、ということではなく、「ありがたい」という言葉ならば口にできるという点であろう。つまり、この記事は、「感謝」が多様な論点を飲み込みながら事実上のGOサインとして機能してしまう様相を、明確に書きだしているのである。

同様の事例は数多いが、最後に現今の日本社会から、「軍事的なもの」への「感謝」の例を挙げておく。二〇二一年三月一一日に放送されたＴＢＳ系音楽特番『音楽の日』では、宮城の航空自衛隊松島基地でブルーインパルスを背後においての歌唱パフォーマンスが放映された。日本社会にある自衛隊への「感謝」を代表するようなプログラムだった⑯。

軍事を考えるうえで、避けて通れないのが「機密」という問題である。公開されず、議論もされない部分が本質的に埋め込まれていると理解できる。言うまでもないが、原子力産業も軍事から派生したものであって、軍事と同様に「機密」を前提とする部分がある。さらに、「機密」は一方では監視システムを求め、他方では関係者に嘘をつくことを求める。こうした原発に関わる「機密」の問題について、鋭い問題提起を行ったのが、高木仁三郎だった。

高木の著作の中でも、異彩を放つのが『プルトニウムの未来』(岩波書店、一九九四年)である。これは、フィクションの形式を借りて核燃料サイクルが実現した二〇四一年の未来社会を描いたものだ。以下、物語の梗概を短くまとめておく。

未来の日本は、高速増殖炉、再処理工場、燃料加工工場を一体化させた「しゃか」という設備を持っている。「しゃか」は、三つの施設をパイプでつなげ、危険なプルトニウムを完全に封じ込めたとされる。これらの施設は巨大なドームに覆われており、仮に過酷事故が起こったとしても放射線汚染をドーム内に食い止められるという設計になっている。さらにドームの周辺は管理区域となっており、立ち入りには厳重なセキュリティー・チェックが求められ、超小型の監視ロボットが飛び回っている。この地域は、「統合型プルトニウムパーク(ＩＰＰ)」と呼ばれていた。

『プルトニウムの未来』に描かれた未来社会では、プルトニウム利用の推進者たちはいかなる思想を持っているのだろうか。以下、責任者の博士が演説をする場面を引用しよう。

何回も消え入りそうになったプルトニウムの火が、先輩たちの大変な努力によって、この日本でともかくも守り継がれ、プルトニウムの夢に賭けるアジア太平洋の人びとの大きな期待に励まされて、一〇〇年にしてようやく、パークの実現という歴史的な一歩のスタートを切ったのです。

これはもう、目先のエネルギーがどうこう、経済性がどうこうという問題ではなく、いわば哲学の問題であり、文明思想の問題であります。石油にせよ、石炭にせよ、太陽エネルギーにせよ私たちはこれまでエネルギー資源を自然界の恩恵に頼ってきました。ウラン資源に頼る原子力も例外ではありません。

しかし、プルトニウムは――一定の留保条件はつきますが――、基本的に人間がつくり出したエネルギー資源であり、ここに革命的な意味があるのです。〔中略〕

これからは、私はこのパークにプルトニウムの理想郷をめざす場として、プルトピアという愛称を与えたいと思いますが、いかがでしょうか。

プルトピア万歳！[17]

高木が描いた「プルトピア」はユートピアなのだろうか。当然ながら、そうではない。人工知能の暴走によって「プルトピア」は脆くも破綻するというのが、この小説の結末である。これらの設定には、プルトニウムの管理は、人間の管理に帰結するという高木の認識が投影されている。プルトニウムの管理に追われる社会は非民主的な社会であり、一九九〇年代の日本はまさにそうなってしまっているという高木の苦い現状認識があった。二〇二〇年代の日本社会は、いまだに高木の認識と想像力の範疇にとどめ置かれているようにみえる。

以上、本章では、二〇一一年三月一一日以降の日本社会における「分断」と「統合」の様相を、メディア上の言説・表象に注目して仮説的に整理したうえで、その問題点を考察してきた。この作業によって明らかになったのは、次のような日本社会の現状である。まず、低線量の放射線被ばくのリスクが個人化し、それによって生じた社会不安があった。加えて、その不安を短い言葉で表明するネット上の投稿に対して、揶揄や蔑視、強い非難が起こった。放射能は目に見えず、そのリスクは個人化され、それに関する人びとの意見の対立は概ねインターネット上やプライベートの領域に囲い込まれがちだったと言える。これらの動向が、見えにくい場所で固定化され、公共の議論へとつながる回路を遮断してしまったのではないかというのが本章の提示する仮説である。

こうした見えにくい「分断」とは逆に、二〇一一年以降、日本のナショナリズムが天皇と軍事（その背景にある米軍）を中核にして表面的な凝縮力を強めたという可能性も、本章では提示した。現代日本では、天皇や軍事をめぐる批判的議論は忌避される傾向にある。そもそも、批判と否定とがイコールで理解され、批判と営み自体が機能しにくい。加えて、批判的考察が忌避されるのは、批判者が攻撃にさらされる恐れがあると同時に、批判の言葉がかえって天皇や軍事を支える精神的基盤を強めてしまうという恐れもあるためだろう（たとえば、自衛隊の批判は、「このような批判を許してはならない」という反発をともなって改憲論を刺激するが、対話が生まれることは稀である）。

本章では、原発災害後の日本社会における低線量被ばくのリスクの個人化と軍事的な言説・イメージに基づく統合との同時並行性を指摘したが、両者の因果関係の有無については、より緻密な分析を必要とするため、今後の課題としたい。

（1）「脱原発」増加傾向　地方紙連携六二〇〇人アンケート」『西日本新聞』二〇二一年三月一日、三頁。
（2）NHK放送文化研究所は二〇二〇年一一月から一二月にかけて世論調査を実施し、その結果を二〇二一年に「東日本大震災から10年　復興に関する意識調査」として発表した。その結果を確認しておきたい。国内の原発を増やすべきか減らすべきかをたずねた質問に対し、「減らすべきだ」が五〇％、「すべて廃止すべきだ」が一七％と、七割弱が原発を減らした方がよいと回答していることがわかる。

(3) 気になる点と述べたのは、整理の方法ではなくて、整理のあとに日高が下す評価である。一例を挙げると、終章で日高は、「3・11」以後の日本の人文社会科学系知識人の言説に政治的ロマン主義を見出し、「近代の超克」や日本浪漫派の言説との相動性を指摘している。これは驚くべき指摘で、言説の「質」やコンテクストに踏み込まない「客観的」な分析の陥穽を示しているように思われる。人文社会科学系知識人たちの投機的言論活動が政治的ロマン主義に見える側面があるというのは確かにその通りだ。しかし、それをわざわざ「近代の超克」などと並置して、現実的な政策論議に馴染まないと述べるのは、批判の矛先が対象の問題提起と対応していないのではないか。挙げる例が適切なのかどうか、疑問が残る。

(4) 山崎正勝・池田香代子・太田昌克「なぜ原子力基本法は改悪されたのか」『世界』二〇一二年八月号。

(5) 酒井隆史「「放射脳」を擁護する」『現代思想』二〇一二年三月号、一一二頁。

(6) 藤垣裕子「受けとることのモデル」藤垣裕子・廣野喜幸編『科学コミュニケーション論』東京大学出版会、二〇〇八年。

(7) 放射線への不安に対する震災後の科学者と社会のコミュニケーションへの代表的な批判として、ここでは宗教学者の島薗進の議論を紹介しておきたい(「被災者の被るストレスと「放射線健康被害」」『環境と公害』第四七巻第一号、二〇一七年)。島薗の議論は、すでに拙著『原子力の精神史』集英社新書、二〇二一年でも紹介したため、ここではできるだけ簡潔に整理するにとどめる。

島薗は、原子力の専門家グループの言論を問題視した。専門家たちは国連科学委員会の報告書に基づいて、「放射線の影響はわからない」とか「低線量被ばくの影響には不確実なところがある」というような感覚が、結果的に被災者を精神的に苦しめている可能性があると指摘する。しかし、そうした議論は、個人が感じる恐怖感を不合理なものとして扱いかねない。ここに、怖がる側を問題化できない従来の「欠如モデル」の限界が露呈しているというのが、島薗の議論である。

(8) 「インタビュー　原発賠償の不条理　日本原子力発電元理事・北村俊郎さん」『朝日新聞』二〇一八年三月七日、一七頁。

(9) 天皇自身、東日本大震災と原発災害を憂慮していたようで、発災直後の二〇一一年三月一五日には、「前・原子力委員会委員長代理」の田中俊一から原発の仕組みと安全対策について説明を受けたという。続いて、一六日には放射線被ばく、二四日には放射線健康管理、二九日には乳児の放射線被ばく、四月四日には放射性物質の環境影響について説明を受けている(『朝日新聞』二〇一四年五月二日)。

(10) 池澤夏樹「終わりと始まり　弱者の傍らに身を置く　自覚的で明快な思い」『朝日新聞』二〇一四年八月五日夕刊、三頁。

(11) 酒井直樹は、原発災害に関する「責任」の所在の曖昧さを、「無責任の体系」と呼び、戦時期の日本文化からの連続性のなかで原発災害を捉える議論を行った(酒井直樹「「無責任の体系」三たび」『現代思想』二〇一一年五月号)。

酒井の日本文化論・思想論に対して、山本義隆は原子力を推進してきた体制に着目した。山本は、交付金による地方議会の切り崩し、広告費によるマスコミの抱き込み、寄付講座による大学研究室抱き込みなどを指して「翼賛体制」「原発ファシズム」と呼んでいる(山本義隆『福島の原発事故をめぐって』みすず書房、二〇一一年)。

戦後日本の原子力体制を満洲国との類比で理解しようと試みたのが上丸洋一である。一九三一年の満洲事変以後、陸軍を中心として積極的な広報活動が行われた。「満州は日清・日露戦争で多大な犠牲を払って手にしたものである」、「ソ連に対する国防上、重要な地域である」、「満州の豊富な天然資源は日本の発展に欠かせない」などである。こうした言説を再生産し、社会にばらまいた新聞ジャーナリズムが、戦後は原子力「平和利用」で同じ轍を踏んだというのが上丸の議論だった(上丸洋一『原発とメディア——新聞ジャーナリズム二度目の敗北』朝日新聞出版、二〇一二年)。

最後に、満洲との関係で、安冨歩の議論を挙げておく。安冨は、原発立地自治体と満蒙開拓団に類似点を見いだしている。満蒙開拓団の人びとは、経済的利益を求めて国策に従ったあげく、最終的に故郷を失った。その姿と、災害後に避難を余儀なくされた原発立地自治体の人びととの間には、近代の国策が生み出す負の側面が集約的に表れているのではないか——そのように安冨は指摘した(安冨歩『満洲暴走——隠された構造　大豆・満鉄・総力戦』角川書店、二〇一五年)。

これらの議論はそれぞれに示唆に富むものであり、歴史的・文化的・思想的に原発にアプローチする際にヒントを与えてくれる。国家や原子力共同体の「無責任」や「暴走」の帰結として原発災害があったのであり、その姿は戦争を止められなかった過去の日本とよく似ているという議論は日本社会論として刺激的な論点である。

(12)「「米軍に主導権」と危機感　福島原発事故対応「トモダチ作戦」」二〇二一年五月四日、共同配信。

(13) NHKのWeb特集「「原発に水を入れろ」決死の放水　舞台裏でいったい何が…」より。なお、「この放水に、核燃料を冷やす効果がどれほどあったのかは、一〇年たったいまもわかっていない」のだという。https://www3.nhk.or.jp/news/html/20210330/k10012942471000.html(二〇二一年五月六日最終閲覧)。

(14)「社説　原発との闘い　最前線の挑戦を信じる」『朝日新聞』二〇一一年三月一八日、三頁。

(15)「プロメテウスの罠　日本への不信：7　最高司令官の感謝」『朝日新聞』二〇一三年一月九日、三頁。

(16) もっとも、三月一一日という日付とブルーインパルスおよび自衛隊を結びつけるイメージは、より直近の新型コロナ・ウイルス問題から引き継いでいる可能性がある。二〇二〇年四月七日に七都道府県に対して発令され、一六日に対象を全国に拡大した一度目の緊急事態宣言下の日本社会では、航空自衛隊のブルーインパルスが東京の都心上空を飛行して医療従事者への「感謝」を表明し、そのイメージは報道を通して全国に配布された。この点については、柳原伸洋「「ブルーインパルス飛行」は、なぜ多くの人の心を奪えなかったのか」(プレジデントオンラインHP　https://president.jp/articles/-/36317　二〇二一年九月三〇日最終閲覧)を参照してほしい。

(17) 高木仁三郎『プルトニウムの未来』岩波書店、一九九四年。

〈執筆者〉

**佐藤卓己**（さとう・たくみ）　1960年生．京都大学教授．メディア史．『ファシスト的公共性——総力戦体制のメディア学』岩波書店，2018年など．

**佐藤彰宣**（さとう・あきのぶ）　1989年生．流通科学大学講師．メディア史・文化社会学．『〈趣味〉としての戦争——戦記雑誌『丸』の文化史』創元社，2021年など．

**福家崇洋**（ふけ・たかひろ）　1977年生．京都大学人文科学研究所准教授．社会運動史・社会思想史．『戦間期日本の社会思想——「超国家」へのフロンティア』人文書院，2010年など．

**根津朝彦**（ねづ・ともひこ）　1977年生．立命館大学准教授．ジャーナリズム史・思想史．『戦後日本ジャーナリズムの思想』東京大学出版会，2019年など．

**櫻澤　誠**（さくらざわ・まこと）　1978年生．大阪教育大学准教授．日本近現代史・沖縄近現代史．『沖縄観光産業の近現代史』人文書院，2021年など．

**玄武岩**（ヒョン・ムアン）　1969年生．北海道大学教授．メディア文化研究・日韓関係論．『「反日」と「嫌韓」の同時代史——ナショナリズムの境界を越えて』勉誠出版，2016年など．

**森下　達**（もりした・ひろし）　1986年生．創価大学講師．ポピュラー・カルチャー研究．『ストーリー・マンガとはなにか——手塚治虫と戦後マンガの「物語」』青土社，2021年など．

**山本昭宏**（やまもと・あきひろ）　1984年生．神戸市外国語大学准教授．メディア文化史・歴史社会学．『戦後民主主義——現代日本を創った思想と文化』中公新書，2021年など．

〈編集委員〉

**蘭 信三**　1954年生．大和大学社会学部教授．歴史社会学，戦争社会学．『日本帝国をめぐる人口移動の国際社会学』(編著)不二出版，2008年など．

**石原 俊**　1974年生．明治学院大学社会学部教授．歴史社会学，島嶼社会論．『硫黄島――国策に翻弄された130年』中公新書，2019年など．

**一ノ瀬俊也**　1971年生．埼玉大学教養学部教授．日本近代軍事史・社会史．『東條英機――「独裁者」を演じた男』文春新書，2020年など．

**佐藤文香**　1972年生．一橋大学大学院社会学研究科教授．ジェンダー研究，軍事・戦争とジェンダーの社会学．『軍事組織とジェンダー――自衛隊の女性たち』慶應義塾大学出版会，2004年など．

**西村 明**　1973年生．東京大学大学院人文社会系研究科准教授．宗教学・文化資源学．『戦後日本と戦争死者慰霊――シズメとフルイのダイナミズム』有志舎，2006年など．

**野上 元**　1971年生．筑波大学人文社会系准教授．歴史社会学，戦争社会学．『戦争体験の社会学――「兵士」という文体』弘文堂，2006年など．

**福間良明**　1969年生．立命館大学産業社会学部教授．歴史社会学，メディア史．『「戦跡」の戦後史――せめぎあう遺構とモニュメント』岩波書店，2015年など．

シリーズ 戦争と社会4
言説・表象の磁場

---

2022年2月22日　第1刷発行

編　者　蘭 信三　石原 俊
　　　　一ノ瀬俊也　佐藤文香
　　　　西村 明　野上 元　福間良明

発行者　坂本政謙

発行所　株式会社 岩波書店
〒101-8002 東京都千代田区一ツ橋2-5-5
電話案内 03-5210-4000
https://www.iwanami.co.jp/

印刷・三陽社　カバー・半七印刷　製本・牧製本

---

 ISBN 978-4-00-027173-8　Printed in Japan